FANGHU
FUSHI
ZHUANLI
JISHU
QIANYAN

U0395940

防护服饰

专利技术前沿

顾　洪　等著

苏州大学出版社
Soochow University Press

图书在版编目（CIP）数据

防护服饰专利技术前沿 / 顾洪等著. —苏州：苏
州大学出版社,2021. 3
　　ISBN 978-7-5672-3498-7

　　Ⅰ. ①防… Ⅱ. ①顾… Ⅲ. ①防护服-专利技术-研
究 Ⅳ. ①TS941.731

　　中国版本图书馆 CIP 数据核字（2021）第 049340 号

书　　名：防护服饰专利技术前沿
著　　者：顾　洪　等
责任编辑：孙腊梅
助理编辑：曹晓晴
装帧设计：吴　钰
出版发行：苏州大学出版社（Soochow University Press）
社　　址：苏州市十梓街 1 号　邮编：215006
印　　装：镇江文苑制版印刷有限责任公司
网　　址：www.sudapress.com
邮购热线：0512-67480030
销售热线：0512-67481020
开　　本：787 mm×1 092 mm　1/16
印　　张：17.75
字　　数：389 千
版　　次：2021 年 3 月第 1 版
印　　次：2021 年 3 月第 1 次印刷
书　　号：ISBN 978-7-5672-3498-7
定　　价：60.00 元

图书若有印装错误,本社负责调换
苏州大学出版社营销部　电话：0512-67481020
苏州大学出版社网址　http://www.sudapress.com
苏州大学出版社邮箱　sdcbs@suda.edu.cn

前 言

  在当前我国经济发展进入新常态的形势下，随着我国供给侧结构性改革的不断推进，技术创新与知识产权保护愈益成为决定我国产业转型升级和发展成败的关键。近年来，专利纠纷案件越来越多，核心技术的竞争态势愈演愈烈，高价值专利的挖掘与保护对供给侧结构性改革的支撑和保障作用不断增强。深入挖掘专利数据背后隐藏的信息，为行业发展、企业创新等方面提供客观且全面的参考，越来越受到各行各业的关注和重视。

  在技术竞争成为企业竞争的核心的今天，专利分析作为专利信息挖掘的核心手段之一，能够基于大量的现有技术对研究对象进行客观全面的统计和分析，总结研究对象的发展趋势，预测未来技术延伸方向，是助力创新主体找准技术站位、提高研发效率、抢占优势技术的重要途径，能够有效保障创新主体的驱动创新发展，全面提升创新主体的综合竞争优势。

  本书主要针对六类防护用品进行专利技术分析，分别是头盔、医用防护服、核辐射防护服、消防服、防护手套和防护鞋靴。基于基础专利数据，全面分析专利申请的整体态势、国外来华专利申请、关键专利技术的布局态势、重点专利技术的发展趋势等，对比分析国内外重要专利申请人的布局策略，为相关产业、企业及技术的发展提供更加有力的支撑。

  本书由国家知识产权局专利局专利审查协作江苏中心光电技术发明审查部应用光学室组织编写，具体分工如下：顾洪负责撰写、统稿和校对；张小燕、倪绿汀、双建丽、沈洁云、薛亚莉、刘莎、孙丽莹、周曦、黄慧、余黎飞和孙宏参与撰写全书内容。

  本书对六类防护用品的专利技术进行了详细分析，希望能对企业的专利技术研究、专利布局策略及市场竞争能力起到一定的积极作用。由于时间仓促，加之作者水平有限且产业技术前沿领域发展较快，书中难免存在疏漏、偏差甚至错误，不足之处敬请广大读者批评指正。

顾 洪

2020 年 12 月 27 日

Concent ·········

目 录

针对防护穿戴用品，现存书籍多集中在制造、材料等基础技术层面的介绍，没有基于专利数据来体现各项技术的发展状况和竞争态势等相关内容。而随着专利法日益成为保护各创新主体技术优势的重要手段，专利受到了越来越高的关注。在技术研究方面，了解所在领域的专利情况，对全面掌握该领域的技术发展、精准预判后期的技术走向至关重要。在技术保护方面，将专利布局做到技术落实的前面，在抢占技术高地、保护技术优势方面举足轻重。

本书从头盔、医用防护服、核辐射防护服、消防服、防护手套和防护鞋靴六类防护用品出发，基于相关领域的专利数据检索，对申请趋势、申请区域、技术主题、国内外重要申请人的发展状况和关键技术发展脉络等方面进行分析，并进一步针对各领域在专利布局、技术转让或技术竞争等方面存在的显著特点进行专门的介绍和分析，总结关于专利布局中重量更重质的重要性，为后期各创新主体的技术研究和发展方向提出建议。下面对本书的数据来源、数据检索、术语约定及重点专利的定义和筛选做进一步说明。

一、数据来源

对于相关专利的检索，主要包括专利数据的检索和相关专利法律状态的查询两个部分，数据来源如下。

1. 专利数据

专利数据主要来自国家知识产权局检索系统和智慧芽检索系统。

2. 专利法律状态数据

专利法律状态数据来自 Global Dossier 五局查询系统。

二、数据检索

在数据检索方面，数据检索截止时间为 2020 年 7 月。由于部分专利申请是在申请后的 18 个月公布，可能存在一些 2019 年和 2020 年提交的专利申请尚未公开的情况，因此，本书的专利分析仅基于已经公开的专利申请。

在检索策略方面，采用模块化检索和增量化检索策略：构建行业中外企业名录；搜集相关主题对应的准确分类号；结合项目分解表整理扩展相关的关键词；构建全面的检索式。在检索式的确定方面，主要遵循以下原则：

（1）根据项目分解表，对各主题的关键技术保留核心关键词，并进行充分的扩展。

（2）其他关键词慎重取舍，对每一个加入检索式或从检索式中去除的关键词，要对其可能带来的噪声文献量进行判断和评估。

（3）选择关键词时，尽量减少使用可能带来较多歧义的关键词，尽量使用准确的逻辑运算符，如 w、s 等。

（4）对于会带来较大噪声的关键词，优选使用分类号进行检索。

三、术语约定

对本书中出现的以下术语或现象进行统一解释。

（1）项：同一项发明可能在多个国家或地区提出专利申请。在进行专利申请数量统计时，对于数据库中以一族（这里的"族"指的是同族专利中的"族"）数据的形式出现的一系列专利文献，计算为"一项"。

（2）件：在进行专利申请数量统计时，为了分析申请人在不同国家、地区或组织所提出的专利申请的分布情况，将同族专利申请分开进行统计，所得到的结果对应申请的件数。一项专利申请可能对应一件或多件专利申请。

（3）专利被引用频次：指专利文献被后申请的其他专利文献引用的次数。

（4）同族专利：同一项发明在多个国家或地区申请专利而产生的一组内容相同或基本相同的专利文献出版物，称为一个专利族或同族专利。

（5）同族数量：一件专利同时在多个国家或地区的专利局申请专利的数量。

（6）诉讼专利：涉及诉讼的专利。

（7）全球专利申请：申请人在全球范围内的各专利局的专利申请。

（8）中国专利申请：申请人在中国国家知识产权局的专利申请。

（9）日期约定：依照最早优先权日确定每年的专利申请数量，无优先权日的以申请日为准。

（10）图表数据约定：由于 2019 年和 2020 年的专利数据不完整，其不能完全代表真正的专利申请趋势，数据仅供参考。

四、重点专利的定义和筛选

根据重点专利的影响因素，指定以下重点专利的筛选规则。

1. 根据被引用频次

专利文献被引用频次具有以下特点：专利文献被引用频次与公开的年限成正比，公开越早，被引用的频次就越高；被引用频次相同的专利文献，公开时间越晚，重要性越高；同一时期的专利文献，被引用频次越高，重要性越高。根据专利被引用频次的统计，选取被引用频次较高的专利。

2. 根据同族数量

关注同族数量较多的专利申请，尤其是同族专利申请涉及不同国家或地区的情况。

3. 根据重要申请人的专利

在重点专利选取过程中，注意重要申请人即申请量排名靠前的申请人的专利申请，在同等条件下，重点关注重要申请人的专利申请。

4. 根据专利的保护范围

一般情况下，重点专利的保护范围较大，通过查看专利所要求保护的范围大小也可以帮助确定专利的重要程度。

第一章
概　述

　　生产和生活中存在的各种危险与有害因素，会伤害人的身体、损害人的健康、危及人的生命安全，采取必要的技术措施与个体防护措施来保障人的生命安全和健康是非常必要的。生产过程中存在的危险和有害因素可分为两类：一类是化学因素，如有毒气体、液体、气溶胶等；另一类是物理因素，如静电、电离辐射、高温气液体、明火、恶劣气候作业环境、病毒、传染病媒介物等。

　　古代战争时期，士兵通过穿着铠甲进行防御；如今，人们则是通过穿戴防护服饰进行防御。防护服饰又称防护用品，是指供人们在生产和生活中穿着与配备的用于预防或减少物理、化学、生物等有害因素伤害人体健康的各种物品的总称。[①]

1.1　防护服饰的分类

　　防护服饰可按防护用途和性质进行分类，也可按使用方法进行分类，抑或按人体防护部位进行分类。本书根据人体防护部位，将防护服饰分为以下类别：

　　（1）头部护具类，是用于保护头部，防撞击、挤压伤害的护具。主要有塑料、橡胶、玻璃钢、纸胶、防寒、竹编安全帽等。

　　（2）眼（面）护具类，是用于保护作业人员眼（面）部的护具，以防止异物、紫外光、电磁辐射、酸碱溶液的伤害。主要有焊接护目镜和面具、防尘眼罩和面罩、防 X 射线眼镜、防酸碱眼罩等。

　　（3）防护服类，是用于保护作业人员免受作业环境的物理、化学和生物因素伤害的护具，分为特殊防护服和普通防护服两类。特殊防护服主要有医用防护服、阻燃防护服、防 X 射线服、防电磁辐射服、防高温服、防静电服、带电作业屏蔽服、防微波服、防晒服、防寒服、防尘服、防水服等。

　　（4）防护手套类，是用于保护作业人员手和臂的护具，按照防护功能主要分为普通防护手套、防酸碱手套、防 X 射线手套、防高温手套、防静电手套、防震手套、防切割手套、防寒手套、绝缘手套等。

---

　　① 　王永柱 . 职工个体防护知识（图文版）［M］. 北京：中国工人出版社，2011：2-3.

（5）防护鞋类，是用于保护作业人员的足部免受各种伤害的护具，分为工业防护鞋和日常防护鞋。工业防护鞋按防护功能主要分为防水鞋、防火鞋、防寒鞋、防静电鞋、防酸碱鞋、防油鞋、防滑鞋、防穿刺鞋、防砸鞋、电绝缘鞋等。①

本书采用统计分析方法，对头盔（即安全帽）、医用防护服、核辐射防护服、消防服、防护手套、防护鞋靴六类防护服饰的专利信息进行全面分析，对关键技术进行梳理，总结分析重要技术的发展状况、重要申请人核心技术的专利布局情况。

1.2　防护服饰的发展概况

1.2.1　头盔

2020 年 4 月，公安部交通管理局在全国开展"一盔一带"安全守护行动。行动期间，各地公安交管部门加强执法管理，依法查纠摩托车、电动自行车骑乘人员不佩戴安全头盔及汽车驾乘人员不使用安全带行为。头盔是人们用来保护头部而佩戴的钢制或类似原料制的浅圆顶帽子，由具有一定强度的帽壳、帽衬和缓冲结构构成，以承受和分散撞击瞬间的冲击力，可使有害荷载分布在头盖骨的整个面积上，即头与帽顶的空间位置共同构成能量吸收分流，避免或减轻外来冲击力对头部的伤害。

1. 头盔的结构

头盔包括帽壳、衬里、下颏带和附件。其中，帽壳是头盔外表面的组成部分，一般由壳体、帽舌、帽檐和顶筋组成，帽舌是帽壳前部伸出的部分，帽檐是帽壳上除帽舌以外的其他伸出的部分，顶筋是用来增强帽壳顶部强度的结构。衬里是帽壳内部部件的总称，一般由帽箍、吸汗带、缓冲垫、顶带等组成，帽箍是绕头围起固定作用的带圈，包括调节带圈大小的结构；吸汗带是附加在帽箍上的吸汗材料；缓冲垫是设置在帽箍和帽壳之间吸收冲击能量的部件；顶带是与头顶直接接触的衬带。下颏带是系在下颏上起辅助固定作用的可调节配件，由系带和锁紧件组成。附件是附加于头盔的装置，包括眼面部防护装置、耳部防护装置、颈部防护装置、照明装置、警示标志等。②

2. 头盔的发展

头盔的发展可追溯到远古时代，原始人为追捕野兽和格斗，用椰子壳、犰狳壳、大乌龟壳等保护头部。后来，随着冶金技术的发展和战争的需要，人类发明了金属头盔。国外最早的金属头盔是公元前 800 年左右制造的青铜头盔，而我国安阳殷墟出土的商朝铜盔距今有 3 000 多年的历史，可以说是世界上最早的金属头盔。17—18 世纪，随着热兵器的出现，铜盔基本上失去了防护作用。第一次世界大战

① 王永柱. 职工个体防护知识（图文版）［M］. 北京：中国工人出版社，2011：6-8.
② 姚刚. 建筑施工安全［M］. 重庆：重庆大学出版社，2017：169-170.

时期，法军研制出了能防炮弹碎片的"亚得里安"头盔。第二次世界大战时期，美国研制出 M1 等锰钢头盔，提高了头盔的防护能力。20 世纪 70 年代，美国杜邦公司研制出"凯夫拉"纤维并用于单兵防护领域后，头盔有了新的发展。从目前世界主要国家陆军头盔使用的材料来看，主要有凯夫拉头盔、尼龙头盔、超高分子聚乙烯头盔和钢盔。①

2017—2019 年，国内头盔产业新注册企业增速均在 20% 左右，特别是自"一盔一带"行动以来，截至 2020 年 5 月 18 日，我国共新增 3 503 家头盔产业相关企业。在国内头盔注册企业中，注册资本在 100 万元以下的企业占比达到一半，注册资本在 5 000 万元以上的企业占比为 6%。从地域上看，国内头盔产业相关企业主要分布在东部沿海地区，其中广东头盔相关企业数量遥遥领先。"一盔一带"行动还导致了头盔价格的上涨，头盔的成本中原材料成本占比较低，即便按照每个头盔使用 1 kg 改性后的 ABS/EPS/EPP 等材料，原材料成本预计不会超过 20 元，头盔的成本主要发生在成型制造、物流运输、品牌渠道建设等环节。按照 2019 年国内摩托车头盔行业销售额 24 亿元，单个摩托车头盔 100 元保守估算，2019 年国内摩托车头盔销售量预计在 2 400 万个，相比于"一盔一带"行动带来的 1.8 亿个头盔的需求增量，国内产能远远不足。作为劳动密集型产业，单个头盔的生产时间长，头盔模具的制作在短期内也难以完成，所以新建产能或者大规模转产都比较困难，预期实现头盔供求平衡还需要一段时间。②

3. 头盔的分类

按不同的材料、外形、作业场所等可对头盔进行不同的分类。按材料不同，可将头盔分为塑料类、橡胶类、纸胶类等。按外形不同，可将头盔分为无檐、小檐、卷边、中檐、大檐等。按作业场所不同，可将头盔分为普通型头盔和具备特殊性能的头盔，普通型头盔是用于一般作业场所，具备基本防护性能的头盔；具备特殊性能的头盔除具备基本防护性能外，还具备一项或多项特殊性能，适用于与其性能相应的特殊作业场所，如可能发生侧向挤压的场所、高温或低温场所、高空作业场所等。③

4. 头盔的相关标准

国际标准化组织在 1977 年制定了 ISO 3873—1977《工业用安全帽》标准，该标准所规定的技术要求被世界各国安全帽行业普遍采用，随后，包括中国在内的世界各国均根据本国的实际情况制定了新的安全帽标准。④

截至 2020 年 7 月底，国内有关头盔的标准主要有：GB/T 2812—2006《安全帽测试方法》、GB 24429—2009《运动头盔　自行车、滑板、轮滑运动头盔的安全要

---

① 杨建峰. 细说趣说万事万物由来［M］. 西安：西安电子科技大学出版社，2015：199.
② 2020 年中国头盔行业市场政策及市场供需现状分析："一盔一带"落地在即，头盔迎来需求热潮［EB/OL］.（2020-06-04）［2020-08-04］. http://www.chyxx.com/industry/202006/870598.html.
③ 姚刚. 建筑施工安全［M］. 重庆：重庆大学出版社，2017：169-170.
④ 蒋旭日. 国内外安全帽标准探讨与研究［J］. 中国个体防护装备，2018（1）：29.

求和试验方法》、GB 811—2010《摩托车乘员头盔》、GB/T 30041—2013《头部防护　安全帽选用规范》、GB/T 38305—2019《头部防护　救援头盔》、GB 2811—2019《头部防护　安全帽》、CCGF 602.1—2015《安全帽产品质量监督抽查实施规范》、T/ZZB 0658—2018《塑料安全帽》、T/ZZB 1489—2019《多功能警用防暴头盔》、GA 295—2001《警用摩托车头盔》、GA 296—2001《警用勤务头盔》、GA 294—2012《警用防暴头盔》、GA 44—2015《消防头盔》等；国外有关头盔的标准主要有：ISO 3873—1977《工业用安全帽》、ANSI/ISEA Z89.1—2014《工业头部防护》、BS EN 397—2012+A1—2012《工业用安全帽》、JIS T 8131—2000《工业用安全帽》、JIS T 8134—2007《自行车使用者用防护头盔》等。在上述标准中，GB/T 2812—2006《安全帽测试方法》规定了垂直间距、佩戴高度、下颏带强度、防静电性能、电绝缘性能、阻燃性能等测试方法；GB 2811—2019《头部防护　安全帽》规定了安全帽的基本性能要求和特殊性能要求，如阻燃性能要求续燃时间不应超过 5 s，帽壳不得烧穿；GB/T 38305—2019《头部防护　救援头盔》规定了救援头盔的质量不应大于 700 g（不包括附件），左、右水平视野应大于 105°，佩戴稳定性为向前翻转后与参考平面形成的夹角不应大于 30°，电绝缘性能为泄漏电流应不大于 3.0 mA，耐化学品性能为帽壳不应出现大于 10 mm 的损坏及穿透现象。

1.2.2　医用防护服

医用防护服是医护人员、环卫人员等在医疗、卫生防疫、公共卫生突发事件中用于隔离细菌、病毒等的个人防护装备。

1. 医用防护服的发展

在 100 多年前，医院开始使用手术防护服来保护病人不受医护人员所带细菌的感染。1952 年，威廉·C. 贝克（William C. Beck）提出手术衣所用的材料应当能阻挡液体的进入。[①] 第二次世界大战中，美国军需部门开发了一种具有良好防水性能的高密机织面料，第二次世界大战后，该面料被用于制作医用防护服。进入 21 世纪后，流感病毒、肝炎病毒、冠状病毒等病毒的传播危害了人类的身体健康，医护人员在救治感染这些病毒的病人时存在被感染的风险，因而需要做好隔离防护，医用防护服的作用转变为防止血液和体液中病毒的渗透与传播。2003 年，非典疫情暴发，我国内地累计报道非典型性肺炎 5 329 例，其中医护人员 969 例，占 18%。[②] 2003 年以后，针对气溶胶途径传播病毒的防护受到医用防护服行业的广泛重视，2003 年国家质量监督检验检疫总局首次颁发《医用一次性防护服技术要求》（GB 19082—2003），然而具备气溶胶防护性能的聚合物涂层或覆膜材料的透气性能、湿热舒适性能存在一定问题。自 2010 年以来，医用防护面料市场迎来了巨大的增长，仅以我国为例，2010

---

① 吴磊. 手术服的发展现状与趋势 [J]. 非织造布，2004，12（1）：39-40.
② 姜慧霞. 医用防护服材料的性能评价研究 [D]. 天津：天津工业大学，2008.

年医卫纺织品产量突破 70 万吨，2014 年达到 118.8 万吨，年均增长约 14%。[①] 2020 年，新型冠状病毒疫情严峻，医用防护服的需求激增。

2. 医用防护服的分类

医用防护服包括医疗环境下医护人员穿着的各类服装，其分类方式有多种。医用防护服所用的材料决定了其是否能够保护医护人员，根据所用材料的加工工艺不同，可将医用防护服分为机织类医用防护服和非织造布类医用防护服，其中，机织类材料包括：传统机织物、高密织物、涂层织物、层压织物等；非织造布类材料包括：纺黏非织造布、SMS（纺黏—熔喷—纺黏）复合非织造布、水刺非织造布、闪蒸非织造布等，不同类别的材料可根据需求经复合或整理处理后使用。根据用途和使用场合不同，可将医用防护服分为日常工作服、外科手术服、隔离衣和防护服，日常工作服是指医护人员日常工作中穿着的白大衣；外科手术服是医生在进行手术时穿着的服装，主要是阻隔病人的血液和体液，防止病人血液中携带的具有传染性的病毒侵入人体；隔离衣是医护人员接触病人、家属探视病人等场合下穿着的服装；防护服是临床医护人员在接触甲类或按甲类传染病管理的传染病患者时所穿着的服装，其主要作用是阻隔传染病患者的血液、体液、分泌物及空气中的微颗粒。根据使用寿命不同，可将医用防护服分为一次性医用防护服和可重复使用医用防护服。根据结构不同，可将医用防护服分为连体式结构医用防护服和分体式结构医用防护服。

3. 医用防护服的相关标准

截至 2020 年 7 月底，国内有关医用防护服的标准主要有：GB 19082—2009《医用一次性防护服技术要求》、T/ZMDS 30001—2020《可重复使用医用防护服》、T/CSBME 018—2020《一次性医用普通隔离衣》、T/CSBME 017—2020《一次性医用防护隔离衣》、YY/T 1425—2016《防护服材料抗注射针穿刺性能试验方法》、YY/T 1498—2016《医用防护服的选用评估指南》、YY/T 1499—2016《医用防护服的液体阻隔性能和分级》、YY/T 1632—2018《医用防护服材料的阻水性：冲击穿透试验方法》等；国外有关医用防护服的标准主要有：ISO 16603—2004《防血液和体液接触的防护服　防护服材料防止血液和体液渗透性能的测定　使用合成血液的试验方法》、ISO 16604—2004《防血液和体液接触的防护服　防护服材料抗血源性病原体渗透性能的测定　使用 Phi-X174 噬菌体的试验方法》、BS ISO 16603—2004《防血液和体液接触的防护服　防护服材料防止血液和体液渗透性能的测定　使用合成血液的试验方法》、CGSB 38.103—M90—CAN/CGSB—1990《外科手术衣　尺寸》、ANSI/AAMI PB70—2012《医疗保健设施中使用的防护服和防护布的液体阻隔性能和分类》、ANSI/NFPA 1999—2018《紧急医疗事故现场防护服》、BS EN 14126—2003《防护服　防传染性病原体防护服的性能要求和试验方法》、JIS T 8061—2010《防血液和体液接触的防护服　防护服材料抗血源性病原体渗透性能的测定　使用 Phi-X174 噬菌

---

① 徐瑞东，田明伟. 一次性医用防护服研究进展［J］. 山东科学，2020，33（3）：19.

体的试验方法》、JIS T 8062—2010《防传染性病原体的防护服　面罩　防止合成血液渗透的试验方法》、JIS T 8060—2015《防血液和体液接触的防护服　防护服材料防止血液和体液渗透性能的测定　使用合成血液的试验方法》等。

在上述标准中，GB 19082—2009《医用一次性防护服技术要求》规定了医用一次性防护服的性能要求：防护服关键部位静水压（以下简称 HP）应不低于 1.67 kPa（17 cm H_2O），防护服材料透湿量应不小于 2 500 g/(m^2·d），防护服外侧面沾水等级应不低于 3 级，防护服关键部位材料的断裂强力应不小于 45 N，防护服关键部位材料的断裂伸长率应不小于15%，防护服关键部位材料及接缝处对非油性颗粒的过滤效率应不小于 70%。ANSI/AAMI PB70—2012《医疗保健设施中使用的防护服和防护布的液体阻隔性能和分类》将医用一次性防护服分成 4 个等级，在液体阻隔性能中规定，1 级：冲击穿透水量（以下简称 IP）≤4.5 g；2 级：IP≤1.0 g、HP≥1.96 kPa；3 级：IP≤1.0 g、HP≥4.90 kPa；4 级：无规定；在合成血液穿透方面，对 4 级防护服做出了要求：在静水压 13.80 kPa 下保持 1 min 不可渗透；在微生物穿透方面规定 Phi-X174 噬菌体不得透过 4 级防护服。另一个标准 ANSI/NFPA 1999—2018《紧急医疗事故现场防护服》规定了医用一次性防护服液体阻隔性能为：表面张力为 3.5×10^{-4} N/cm、3 L/min 的水量喷洒 20 min 不可穿透；在微生物穿透方面规定 Phi-X174 噬菌体不得透过试样和接缝处。[①]

1.2.3　核辐射防护服

1. 放射性辐射的类型

在自然界中存在着铀系、钍系、锕系三个放射性系列。放射性核素在衰变过程中会发出三种类型的射线，即 α 射线、β 射线和 γ 射线，在核电站常见的还有中子射线，中子不是由衰变产生的，而是主要由核反应产生的。α 射线由 ^{4}He 核组成，α 粒子是一种大而重的粒子，在物质中穿行速度比较慢，α 粒子沿着它的轨迹与原子发生相互作用的机会较多，在每次相互作用过程中都将损失一些能量，α 粒子在浓密介质中穿过很短的距离，能量就损失殆尽。β 射线由原子核里发射出来的高速运动的电子组成，β 粒子的质量比 α 粒子的小，能以较快的速度在物质中穿行，在单位径迹长度上与物质相互作用的机会较少，损失能量的速度也低于 α 粒子，因此，在同样浓密的介质中，β 粒子比 α 粒子穿行得更远。γ 射线是一种强电磁波，无线电波、可见光和 X 射线也都是电磁波，但它们各自具有不同的波长。γ 射线是因原子核结构变化而发射出来的辐射，X 射线是因核外电子绕行轨道改变而发射出来的辐射。中子质量接近 1 个原子质量单位，中子具有很强的穿透性，能量越大穿透性越强。α 粒子、β 粒子、γ 粒子和中子的射程如表 1-1 所示。

---

① 沈嘉俊，许晓芸，刘颖，等. 医用防护服的研究进展［J］. 棉纺织技术，2020，48（7）：82.

表 1-1 几种核辐射的射程①

辐射类型	质量/u	在空气中的射程	在生物组织中的射程
α 粒子	4	0.03 m	0.04 mm
β 粒子	1/1 840	3 m	5 mm
γ 粒子	0	很大	有可能穿透人体
快中子	1	很大	有可能穿透人体
热中子	1	很大	0.15 m

2. 放射性辐射的防护

射线过度辐射人体，会引起多种放射性疾病，如皮炎、白细胞减少症等。随着原子能应用的发展，需要解决好射线的防护问题。一般的防护方法有：缩短接触时间、远离射线、在射线和人体之间加上屏蔽物。

（1）时间防护。

在接近放射性辐射源工作时，受到外照射的辐射累积剂量与受照时间成正比。②因此，工作人员应尽量做到操作快速、准确，或采取轮流操作方式，以减少每个工作人员受辐射的时间。

（2）距离防护。

点状放射性辐射源的辐射剂量率与辐射源到受照者之间的距离的平方成反比，人距离辐射源越近，接受的辐射剂量越大，所以工作人员在操作时应尽可能远离辐射源。

（3）屏蔽保护。

根据射线在穿透物体时被吸收和减弱的原理，可采用不同种类的屏蔽材料来吸收和降低外照射剂量。α 射线射程短，穿透力弱，一般不需要考虑屏蔽问题；β 射线穿透力较强，通常用质量较小的材料来进行屏蔽，如铝板、塑料板、有机玻璃等；γ 射线和 X 射线穿透力强、危害大，屏蔽时应采用具有足够厚度和容重的材料，如铝、铁、钢或混凝土构件等；对于中子射线的屏蔽，一般采用含硼石蜡、水、聚乙烯、锂、石墨等作为慢化及吸收中子的屏蔽材料。为防止外照射和放射性粒子危害人体健康，接触放射性辐射源的工作人员通常需要穿着核辐射防护服。③

3. 核辐射防护服的发展

在 X 射线防护面料方面，国外通过对聚丙烯腈接枝，然后用硫化钠处理接枝共聚材料，最后用醋酸铅溶液处理被改性的织物，实现了使用一层到两层织物就能够明显减弱 X 射线辐射；日本采用硫酸钡加入黏胶溶液中纺丝的方法，研制出了强度为

---

① 贺禹. 核电站基本安全授权培训教材［M］. 北京：原子能出版，2004：262-263.
② 张洪润. 传感器技术大全（中册）［M］. 北京：北京航空航天大学出版社，2007：1139-1140.
③ 何德文. 物理性污染控制工程［M］. 北京：中国建材工业出版社，2015：105.

0.99 g/d、伸度为 26% 的纤维，由该纤维加工成的 400 g/cm² 织物对 6 kV、2 mA 阴极 X 射线源的减弱达到了 97%，对于长期接触 X 射线的工作人员，穿着该纤维制成的防护服能起到良好的防护效果。在国内，最初防 X 射线服为铅胶材质，服用性能较差；其后，我国自行研制了由聚丙烯和固体屏蔽剂复合材料制成的防 X 射线纤维，其力学性能可以满足纺织加工的要求，对中、低能量的 X 射线有较高的屏蔽率；此外，活性炭纤维对化学物质及辐射具有高效的吸附性，利用其微孔的狭窄分布对放射性气体有较高的吸附热及氧化还原性能，采用共聚物涂层的方法制成核辐射防护服，可以使汗气透过服装散发出去，提高舒适性能。

防中子辐射服通常在纤维纺丝过程中添加防中子辐射材料或以后整理的工艺处理织物，得到性能优良的中低能中子屏蔽材料，再通过合理的服装结构设计，达到良好的中子防护效果。日本在 20 世纪 80 年代推出了能防中子射线且具有皮芯结构的纤维，该纤维的芯部被加入溴化锂或碳化硼的聚合物粉末，皮层采用纯高聚物，具有良好的防中子辐射效果。我国将重金属化合物、硼化合物与聚丙烯等共混熔融后纺丝得到了皮芯型防中子纤维，可加工成针织物、机织物和非织造布。

4. 核辐射防护服的结构

核辐射防护服是由防辐射面料制成的服装，其结构可分为分体式结构和连体式结构，分体式包括上衣和裤子，方便穿脱；连体式是全密闭性防护。分体式与连体式的基本组成有防护面具、防护帽、防护服、防护手套、防护靴等，确保对全身各部位进行辐射防护，具有防 α、β、γ、X 射线和化学酸碱物质的综合能力。[①]

5. 核辐射防护服的相关标准

截至 2020 年 7 月底，国内有关核辐射防护服的标准主要有：GB/T 22583—2009《防辐射针织品》、LD 86—1996《100 keV 以下辐射防护服》、YY 0318—2000《医用诊断 X 射线辐射防护器具 第 3 部分：防护服和性腺防护器具》等；国外有关核辐射防护服的标准主要有：ISO 8194—1987《辐射防护 辐射污染防护服 设计、选择、试验和使用》、DIN EN 1073—2—2002《辐射污染防护服 第 2 部分：防止粒子辐射污染的不通风防护服的要求和试验方法》、DIN EN 61331—3—2002《医用诊断 X 射线辐射防护器具 第 3 部分：防护服和性腺防护器具》、BS EN 61331—3—2014《医用诊断 X 射线辐射防护器具 第 3 部分：防护服、护目镜和患者防护罩》等。在上述标准中，GB/T 22583—2009《防辐射针织品》对防辐射针织品的质量定等、内在质量、外观质量、缝制等做出规定和要求；LD 86—1996《100 keV 以下辐射防护服》规定了操作者按照不同照射剂量选用不同级别的防护服；ISO 8194—1987《辐射防护 辐射污染防护服 设计、选择、试验和使用》规定了辐射污染防护服包括通风加压服装和非通风加压服装，同时给出了测量通风加压服装密封性和空气供应量的方法。

---

① 顾琳燕，高强，唐虹. 防核服装及其研究进展［J］. 纺织报告，2016（6）：30-33.

1.2.4 消防服

消防服是消防人员的重要防护装备，保护消防人员在灭火抢险作业时免受火焰、炽热物体、热蒸汽对流、辐射和热传导的伤害，从而保护消防人员的人身安全。

1. 消防服的结构

消防服通常分为四层，由外及内分别为阻燃层、防水透气层、隔热层和舒适层，前三层属于功能层。阻燃层是消防员的第一道防线，具有阻燃、隔热、防切割、防勾丝、防撕裂、防磨损的性能。防水透气层用于阻挡外界高温液滴侵入，同时排出人体蒸发的汗气，使消防员不受蒸汽的伤害，提升了消防服的热舒适性。隔热层可以阻止热量从外部环境向人体转移，通常由具有阻燃性能的纤维或它们的混纺物组成。

2. 消防服的发展

从 20 世纪 80 年代开始，一些发达国家开始对防护服装的性能进行研究，经过几十年的发展，消防服的性能有了很大的改善和提高。克拉斯尼（Krasny）分析了消防服用织物应该具备的性能和需要满足的要求。维迪（Veghte）讨论了消防服设计时应注意的问题，如皮肤的烧伤、消防员作业中的热应激等。福奈尔（Fornell）讨论了消防服的合体性，初步探讨了消防服上衣和裤子连体设计的防护性能和服用性能。与国外相比，我国消防服的研究起步较晚，主要分为四个阶段：第一阶段为 1985 年以前的纯棉帆布防护服；第二阶段为 1985 年以后的 85 型阻燃棉防护服，其结构分为两层，外层为黄绿色阻燃棉织物，内层采用纯棉绸，并经阻燃、防水、拒水处理，其透气性能良好，但不耐洗涤，强力较低；第三阶段为 94 型阻燃棉防护服，94 型在 85型基础上增加了缀钉反光标志带，其款式、结构、颜色与 85 型相同；第四阶段为 97型阻燃棉防护服，97 型在 94 型基础上参照国际相关标准，采用四层构造，由外到内分别是外层、防水透气层、隔热层和舒适层，外层采用具有较高阻燃性的本质型阻燃纤维，耐高温且防穿刺，防水透气层多采用微孔膜织物，阻挡外界高温液滴侵入，同时排出人体汗气，以防消防人员出现中暑、热应激等影响作业效率的情况，隔热层主要采用由针刺无纺方法加工得到的阻燃黏胶、碳纤维毡或其他本质型阻燃毡材料，舒适层多为阻燃棉布。2014 年，由公安部上海消防研究所承担的公安部技术研究计划项目"新一代轻质高效消防员灭火防护服研制"取得了新的研究成果，该项目针对如何保证消防员防护服质量小、吸水少，提高穿着散热性和舒适性问题，将不同层材料（如防水透气层和隔热层）复合在一起形成单层材料层，以减小防护服的质量和降低吸水效果，采用多层复合技术及点胶技术研制出的新型隔热层材料替代了以往的隔热层和防水透气层，具有三层结构的新一代消防员灭火防护服诞生。①

国内消防服产业已初具规模，据统计，中国获得生产许可的消防装备生产企业已有上万家，其中以民营企业为主，消防服行业市场化秩序与管理手段逐步完善。但

---

① 朱方龙. 服装的热防护功能［M］. 北京：中国纺织出版社，2015：2-4.

是，产品类型单一、企业规模和市场份额小、参与生产的企业数量偏多的现象突出。国内企业大多生产价格低廉、质量不高、舒适性较差的消防服，而中高档产品大多靠进口或者以合资形式提供，生产高技术含量、高附加值产品的国内企业很少，从而导致了国内消防服相关企业在产品供给结构方面存在不合理的问题。目前，国内已有少数达到国际水平的防火材料通过了国外质量检验，少数企业在产品生产管理上通过了ISO 9000质量管理体系认证，但这样的企业和产品为数极少，在国内尚未形成有效的竞争优势。[1]

3. 消防服的相关标准

截至2020年7月底，国内有关消防服的标准主要有：GB/T 17599—1998《防护服用织物 防热性能 抗熔融金属滴冲击性能的测定》、GB 8965.1—2009《防护服装 阻燃防护 第1部分：阻燃服》、GB 8965.2—2009《防护服装 阻燃防护 第2部分：焊接服》、GB/T 33536—2017《防护服装 森林防火服》、GB 38453—2019《防护服装 隔热服》、GB/T 38302—2019《防护服装 热防护性能测试方法》、GB/T 39074—2020《纺织品 隔热性能的检测和评价》、GA 633—2006《消防员抢险救援防护服装》、GA 770—2008《消防员化学防护服装》、GA 10—2014《消防员灭火防护服》、GA 634—2015《消防员隔热防护服》等；国外有关消防服的标准主要有：ISO 15538—2001《消防员防护服 带有反射性表层的防护服的实验室测试方法与性能要求》、ISO 17492—2003《隔热和阻燃防护服 暴露于火和热辐射的热传导测定》、ISO 9151—2016《隔热和阻燃防护服 暴露于火的热传导测定》、NFPA 1971—2000《多层结构消防服标准》、NFPA 1975—2009《紧急消防和救护服务部门工作服标准》、BS EN 469—2005《消防员防护服 消防员防护服的性能要求》、NF EN 469—2006《消防员防护服 消防员防护服的性能要求》、BS EN 1486—2007《消防员防护服 专业消防反射服的测试方法和要求》、NF EN 1486—2007《消防员防护服 专业消防反射服的测试方法和要求》、ASTM F1731—1996（2008）《消防和救援制服及其他热危害防护服的人体测量和尺寸标准规范》、DIN 23320—2—2003《矿井用防火服 矿井救援、煤气救援和火灾救援人员防护服 第2部分：连裤服》、DIN 23320—3—2003《矿井用防火服 矿井救援、煤气救援和火灾救援人员防护服 第3部分：两件式服装》、DIN 23320—4—2003《矿井用防火服 矿井救援、煤气救援和火灾救援人员防护服 第4部分：内衣》等。

1.2.5 防护手套

防护手套是用于保护手部不受伤害的防护用品，手部伤害可分为机械性伤害、物理性伤害、化学性伤害和生物性感染伤害。其中，机械性伤害通常为撞击、切割、挤压、针刺、振动等带来的伤害；物理性伤害通常为高温烫伤、低温冻伤、电击伤害和

---

[1] 陈秋平，郭旭. 我国消防服行业现状及未来发展趋势 [J]. 中国个体防护装备，2014（3）：22-24.

电磁、电离辐射性伤害；化学性伤害为化学物质如酸碱溶液对手部的伤害；生物性感染伤害是指细菌、病毒等微生物的感染伤害。据《职业卫生与安全百科全书》（2000年3月出版）统计，手部和手臂受伤害约占工业事故伤害总数的 25%[①]，因此，为防止作业过程中手部受到伤害，作业人员应佩戴合格有效的防护手套。

1. 防护手套的结构

防护手套由套体、胶棉结构层和环状指套构成。其中，套体包括用于容置食指、中指、无名指和小指的主套体及用于容置大拇指的次套体；胶棉结构层位于防护手套内层，是以发泡性塑胶、橡胶、乳胶等材料制成的结构层，能使防护手套具有较佳的触感以增进套戴的舒适性，并有防霉抗菌的作用；环状指套是指有些防护手套配备的金属或塑料硬片，其后部设有的环状或半环状指套，可更有效地保护手指。[②]

2. 防护手套的发展

关于手套的最古老记载，国外见于《荷马史诗》，古罗马和古希腊人进餐时戴着手套抓食。公元7世纪，手套第一次被列为宗教仪式中用的物品，白手套被视为圣洁的服饰之一。中世纪时，手套同法律仪式联系起来，授予财产封地时，必须授予手套才能生效。11—12世纪，丝绸和皮革手套在西方贵妇人中盛行，成为重要的装饰品和馈赠物品。16世纪，欧洲盛行香味手套。19世纪，手套商请最有名的画家在特制的手套背上绘制图画，同时期还出现了精致的黑色网织手套、长及肘弯的黑缎子手套。时髦人物佩戴手套的习惯一直沿袭到20世纪。第一次世界大战后，工作用手套被大量生产，最初的原料是羊毛和棉线，20世纪50年代后出现了化纤手套。[③]

我国是防护手套生产大国，每年向欧洲、美国、日本等出口各类防护手套60亿副，国内市场也有40亿副的需求量。据不完全统计，我国河北、上海、江苏、浙江、山东、广东等地是防护手套主要生产区，有生产企业2 000多家，但年产值超过亿元的企业只有10余家，如镇江苏惠乳胶制品有限公司、山东星宇手套有限公司、山东登升安防科技有限公司等，这些企业的品牌、市场影响力和产品市场占有率都处于行业领先地位，其不仅在国内市场上有较高的知名度，在国际市场中也占有一定的份额，相信随着我国防护手套市场的发展，防护手套行业国内龙头企业的影响力会逐步扩大。[④]

3. 防护手套的分类

防护手套的分类主要有两种：按用途分类和按材质分类。不同行业和不同用途可选用不同的类别。

---

① 汪万起. 正确选择防护手套 [J]. 劳动保护，2012（2）：97.
② 王永柱. 职工个体防护知识（图文版）[M]. 北京：中国工人出版社，2011：90.
③ 东云. 中外文化常识一本通：不可不知的1 500个文化常识 [M]. 北京：中国华侨出版社，2012：507.
④ 中国纺织品商业协会安全健康防护用品委员会. 我国防护手套市场发展趋势调查 [J]. 现代职业安全，2014（8）：17–19.

（1）按用途分类。

一次性手套：用于保护使用者和被处理的物体，适用于对手指触感要求高的工作，如实验室、制药行业或清洁工作，可用乳胶、丁腈、丁基橡胶或聚氯乙烯（PVC）制成。

耐酸碱手套：是工作人员手部接触酸碱物质或浸入酸碱溶液中工作时使用的防护手套，主要是化工、印染、皮革、电镀、热处理等企业或场所的工作人员在接触普通酸碱时佩戴，常用的有橡胶耐酸碱手套、乳胶耐酸碱手套和塑料耐酸碱手套。

绝缘手套：是工人在进行带电作业时必备的防护用品。绝缘手套采用天然橡胶制成，用绝缘橡胶或乳胶经压片、模压、硫化或浸模成型。使用单位应定期进行绝缘手套的耐压检测，使用前必须检查是否有扎穿和破损，以防绝缘损坏，使用时最好内衬线手套以吸汗，并注意防止被利物划破和接触酸、碱、油类物质。

防割手套：是工作人员在使用锋利器物作业时为防止手部被割伤、切伤而使用的防护手套。防割手套由特殊材料制成，降低了使用者被割伤的风险，常使用钢丝织物或坚韧的合成纱材料。

焊工手套：是焊接工人在进行焊接操作时为防止手部被焊接火花及飞溅的熔融金属烫伤而佩戴的防护手套。焊工手套采用牛皮或猪皮绒面革来制造，并配有长的帆布或皮革袖套。

耐油手套：用于保护手部皮肤免受油脂类物质如矿物油、植物油及脂肪族的各种溶剂油的刺激，有橡胶、乳胶、塑料三种。

除此之外，还有防振手套、防辐射手套、防毒手套、防水手套、防寒手套、耐火阻燃手套、电热手套等。

（2）按材质分类。

丁腈手套：耐穿刺性强、耐磨、耐老化，能防护大部分溶剂和化学危险品的腐蚀，如油、酸、农药等，是耐油材料中最好的一种。

乳胶手套：防机械磨损、防割、防穿刺，对一部分化学品具有较好的防护性，适用于接触低浓度的酸碱溶液、一般化学药品、印染液、有毒化工原料、污染物等，不能防护油、油脂和石油产品，也不能接触硝酸等强氧化剂。表面摩擦力较大，适用于抓取尖锐的物体，使用温度为−18 ℃~50 ℃，耐低温。

PVC手套：防化学腐蚀性强，几乎可以防护所有的化学危险品。

皮革手套：防机械磨损性能较好，厚皮可防热，外层镀铝后可防高温及热辐射。

布制手套：为一般用途手套，接触感良好，加厚的布制手套可用于防热、防寒，可防中等、低等机械磨损，点珠类的布制手套耐磨、防滑。①

4. 防护手套的相关标准

截至2020年7月底，国内有关防护手套的标准主要有：GB/T 18703—2002《手

---

① 王永柱. 职工个体防护知识（图文版）［M］. 北京：中国工人出版社，2011：91-94.

套掌部振动传递率的测量与评价》、GB 10213—2006《一次性使用医用橡胶检查手套》、GB 7543—2006《一次性使用灭菌橡胶外科手套》、GB/T 17622—2008《带电作业用绝缘手套》、GB/T 22845—2009《防静电手套》、GB 24787—2009《一次性使用非灭菌橡胶外科手套》、GB 24786—2009《一次性使用聚氯乙烯医用检查手套》、GB 24541—2009《手部防护 机械危害防护手套》、GB 28881—2012《手部防护 化学品及微生物防护手套》、GB/T 29512—2013《手部防护 防护手套的选择、使用和维护指南》、GB 30865.1—2014《手部防护 手持刀具割伤和刺伤的防护手套 第 1 部分：金属链甲手套和护臂》、GB/T 32103—2015《织物浸渍胶乳防护手套》、GB 38452—2019《手部防护 电离辐射及放射性污染物防护手套》、GB/T 38304—2019《手部防护 防寒手套》、GB/T 38306—2019《手部防护 防热伤害手套》、T/ZZB 0185—2017《聚氯乙烯防护手套》、T/CTCA 6—2019《劳动防护手套》、FZ/T 73040—2010《高温高热作业防护手套》等；国外有关防护手套的标准主要有：NF EN 12477—2002《焊工用防护手套》、EN 659—2003《消防员用防护手套》、NF EN 388—2004《防机械危害防护手套》、DIN EN 12477—2005《焊工用防护手套》、NF EN 421—2010《防电离辐射和放射性污染物防护手套》、BS EN 421—2010《防电离辐射和放射性污染物防护手套》、BS EN 374—4—2013《防化学品和微生物防护手套 第 4 部分：抗化学品降解的测定》、BS EN 16350—2014《防护手套 静电性能》、ASTM D 7866—2014a《辐射衰减防护手套的标准规格》、JIS T 8116—2005《化学防护手套》等。

1.2.6　防护鞋靴

防护鞋靴包括工业用防护鞋靴和日常防护鞋靴。为防止作业人员的足部在作业过程中受到砸伤、刺割、灼烫、冻伤、化学性酸碱灼伤、触电等伤害，作业人员应穿着有针对性的工业用防护鞋靴。为了在人们日常行走、运动或其他使用环境下提供缓冲、支撑、稳定等辅助功能，同时考虑穿着舒适性、安全性等因素，人们应穿着日常防护鞋靴。

1. 防护鞋靴的发展

人类穿鞋的历史相当久远，新石器时代，原始先民用兽皮直接、简单地将脚包裹住，产生了最原始的鞋。我国早期鞋的形象出现在出土的陶器上，新疆哈密王墓出土的 3 000 年前的商朝长筒皮靴，由靴面、靴底、靴筒三部分组成，以细皮条缝制而成。鸦片战争以后，各式洋皮鞋相继出现在上海、广州、天津等沿海大城市；从 19 世纪末到 20 世纪初，一些外国和中国商人先后在上海、天津、北京等地开设了现代意义的皮鞋经销店及鞋厂；20 世纪 80 年代改革开放以来，我国制鞋工业得到了前所未有的大发展，到了 20 世纪 90 年代末，中国鞋类产品生产量几乎占到世界鞋类产品生产总量的一半，对外贸易量几乎达到世界鞋类产品贸易总量的一半，中国已成为世界鞋类产品生产加工和贸易中心。在国外，史前北美洲先民开始穿着草编凉鞋，14

世纪高跟鞋开始流行，1695 年出现了现代形式的高跟鞋，到了 18 世纪法国路易十五时代，男鞋的造型与现代鞋的外观越来越接近，欧洲女鞋造型也越来越接近现代女鞋，这个时期还出现了"路易式高跟"，这种鞋跟造型至今流行不衰，并产生了许多变化。19 世纪后期，欧洲出现的各种鞋款与现代一些鞋的样式没有多大区别。[①]

中国是防护鞋靴生产大国，每年向欧洲、美国、日本等出口各类防护鞋靴 2 亿多双。据统计，美国市场上 83% 的防护鞋靴都是从我国进口的。虽然我国已经获得工业产品生产许可证的防护鞋靴生产企业有 200 多家，但年产量在 100 万双以上的企业还不到 10%，大部分企业都是中小型企业，还有部分是家庭作坊企业。我国生产的各种品牌的防护鞋靴，同一类型的款式和功能基本相同，科技含量较低，大部分防护鞋靴生产企业偏重模仿，缺少研发，注重当前市场销售，缺少长期发展规划，很少有生产企业真正投入力量去研究开发具有一定科技含量和知识产权的防护鞋靴。[②]

2. 防护鞋靴的结构

防护鞋靴从结构上可分为鞋面、鞋底和内里。防护鞋靴的鞋面一般由人工合成的面料制成。防护鞋靴的鞋底按材料可分为橡胶鞋底、改性 PVC 鞋底、热塑性橡胶（TPR）鞋底、聚氨酯（PU）鞋底、真皮鞋底、乙烯-醋酸乙烯共聚物（EVA）鞋底、复合鞋底。其中，橡胶鞋底具有耐磨、耐寒、耐折的性能，但质量较大；改性 PVC 鞋底耐寒性较差，且温度越低鞋底硬度越大；TPR 鞋底的表面无光泽，耐寒性较好，但耐折、耐磨性不稳定；PU 鞋底质量较小，耐磨、耐寒性较好；真皮鞋底的前掌需要加设胶片，透气、吸汗性较好但成本较高，耐寒性较好但耐磨性较差；EVA 鞋底质量较小但耐压性较差，耐寒性较好但耐磨性较差；复合鞋底是由几种材料组合起来的鞋底。防护鞋靴的内里一般为 PU/PVC 革或其他复合类的材料，人造革内里成本较低，没有经过特殊工艺处理的 PU/PVC 革的透气、吸汗性较差。

3. 防护鞋靴的分类

根据防护鞋靴的功能不同，可将防护鞋靴分为防砸鞋、防穿刺鞋、防滑鞋、防油鞋、防酸碱鞋、防静电鞋、防寒鞋、防热鞋、防水鞋、电绝缘鞋等。其中，防砸鞋是指在鞋头装有金属或非金属内包头，能保护足趾免受外来物体打击伤害的防护鞋，适用于冶金、矿山、林业、港口、装卸、采石等行业；防穿刺鞋是指在内底与外底之间装有防穿刺垫，能保护足底免受尖锐物刺伤的防护鞋，根据抗穿刺力的大小可分为特级（>1 100 N）、Ⅰ 级（>780 N）和 Ⅱ 级（>490 N）；防热鞋是指在内底与外底之间装有隔热中底，以保护高温作业人员足部在遇到热辐射、飞溅的熔融金属火花或在热物面上短时间行走时免受烫伤、灼伤的防护鞋，主要用于冶金行业；防静电鞋是能消除人体静电积聚，防止 250 V 以下电源电击伤害的防护鞋；电绝缘鞋是能使人的脚与带电物体绝缘，防止触电伤害的防护鞋，按鞋帮材料可分为电绝缘皮鞋、电绝缘布面

---

①　陈念慧. 鞋靴设计学［M］. 3 版. 北京：中国轻工业出版社，2015：5-8.

②　中纺协会安全健康防护用品委员会. 安全防护鞋的发展趋势［J］. 劳动保护，2011（7）：102-103.

胶鞋、电绝缘胶面胶鞋、电绝缘塑料鞋，按款式可分为低帮电绝缘鞋、半筒电绝缘鞋、高筒电绝缘靴，穿电绝缘鞋时应避免接触锐器、高温和腐蚀性物质，防止鞋的绝缘性能受到损坏；防酸碱鞋是一种可以防止酸碱溶液直接接触足部，避免腐蚀伤害的防护鞋，按材质可分为耐酸碱皮鞋、耐酸碱胶鞋、耐酸碱塑料模压靴，耐酸碱皮鞋是在较低浓度酸碱作业场所中用于足部防护的胶底皮鞋，耐酸碱胶鞋是全橡胶材料经硫化成型的防护鞋，具有较好的耐酸碱性能，耐酸碱塑料模压靴是聚氯乙烯等聚合材料经模压成型的防护鞋，具有很好的耐酸碱性能；防油鞋可以防止汽油、柴油、煤油等化学油品对足部皮肤的伤害，防油鞋一般用丁腈橡胶、聚氯乙烯塑料做外底，用皮革、帆布或丁腈橡胶做鞋帮；防寒鞋一般用于低温作业人员的足部防护，分为棉鞋、皮毛鞋、热力鞋等。[①]

4. 防护鞋靴的相关标准

截至 2020 年 7 月底，国内有关防护鞋靴的标准主要有：GB/T 20098—2006《低温环境作业保护靴通用技术要求》、GB 20096—2006《轮滑鞋》、GB 21146—2007《个体防护装备 职业鞋》、GB 21147—2007《个体防护装备 防护鞋》、GB 21148—2007《个体防护装备 安全鞋》、GB/T 20991—2007《个体防护装备 鞋的测试方法》、GB 21536—2008《田径运动鞋》、GB 12011—2009《足部防护 电绝缘鞋》、GB/T 3903.5—2011《鞋类 整鞋试验方法 感官质量》、GB/T 3903.3—2011《鞋类 整鞋试验方法 剥离强度》、GB/T 15107—2013《旅游鞋》、GB/T 31009—2014《足部防护 鞋（靴）安全性要求及测试方法》、GB/T 21284—2015《鞋类 整鞋试验方法 保温性》、GB/T 32024—2015《鞋类 整鞋试验方法 扭转性能》、GB/T 33393—2016《鞋类 整鞋试验方法 稳态条件下热阻和湿阻的测定》、GB/T 3903.1—2017《鞋类 整鞋试验方法 耐折性能》、GB/T 3903.2—2017《鞋类 整鞋试验方法 耐磨性能》、GB/T 3903.4—2017《鞋类 整鞋试验方法 硬度》、GB/T 3903.6—2017《鞋类 整鞋试验方法 防滑性能》、GB/T 36975—2018《鞋类通用技术要求》、GB/T 24152—2018《篮排球专业运动鞋》、GB 20265—2019《足部防护 防化学品鞋》、GB/T 3903.7—2019《鞋类 整鞋试验方法 老化处理》、GB/T 38012—2019《鞋类 整鞋试验方法 缓震性能》、GB/T 38011—2019《鞋类 整鞋试验方法 帮带拔出力》、GB/T 16641—2019《鞋类 整鞋试验方法 动态防水性能》、T/ZZB 1359—2019《防护鞋》、T/ZZB 1047—2019《足部防护 防极寒安全鞋》等；国外有关防护鞋靴的标准主要有：ISO 20346—2004《个人防护装备 防护鞋》、ISO 20345—2011《个人防护装备 安全鞋》、ISO 20347—2012《个人防护装备 职业鞋》、ISO 20346 AMD 1—2007《个人防护装备 防护鞋 修订 1》、BS EN ISO 20346—2004《个人防护装备 防护鞋》、DIN EN ISO 20344—2004《个人防护装备 鞋的测试方法》、DIN EN ISO 20345—2012《个人防护装备 安全鞋》。

---

① 王永柱. 职工个体防护知识（图文版）［M］. 北京：中国工人出版社，2011：107-112.

头盔的历史由来已久，随着科学技术的发展和交通方式的变革，人们逐渐意识到交通出行中保护头部的重要性。随着人们保护头部意识的不断增强，科学技术的不断发展，头盔的强度、稳定性、缓冲性等性能都在快速发展。目前，全世界有很多头盔安全认证标准，包括国家和地区标准，如欧盟 ECE 标准、英国 SHARP 标准、美国 DOT 标准、日本 SG 和 JIS 标准、澳大利亚 AS/NZ 1698 标准、中国 GB 标准等，以及第三方机构认证标准，如 SNELL 标准、FRHPhe 标准。我国从 2011 年 5 月 1 日开始实施 GB 811—2010《摩托车乘员头盔》标准。

人们对头盔功能的需求也从最开始的硬度、吸汗，逐步发展到了缓冲、透气、面罩、通信、防雾等，同时，创新者们也在这些方面申请了大量专利以保护自己的发明创造。本章主要介绍头盔领域的专利申请情况，并从重点专利角度分析头盔领域的竞争关系。

2.1 全球专利申请情况分析

表 2-1 列出了头盔领域的全球专利申请数量，截至 2020 年 6 月，头盔领域的全球专利申请数量为 25 287 项，每项专利申请已公开的同族申请总量合计 37 242 件。

表 2-1 头盔领域的全球专利申请数量

项目	全球总申请量 （按最早优先权，单位：项）	全球总申请量 （按同族公开号，单位：件）
头盔	25 287	37 242

2.1.1 全球专利申请的趋势分析

本节以 20 世纪 90 年代后头盔领域的全球专利申请量为基础，分析近 30 年头盔领域全球专利申请量的变化趋势，如图 2-1 所示。

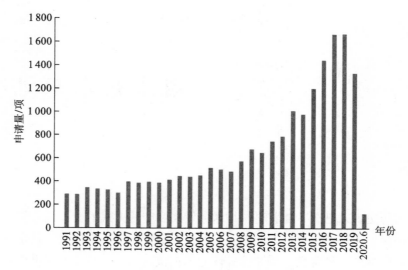

图 2-1　近 30 年头盔领域全球专利申请量变化趋势图

近 30 年全球范围内头盔领域的专利申请量呈明显增长趋势，大致可分为三个阶段：1991—2000 年的平稳发展阶段，从 1991 年的 289 项增长到 2000 年的 388 项，10 年间增长了 99 项；2001—2008 年的缓慢增长阶段，从 2001 年的 414 项增长到 2008 年的 574 项，8 年间增长了 160 项；2009 年以后的快速增长阶段，从 2009 年的 678 项增长到 2018 年的 1 665 项，10 年间增长了 987 项，近 10 年的增长率是 20 世纪 90 年代增长率的 4.2 倍之多。2018 年，头盔领域全球专利申请量创历史新高，达到 1 665 项。1991—2018 年，全球范围内头盔领域的专利申请量增长了近 5 倍，可见，人们保护头部的意识越来越强，对防护头盔专利保护的意识也在不断增强。

2.1.2　全球专利申请的区域分布分析

全球共有 82 个国家在头盔领域申请了专利。图 2-2 显示了头盔领域全球专利申请量排名前五的区域，其中，位居榜首的是中国，共计 7 350 项，年均申请量达到 245 项；排名第二的是美国，共计 2 749 项，年均申请量超过 91 项；排名第三的是日

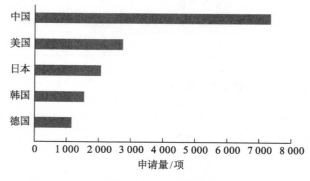

图 2-2　头盔领域全球专利申请量排名前五的区域

本，共计 2 064 项，年均申请量超过 68 项；韩国和德国分别排在第四位和第五位，申请量分别为 1 542 项和 1 162 项，年均申请量分别超过 51 项和 38 项。

改革开放以后，我国经济快速增长，科学技术迅猛发展。国家出台的各项知识产权保护的相关政策，极大地促进了我国专利的发展，截至 2020 年 6 月，我国头盔领域全球专利申请量位居榜首，接近于排名第二至第五的美国、日本、韩国和德国专利申请量之和，是排名第二的美国年均申请量的 2.7 倍之多。

2.1.3 全球专利申请的申请人分析

图 2-3 为头盔领域全球专利申请量排名前十的申请人。从图 2-3 可以看出，日本的昭荣株式会社的专利申请量位居全球榜首，共计 166 项；其次是中国的国家电网有限公司，共计 156 项；排名第三的是日本的谷泽制作所株式会社，共计 114 项；排名第四的是美国的矿井安全装置公司，共计 112 项；排名第五的是美国的金泰克斯公司，共计 98 项；排名第六的是中国台湾的隆辉安全帽有限公司，共计 92 项；排名第七的是韩国的 HJC 株式会社，共计 90 项；排名第八的是日本的雅马哈发动机株式会社，共计 89 项；排名第九的是德国的舒伯特公司，共计 86 项；排名第十的是美国的贝尔运动股份有限公司，共计 81 项。在上述全球专利申请量排名前十的申请人中，日本 3 位，美国 3 位，中国 2 位，德国 1 位，韩国 1 位。其中，中国的两位申请人中，中国台湾的隆辉安全帽有限公司以 92 项专利申请位居全球第六，可见，中国台湾地区对头部防护方面的知识产权保护极为重视。在重点申请人部分将对隆辉安全帽有限公司进行具体介绍。

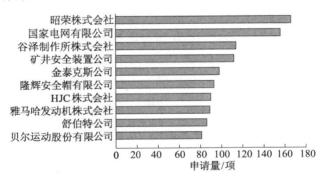

图 2-3 头盔领域全球专利申请量排名前十的申请人

2.1.4 全球专利申请的主要技术主题分析

按照防护头盔的主要结构，将防护头盔的全球专利申请分为外壳，缓冲，面罩，通风透气，通信，下颏带，护耳，以及可折叠、分离八个技术主题。本小节对这八个技术主题下的全球专利申请占比进行分析。

图 2-4 是头盔领域全球专利申请主要技术主题分布图。其中，关于头盔外壳技术的专利申请量为 7 881 项，占全球专利申请总量的 21.6%；关于头盔缓冲技术的专利

申请量为 6 813 项，占比为 18.7%；关于头盔面罩技术的专利申请量为 6 465 项，占比为 17.7%；关于头盔通风透气技术的专利申请量为 4 349 项，占比为 11.9%；关于头盔通信技术的专利申请量为 4 285 项，占比为 11.8%；关于头盔下颏带技术的专利申请量为 3 672 项，占比为 10.1%；关于头盔护耳和可折叠、分离技术的专利申请量分别为 1 674 项和 1 286 项，占比分别为 4.6% 和 3.6%。

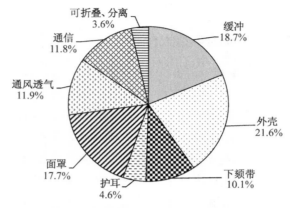

图 2-4　头盔领域全球专利申请主要技术主题分布图

从上述分析可以发现，关于头盔外壳技术的专利申请量最多，其在头盔领域全球专利申请总量中的占比超过五分之一。可见，在防护头盔中，外壳防护起着极为重要的作用，是防护头盔的第一道防线。早期，人们对头部的保护也是通过设置简单的壳体或者罩体实现的，因此，头盔外壳技术的专利申请量占比最大。

其次是缓冲防护和防护面罩技术，两者在头盔领域全球专利申请总量中的占比均超过 15%。可见，头盔的缓冲功能和防护面罩在头盔防护中也起着尤为重要的作用。在头部受到外界冲击时，能够快速缓解、释放冲击力或者将冲击力引导到外界，以减小冲击力对佩戴者头部的作用，是头盔防护的核心。在防护头盔中，面部防护也是业界的普遍需求，骑行头盔中遮阳、挡雨、防风的面罩，运动头盔中防止球类等撞击面部且具有清晰的观察视角的面罩，以及智能化面罩等都是人们对防护面罩的必要需求。

随着科技的进步，人们对舒适性、智能化及便捷化的需求越来越强，佩戴者在佩戴具有良好通风透气效果的防护头盔时，能够与外界保持良好的沟通，并在需要急救的情况下传输信息，这些尤为重要，因此，通风透气和通信技术在防护头盔全球专利申请中的重要性也不容小觑，均占全球专利申请总量的 10% 以上。

下颏带能够保证头盔稳定地固定在佩戴者的头部，防止松动或者脱落；护耳起到保护耳朵的作用，同时能够将外界的声音有选择地传输到佩戴者耳部；可折叠、分离的防护头盔便于收纳和运输。这三类技术的专利申请量在头盔领域全球专利申请总量中虽然占比较小，但是其功能不容忽视。

由于外壳、缓冲、面罩、通风透气及通信这五个技术主题的专利申请量占比相对较大，下面重点分析这五个技术主题近 30 年全球专利申请量的变化趋势。图 2-5 显示了外壳、缓冲、面罩、通风透气及通信这五个技术主题近 30 年全球专利申请量的变化趋势。从图 2-5 可以看出，1991—1995 年，外壳、面罩、缓冲及通风透气技术主题的全球专利申请量每年都在 50—100 项，年专利申请量相差不大，处于平稳发展期，同期通信技术主题专利申请量较少，都在 40 项以下，当时，通信技术发展较慢，人们对通信头盔的需求也不强，主要侧重于头部及面部的保护；1996—2004 年，外壳、面罩、缓冲及通风透气技术主题的全球专利申请量较之前略有上升，但涨幅不大，每年基本都在 100 项上下浮动，同期通信技术主题的全球专利申请量出现了一定的增长，在 2001 年，以 71 项的申请量超过了申请量为 56 项的通风透气技术主题；2005—2010 年，外壳和面罩技术主题的全球专利申请量呈现缓慢上升趋势，其他几个技术主题基本处于平稳发展期，在此期间，随着全球通信技术的发展，人们对通信功能的需求明显增强，通信技术主题的全球专利申请量不再落后于其他技术主题，与缓冲和通风透气技术主题基本呈持平的状态；2011—2018 年，各技术主题均呈现出迅速发展的态势，全球专利申请量最多、发展最迅速的依然是外壳技术主题，可见，作为第一道防线的防护外壳，是防护头盔最重要的部件，其次随着通信技术的快速发展，人们对便捷通信的需求越来越大，通信技术主题脱颖而出。2015 年以后，通信技术主题的全球专利申请量超过了面罩和通风透气技术主题，在此期间，缓冲、面罩及通风透气技术主题也呈现出快速增长趋势。

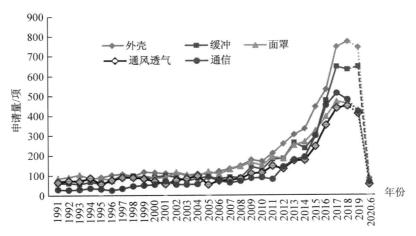

图 2-5　近 30 年头盔领域五个主要技术主题全球专利申请量变化趋势图

2.2　中国专利申请情况分析

《中华人民共和国道路交通安全法》第五十一条规定："摩托车驾驶人及乘坐人员应当按规定戴安全头盔。"我国摩托车乘员头盔标准经历了从 GB 811—89《摩托车乘员头盔》，到 GB 811—1998《摩托车乘员头盔》，再到 GB 811—2010《摩托车乘员头盔》的发展过程。GB 811—2010 标准 A 类头盔的刚度性能、头盔固定装置稳定性等指标参照了 ECE 22—2002《摩托车防护头盔》，B 类头盔的吸收碰撞能量性能指标参照了日本标准 JIS T 8133—1994《摩托车和机动自行车的驾驶员和乘客用防护帽》和中国台湾标准 CNS 3902—92《骑乘机车用安全帽》。

自 2020 年 4 月以来，全国各地纷纷响应公安部交通管理局部署的"一盔一带"安全守护行动，强制要求摩托车、电动自行车骑乘人员出行时佩戴头盔。据统计，摩托车、电动自行车骑乘人员死亡事故中，约 80% 为颅脑损伤致死；汽车交通事故中，因为不系安全带被甩出车外造成伤亡的事故比比皆是，有关研究表明，正确佩戴安全头盔、规范使用安全带能够将交通事故伤亡风险降低 60%~70%。因此，公安部交通管理局提出，"一盔一带，安全常在"，提倡佩戴头盔骑行，保护自己，安全出行。

改革开放以后，中国的经济和科技迅速发展，从发展才是硬道理到科教兴国，再到实现经济转型，保护知识产权就是保护创新发展。我国的知识产权也呈现蓬勃发展的态势。从头盔领域全球专利申请区域分布分析可知，中国头盔领域全球专利申请总量高达 7 350 项，位居全球榜首。到 2005 年 9 月底，我国已有摩托车乘员头盔产品生产许可证获证企业 164 家，年产量约 1 600 万顶，其中半数以上出口国外，我国已成为世界上最大的头盔生产和出口国。[①] 本节主要对头盔领域中国专利申请的趋势、中国专利申请的申请人、中国专利申请的区域分布、中国专利申请的主要技术主题进行分析。

2.2.1　中国专利申请的趋势分析

图 2-6 显示了近 30 年头盔领域中国专利申请量的变化趋势。由于数据库的差别，全球专利申请量的统计对同族专利进行了合并，多个同族专利合并为一项；中国国家知识产权局专利局公开的专利以件计数，一项同族专利在中国的申请量可能有多件，以实际件数计数。后续章节中的类似情况将不再重复说明。从图 2-6 可以看出，近 30 年中国范围内头盔领域的专利申请量同样呈明显增长趋势，1991—2001 年是平稳增长期，从 1991 年的 23 件增长到 2001 年的 45 件，增长了近一倍；2002—2009 年为缓慢增长期，从 2002 年的 54 件增长到 2009 年的 173 件，增长了近 2.2 倍；2010 年以后是快速增长期，从 2010 年的 214 件增长到 2018 年的 1 005 件，增长了近 3.7 倍。同样，在 2018 年中国范围内头盔领域的专利申请量创历史新高，达到 1 005 件。1991—2018 年，头盔领域中国专利申请量增长了近 42.7 倍。由于 2019 年和 2020 年部分专利尚未公布，2020 年的专利申请量偏少。

---

① 唐良富，唐卡毅，张旻旻，等. 摩托车防护头盔发展现状和展望分析 [J]. 中国个体防护装备，2011（1）：21-27.

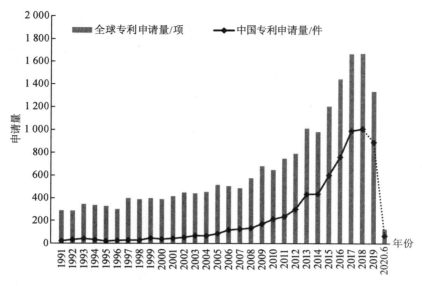

图 2-6 近 30 年头盔领域中国专利申请量变化趋势图

通过比较头盔领域中国专利申请量变化趋势和全球专利申请量变化趋势可知，中国专利申请量变化趋势与全球专利申请量变化趋势完全吻合。中国专利申请量在全球专利申请量中的占比也呈逐年增加的趋势，1991 年中国专利申请量在全球专利申请量中的占比仅为 7.96%，不到全球专利申请量的十分之一；到 2003 年，中国专利申请量在全球专利申请量中的占比已达 15.91%；到 2006 年，中国专利申请量在全球专利申请量中的占比为 23.81%，超过全球专利申请量的五分之一；到 2010 年，中国专利申请量在全球专利申请量中的占比为 33.08%，接近全球专利申请量的三分之一；到 2016 年，中国专利申请量在全球专利申请量中的占比进一步攀升至 52.67%，超过全球专利申请量的一半；到 2018 年，中国专利申请量在全球专利申请量中的占比为 60.36%。也就是说，到 2018 年，全球范围内头盔领域的专利申请中，每十件就有超过六件来自中国，中国已成为全球头盔领域专利申请的主要来源国。

2.2.2 中国专利申请的申请人分析

图 2-7 为头盔领域中国专利申请量排名前十的申请人。其中，国家电网有限公司位居榜首，共计 155 件；排名第二的是江阴市达菲玛汽配科技有限公司，共计 86 件；排名第三的是中国台湾的隆辉安全帽有限公司，共计 73 件；排名第四的是中国台湾的个人申请人古正辉，共计 65 件；排名第五的是江门市鹏程头盔有限公司，共计 55 件；排名第六的是美国的贝尔运动股份有限公司，共计 51 件；排名第七的是浙江远景体育用品有限公司，共计 47 件；排名第八的是深圳前海零距物联网科技有限公司，共计 37 件；深圳创丰宝运动科技有限公司和广东电网有限责任公司排名并列第九，均为 33 件。

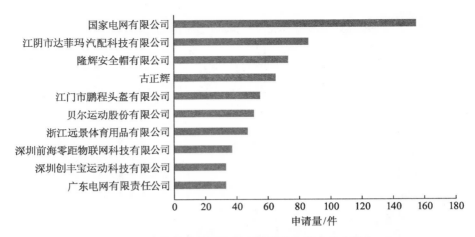

图 2-7 头盔领域中国专利申请量排名前十的申请人

上述十位专利申请人中，体育运动类公司 3 位、电网公司 2 位、专业头盔公司 2 位、汽配公司 1 位、科技类公司 1 位、个人 1 位。国家电网有限公司共有 27 个子公司，40 个直属单位，共计 67 个分部，同时国家电网工作人员需要对头部等进行较好的防护，因此，其头盔领域中国专利申请量位居榜首。江阴市达菲玛汽配科技有限公司为 2014 年 8 月 20 日成立的新型研究和试验发展类公司，在成立后的近六年时间里，在中国申请了 86 件专利，可见其对防护头盔专利保护的重视程度。隆辉安全帽有限公司是一家台湾地区的公司，其对防护头盔的专利申请较早。江门市鹏程头盔有限公司是一家广东的公司，为港商投资企业，在中国的专利申请量为 55 件。贝尔运动股份有限公司是一家美国的公司，其比较重视中国市场，在中国的专利申请量有 51 件。下文将在重点申请人部分对隆辉安全帽有限公司、江门市鹏程头盔有限公司、贝尔运动股份有限公司这三位申请人的专利申请情况进行详细分析。

结合图 2-3 和图 2-7 可以看出，国家电网有限公司、隆辉安全帽有限公司及贝尔运动股份有限公司在全球和中国的前十位专利申请人中都占有一席之地，而贝尔运动股份有限公司也是在中国申请量最大的外国公司。

2.2.3 中国专利申请的区域分布分析

我国幅员辽阔，经济发展迅猛，各个地区对专利保护的重视程度不断提升，专利申请量快速增长。下面对我国各个地区头盔领域的专利申请量进行分析，图 2-8 列出了头盔领域中国专利申请量排名前十的区域。

从图 2-8 可以看出，广东省以 1 264 件的申请总量位居榜首；排名第二的是江苏省，共计 831 件；排名第三的是浙江省，共计 781 件；排名第四的是中国台湾，共计 718 件；排名第五的是山东省，共计 433 件；排名第六的是北京市，共计 386 件；排名第七的是上海市，共计 296 件；排名第八的是福建省，共计 234 件；排名第九的是湖北省，共计 213 件；排名第十的是四川省，共计 200 件。

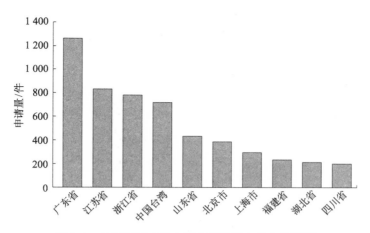

图 2-8　头盔领域中国专利申请量排名前十的区域

从上述排名前十的区域可以看出，经济发展较好的广东省专利申请量遥遥领先，仅头盔领域的专利申请就超过 1 200 件，该省的江门市鹏程头盔有限公司、深圳前海零距物联网科技有限公司、深圳创丰宝运动科技有限公司及广东电网有限责任公司四家企业都是头盔领域中国专利申请量排名前十的申请人。江苏省和浙江省同样经济发展较好，重视知识产权保护。其中，江苏省的江阴市达菲玛汽配科技有限公司在头盔领域中国专利申请人排名中位居第二。浙江省的头盔行业起源于乐清，浙江省的头盔企业也基本上都在乐清。乐清头盔产品的生产起源于 20 世纪 80 年代末，目前乐清是国内最大的头盔生产基地，占国内头盔市场份额的 40%，在国内头盔市场中有着举足轻重的地位。然而，乐清的防护头盔专利申请并不多，反而是浙江省台州市的浙江远景体育用品有限公司以 47 件专利申请位居中国专利申请人前十名。① 这也显现了中国大部分中小型企业发展存在的问题，过度注重生产，忽视对研发和创新的保护。排名第四的中国台湾地区，早期就强制要求居民佩戴头盔，政府政策的出台促进了中国台湾地区头盔产业的发展，同时中国台湾地区大型企业较多，对创新保护的意识也较强，因此专利申请量较多。山东省的滨州、济宁、淄博等地均有头盔生产商，这些地区对山东省的头盔发展及创新保护都做出了一定的贡献。而北京市、上海市不仅经济发达，人们对知识产权的保护意识也极强，因此专利申请量排名也领先。

2.2.4　中国专利申请的主要技术主题分析

图 2-9 是头盔领域中国专利申请主要技术主题分布图。其中，关于头盔外壳技术的专利申请量为 3 081 件，占中国专利申请总量的 21.0%；关于头盔缓冲技术的专利申请量为 2 446 件，占比为 16.6%；关于头盔面罩技术的专利申请量为 2 077 件，占

① 周章捷. 探析头盔企业经营发展中存在的问题及对策 [J]. 商场现代化，2020（10）：85-87.

比为 14.1%；关于头盔通信技术的专利申请量为 2 184 件，占比为 14.9%；关于头盔下颏带技术的专利申请量为 2 125 件，占比为 14.5%；关于头盔通风透气技术的专利申请量为 1 657 件，占比为 11.3%；关于头盔护耳和可折叠、分离技术的专利申请量分别为 806 件和 325 件，占比分别为 5.5% 和 2.1%。

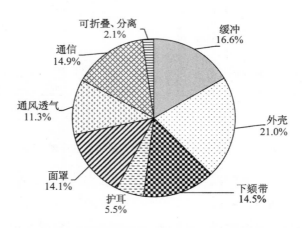

图 2-9　头盔领域中国专利申请主要技术主题分布图

　　比较图 2-4 和图 2-9 可以发现，在头盔领域各主要技术主题的专利申请分布上，中国与全球的情况较为接近。外壳和缓冲防护部件是头部防护中抵抗外力冲击的第一道防线，从图 2-4 和图 2-9 可以看出，外壳和缓冲技术主题的专利申请量稳居第一和第二。在其他技术主题专利申请量的排名上，中国与全球的情况略有区别，如在运动、工业焊接或者骑行时，对面部的保护尤为重要，因此在全球专利申请中，面罩技术主题的专利申请量位居第三，但在中国有所不同，通信和下颏带技术主题的专利申请量占比超过面罩技术主题。近年来，智能化在各个领域都有建树，在头盔领域也不例外，智能通信头盔的专利申请量不容忽视，其发展势头在中国已有一定显示。随着时代的发展，人们对头盔的舒适度的要求逐渐提升，因此，提升头盔舒适度的通风透气性能的专利申请量也占据了较大的比重。另外，头盔中对头部其他部分的保护及头盔的收纳和拆卸作为头盔的附加特性在专利申请中也占有一定的比例。

　　图 2-10 显示了外壳、缓冲、面罩、通风透气及通信这五个技术主题近 30 年中国专利申请量的变化趋势。从图 2-10 可以看出，1991—2005 年，外壳、面罩、缓冲、通风透气及通信这五个技术主题每年的专利申请量都很少，基本在 35 件以下，在此期间，各技术主题的专利申请量没有太大差异；2006—2011 年，这五个技术主题的专利申请量都是缓慢增长，外壳技术主题专利申请量从 30 件增长到了 76 件，缓冲技术主题专利申请量从 28 件增长到了 75 件，通风透气技术主题专利申请量从 12 件增长到了 56 件，通信技术主题专利申请量从 17 件增长到了 42 件，可见，在这一阶段，中国头盔领域的专利申请呈现出稳定发展趋势，并且人们对创新的保护意识也在不断增强；而 2012—2018 年，这五个技术主题专利申请量出现快速增长，从不到 100 件

迅速增长到了超过 300 件，尤其是外壳和缓冲技术主题，专利申请量均超过了 500 件，中国头盔领域的专利申请量呈现强劲增长态势。

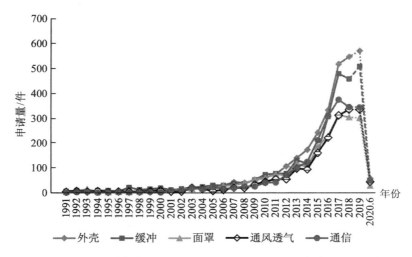

图 2-10　近 30 年头盔领域五个主要技术主题中国专利申请量变化趋势图

2.3　重点专利技术分析

创新发展离不开重点申请人对核心技术的提出，也离不开各位申请人对核心技术的逐步改进。本节对头盔领域的缓冲、面罩及通信三个主要技术主题的技术发展脉络进行梳理，同时对重点申请人进行分析，并简单展示一些笔者认为重要的专利，以期对防护头盔的后续发展起到辅助作用。

2.3.1　技术发展脉络

2.3.1.1　防护头盔缓冲技术发展脉络

防护头盔的缓冲技术是头盔的灵魂所在，将施加到头盔上的巨大冲击缓解、释放甚至转移消散，以极大地减小施加到佩戴者头部的冲量，及时保护佩戴者头部，是缓冲的主要作用。本节从颈部防护，缓解被撞击对象受力，材料缓冲，磁力缓冲，结构缓冲，以及气体、泡沫和缓冲垫缓冲六个方面对缓冲技术发展脉络进行梳理，如图 2-11 所示。

接触性运动中长期存在的一个问题是严重的伤害，包括脑震荡、瘫痪甚至死亡。在这些类型的伤害中，即使受害者戴着头盔保护装置，最重的打击也会将冲击传递到颈部和上部脊柱。颈部是将大脑指令发送到四肢等器官的重要传输路径，在一些剧烈运动或者飞行工作中，对颈部的保护显得尤为重要。下文对颈部防护技术脉络进行梳理。

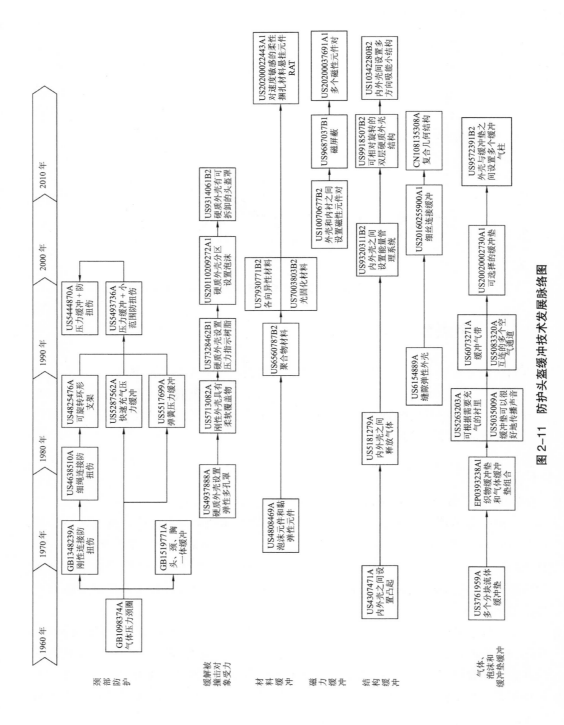

图 2-11 防护头盔缓冲技术发展脉络图

　　20 世纪 60 年代，在飞行员使用的头盔中，英国小型技术公司（Mini of Technology）提出通过在头盔的头部与肩部的连接部分设置颈圈，以对颈部受到的冲击力进行缓冲（GB1098374A）。到 20 世纪 70 年代，基于之前对颈部进行缓冲防护的理念，英国人阿尤布·K. 奥马耶（Ayub K. Ommaya）提出了防止因颈部快速转动而导致颈部扭伤或者断裂的头盔，将颈部气囊与头部壳体通过刚性连接装置连接，可以阻止颈部快速转动。该头盔在缓解颈部受到的外力冲击的同时，也防止了颈部的旋转扭伤（GB1348239A）。同期，英国人 P. W. 博思韦尔（P. W. Bothwell）还提出将头盔制作成包括可以包覆胸部、颈部及头部的大缓冲垫，以此来整体保护头部、颈部和胸部，这样在骑行中即使出现摔跤等也能对头部、颈部和胸部起到较好的保护作用。该头盔能够对身体部位进行较大范围的保护，但是整个装置比较笨重，后续也有在该方向上的类似改进，但是改进不大，使用率较低，这类头盔更多出现在航天飞行等领域（GB1519771A）。到 20 世纪 80 年代，美国头盔产业开始蓬勃发展，专利申请数量也逐年增多。在防护头盔领域，美国人罗伯特·P. 哈伯德（Robert P. Hubbard）提出了带有通过细绳连接头盔头部与肩部的刚性轭的头盔，以防止头部的剧烈运动，刚性轭向上延伸出高环，以保护颈部，同时能够对头部起到支撑作用，以缓解头部疲劳。该头盔使用软质的细绳来缓解颈部受到的外界冲击和阻止颈部快速转动，相较于英国提出的刚性连接装置舒适度增强，同时还可以缓解颈部疲劳，提高了佩戴的舒适性（US4638510A）。同期，美国人唐纳德·L. 安德鲁斯（Donald L. Andrews）还提出了在肩部保护器上安装可旋转环形支架的头盔，该环形支架具有用于可旋转地支撑头盔的两个垂直凸起。该头盔可以防止颈部过度弯曲，但是不能防止头部过度旋转（US4825476A）。到 20 世纪 90 年代，美国人古斯·A. 拉什（Gus A. Rush）提出了运动式头盔，其下边缘具有可充气袋，在紧急情况下可快速充气膨胀，以保护颈部。该发明可以减小头盔的体积，开启了头盔向小型化发展的趋势（US5287562A）。在该时期，美国人乔治·E. 亚伯拉罕（George E. Abraham）还提出了将 20 世纪 60 年代的缓冲颈圈替换为弹簧缓冲件的头盔，以解决气圈容易破裂的问题（US5517699A）。同时，美国人诺曼·E. 阿里森（Norman E. Allison）还提出了在肩部防护垫上设置竖直凸起装置的头盔，以对头部的剧烈向下运动提供支撑，将头部受到的冲击力传递到肩部，从而减轻头部和颈部受到的巨大向下压力。该头盔可以对头部向颈部的巨大压力进行缓冲，以在颈部和头部受到巨大压力时提供保护。由于在肩部设置的凸起可以与头部的凹槽相互卡合，在二者卡合时，可以防止头部的快速旋转，但是该卡合结构对位难度较大，实操性较弱（US5493736A）。该时期，美国人大卫·品森（David Pinsen）还提出了在颈部设置支撑装置以限制头部的转动、移动、上下和左右倾斜的头盔，且不会有使用不舒适、对位不准确的问题（US5444870A）。在 20 世纪 80 年代到 90 年代，美国特别注重头盔的颈部防护功能，并且通过逐步改进，最终提出了既可以对颈部受到的压力进行缓冲，又可以防止颈部扭伤的防护头盔，大大降低了头盔佩戴者颈部受伤的概率。

　　大部分头盔的外部骨骼壳是由耐冲击的硬质塑料制成的。如果戴这种头盔的人攻击他人身体，则该外壳可用作进攻的武器。因此，头盔罩同样重要，起到保护对手等被撞击对象的作用。下文将对缓解头盔作用在被撞击对象上的冲击力的技术脉络进行梳理。20 世纪 80 年代，美国人艾伯特·E. 施特劳斯（Albert E. Straus）提出了在硬质头盔的外表面设置弹性多孔头盔罩，以保护比赛中被撞击的人（US4937888A）。到 20 世纪 90 年代，美国人尼科尔·杜尔（Nicole Durr）将头盔罩改造为具有刚性的外壳，该刚性外壳外部具有柔软的覆盖物，以吸收冲击并分散能量，从而达到同时保护头盔佩戴者和撞击物的效果。当用于诸如足球类接触运动时，该覆盖物可有效防止头盔用作撞击物时造成的伤害。该头盔通过设置头盔罩在保护头盔佩戴者的同时，也可以对被撞击的人或物起到缓冲作用，从而大大减小运动过程中由于撞击造成的人员伤亡（US5713082A）。到 21 世纪初，美国人艾伯特·E. 施特劳斯提出了在硬质外壳的外部设置压力指示树脂的头盔，当头盔的某一部位撞击对方时，该位置的树脂的颜色会发生变化，这为医生诊断提供了参考。该头盔提出了撞击部位指示的重要手段，以便于医生查看伤势（US7328462B1）。到 2010 年以后，美国人德雷克·卡尔（Drake Carl）提出了在硬质头盔壳体的外侧分区域设置缓冲泡沫，以缓解头盔对被撞击者的撞击力度。根据头盔的弧形结构设置缓冲层，以对头盔的撞击力度进行针对性的缓解，为头盔罩提供了一种新的设计手段（US20110209272A1）。同期，艾琳·L. 汉森（Erin L. Hanson）对头盔硬质外壳上的头盔罩进行可拆卸设计，使用者可以调节头盔罩的尺寸以使其能够很好地与头盔外壳固定，同时在该头盔罩的不同部位设置不同的缓冲形状，以提供全方位的缓冲防护（US9314061B2）。

　　通过缓冲材料提高头盔缓冲效果，也是防护头盔的重要缓冲技术手段，经过近半个世纪的发展，头盔缓冲材料也有了巨大的发展，下文将对缓冲材料技术脉络进行梳理。20 世纪 80 年代，美国人莫里斯·希尔斯（Maurice Hiles）提出了一种具有预定构型的轻质能量吸收和阻尼装置，该装置是泡沫元件和至少一个黏弹性元件的复合物，每个黏弹性元件通过化学键合永久地固定在一起。由弹性体聚合物形成的固体装置起到抑制能量传递的作用，就像它们含有黏性液体一样。首先，它们很容易扭曲，因此能将负载分布在最大区域；其次，在压缩时，它们像弹簧一样变得越来越僵硬，这消除了共振并且可以促进频率变化。黏弹性材料是聚氨酯，它可以通过合适的二异氰酸酯与聚醚或聚酯之间的反应形成。泡沫是聚氨酯泡沫，它可以通过合适的芳族二异氰酸酯与聚醚或聚酯之间的反应形成（US4808469A）。到 21 世纪初，美国人厄玛·D. 门多萨（Irma D. Mendoza）提出了利用聚氨酯、单氯乙烯凝胶、聚乙烯和聚碳酸酯或聚丙烯材料制成头盔的缓冲层，由这些材料制造的安全头盔均匀地分散或吸收头部周围的冲击能量，以保护大脑免受线性和旋转冲击能量的影响（US6560787B2）。同一时期，巴特·德佩雷特（Bart Depreitere）还提出了利用各向异性材料制成头盔的缓冲垫，以使头盔的切向冲击带给佩戴者头部的旋转加速度减少，同时能够吸收大量的旋转能量。该发明通过各向异性材料实现冲击力的非线性传递（US7930771B2）。该时期，美国人罗伯特·M. 莱登（Robert M. Lyden）提出了囊状物的头盔缓冲装置，该囊状物包含光固化材料，该光固化材料包括纤维填充材料，当其暴露于具有 280~780 nm 波长的光下时，该光固化材料将凝固。使用时打开不透光的包装并移除该装置，将该装置放置在佩戴者身上的适当位置并暴露在光下，这样光固化材料就会凝固。该发明在头盔缓冲材料领域具有划时代意义（US7003803B2）。到 2019 年，美国陆军研究实验室（U. S. Army Research Laboratory）提出了新型的缓冲材料，其工作原理是利用对速度敏感的柔性捆扎材料悬挂元件 RAT，将头盔悬挂在佩戴者的头部，外力对头盔的冲击导致 RAT 延伸，从而提高头盔的能量吸收率。该发明使用新型的对速度敏感的材料来增加头盔对冲击力的吸收，避免佩戴者头部受到伤害（US20200022443A1）。

　　通过对层状结构或缓冲层的巧妙设计来缓解冲击力，是目前防护头盔缓冲手段的主流方式。近年来，也出现了新的缓解冲击力的方式，如利用同性磁极相斥的原理，通过磁力手段缓冲外界冲击力。下文对磁力缓冲技术脉络进行梳理。磁力缓冲技术运用到防护头盔领域是在 2010 年以后，美国人大卫·L. 达勒姆（David L. Durham）通过在头盔的外壳和内衬之间设置相同极性的面相对的磁性元件对，来缓解外界施加在头盔外壳上的冲击。该发明提出了利用磁力缓冲外界压力，为头盔缓冲手段提供了新的思路（US10070677B2）。之后，美国弗吉尼亚联邦大学（Virginia Commonwealth University）提出了在现有的利用磁体排斥作用进行缓冲防护的头盔中设置磁屏蔽，以防止两个磁性头盔相撞击时吸附在一起。该发明通过磁屏蔽手段，将磁性缓冲头盔与外界磁性或者金属构件进行磁隔绝，以方便佩戴者使用（US9687037B1）。到 2019 年，美国人苏莱曼·穆斯塔法（Sulaiman Mustapha）通过在头盔内层和外层分别设置多个磁性元件对，并在这些磁性元件对之间设置硅胶条，以同时利用磁铁的磁力和硅胶的缓冲力来更好地缓解外界冲击力。该发明同时使用磁力和弹性缓冲力对外壳受到的压力进行缓解，起到了很好的缓冲效果（US20200037691A1）。利用磁力与机械力相结合来消散冲击力，为头盔设计提供了一种新的思路，磁力并不是一种硬连接，因此它可以缓解撞击带来的线性加速度和角向加速度，但磁场在头盔中的分布及其大小与现有技术的优势互补仍是需要进一步研究的课题。

　　通过合理设计防护头盔的结构来增强头盔的缓冲性能，是头盔一直以来发展的重点，也是比较容易改进的点，下文对结构缓冲技术脉络进行梳理。早在 20 世纪 70 年代，杜邦公司就公开了带有缓冲件的头盔外壳，该外壳包括内壳和凸起，内壳与外壳是间隔开的，并且可相对于外壳移动；凸起位于外壳与内壳之间，并且每个凸起整体连接在外壳上（US4307471A）。到了 20 世纪 90 年代，美国人代尔·T. 罗斯（Dale T. Ross）提出了在内衬与外壳之间设置空气腔，当外力作用在外壳上时，空气腔被挤压释放出空气，进而缓解外壳受到的压力，下次佩戴前将该空腔内充满气体即可。该发明提出利用排出气体的方式来缓解冲击力（US5181279A）。同一时期，美国人丹·T. 摩尔（Dan T. Moore）提出了将头盔的外壳设置为具有缝隙的弹性外壳，该外壳能够很好地缓解冲击力。该发明提出将头盔外壳设置为具有缝隙的多个部分来缓解冲击力（US6154889A）。2010 年以后，美国知识产权控股有限责任公司（Intellectual Property Holdings，LLC）提出了在头盔的外壳与内衬之间设置多个能量管理系统，这些能量管理系统能够旋转和压缩，因此可以对施加到其上的冲击力进行旋转方向和竖直方向的缓解，并且各个能量管理系统具有硬质的外壳，以防止经其缓解的力再传递到相邻的能量管理系统。该发明通过能量管理可以在多个方向释放压力，同时减少压力的传递（US9320311B2）。同一时期，美国华盛顿大学商业中心还提出了用多根细丝连接外壳和内衬的头盔，当外壳受到压力时，这些分布在外壳与内衬之间的细丝会发生非线性形变，进而缓解施加到头部的压力。该发明提出通过简单的细丝连接方式来缓解外壳受到的冲击力（US20160255900A1）。2015 年，美国人查尔斯·伊顿（Charles Eaton）提出了设置双层硬质外壳的头盔，该头盔的内层和外层可以相对旋转，以对施加到外壳上的冲击力进行缓解。该发明提出利用可相对旋转的双层硬质外壳结构来缓解外界冲击力（US9918507B2）。同年，艾尔头盔有限责任公司还提出了具有复合几何结构的安全头盔，由碰撞引起的能量因中空几何弧形元件的变形而在多个方向上被吸收，而且能量沿着比复合几何结构大得多的总面积分布从而保护头部（CN108135308A）。2018 年，美国扩散技术研究有限责任公司（Diffusion Technology Research，LLC）提出在具有可相对旋转的双层硬质外壳的头盔的外壳和内壳上分别设置小的凸面和凹面，以使外壳在受到冲击时，凸面和凹面可以倾斜、移动或者旋转，从而释放外壳受到的压力。该发明将外壳和内壳的旋转机构设置为多个小的结构，以使力的释放具有针对性（US10342280B2）。

利用气体、泡沫和缓冲垫来增强防护头盔的缓冲性能，也是头盔防护的一个重要手段，下文对该方面的技术脉络进行梳理。20 世纪 70 年代，美国人弗雷德·R. 邓宁（Fred R. Dunning）提出在头盔内设置多个分块缓冲垫，多个分块缓冲垫内注入流体，并且这些缓冲垫是连通的，当某几个缓冲垫受到冲击时，这几个缓冲垫内的流体可以流到相邻的缓冲垫内，以对冲击力进行缓解。该发明通过流体释放的方式对冲击力进行缓解（US3761959A）。到了 20 世纪 80 年代，德国人舒林·乌韦（Schuring Uwe）提出了在头盔内同时设置织物缓冲垫和气体缓冲垫，通过双层缓冲结构来增强缓冲效果。该发明提出了两种缓冲手段组合使用，以增强缓冲效果（EP0393238A1）。到了 20 世纪 90 年代，美国里德尔股份有限公司（Riddell Inc.）提出在常规头盔的内衬上分区域设置缓冲垫，该缓冲垫可以很好地传播声音，以避免佩戴者戴上头盔后听不到外界声音。该发明通过对缓冲垫的改进，使其不仅可以起到很好的缓冲效果，还可以较好地传播声音（US5035009A）。同一时期，美国里德尔股份有限公司还提出了具有可充气衬里的头盔，该衬里被放置在头盔的内表面，佩戴者可以根据自己的需要对衬里进行充气。该衬里使头盔内的缓冲垫可以根据需要进行填充，以满足不同佩戴者的需求（US5263203A）。在该时期，美国亚当斯股份有限公司（Adams USA，Inc.）还提出了将缓冲结构设置为缓冲气带的头盔，该缓冲气带根据头部结构合理布局保护，同时增强了佩戴的舒适性。该发明提出了将缓冲结构设置为缓冲带，以使头盔既能缓冲外界冲击力又能舒适佩戴（US6073271A）。这一时期，美国运动头盔股份有限公司（Athletic Helmet，Inc.）提出了一种带有独立气泵的头盔，该头盔包括外壳和设置在外壳内的衬里，该衬里包括可充气的空气室和将这些空气室互连的多个空气通道。独立的可触动致动泵安装在外壳内部，并且与至少一个空气室流体连通，致动泵的致动使空气从致动泵流到空气室（US5083320A）。到了 21 世纪初，麦克·丹尼斯（Mike Dennis）和迈克尔·塔克（Michael Tucker）提出了一种可在现场选择的、可安装到头盔内的负载缓冲垫，该负载缓冲垫设置为多个分体安装在内衬中，其使用可压缩的黏弹性泡沫芯制成。使用该负载缓冲垫可抵抗快速的运动压缩，同时，佩戴者可以根据自己头部大小及形状选择合适的缓冲垫，以提高佩戴的舒适度和增强缓冲效果（US20020002730A1）。近几年，麦克尼斯·D. 马尔科姆（Mcinnis D. Malcolm）提出了用多个缓冲气柱连接头盔的外壳与缓冲垫的结构，以缓解外壳受到的冲击力。该发明将缓冲气柱设置为垂直方向，以对外壳受到的压力进行线性缓冲（US9572391B2）。通过对上述头盔缓冲技术的梳理可以发现，在 20 世纪 80 年代前后，英国在头盔缓冲技术方面有一定的建树，但是之后美国提出了多项新的技术手段，为头盔缓冲技术发展做出了巨大贡献。同时，近几年，磁力缓冲、新型材料缓冲成为防护头盔缓冲技术发展中的热点，是研究重点。

2.3.1.2　防护头盔面罩技术发展脉络

头盔上的面罩一般具有防护和显示两种功能，而头盔面罩在防护的同时不免会产生雾气，下文将从面罩的防护、显示和防雾三个方面阐述近几十年来防护头盔面罩技术的发展概况，如图 2-12 所示。

1. 在显示功能方面

1970—1980 年，霍尼韦尔国际股份有限公司（Honeywell International Inc.）就已经能够利用光学知识使从光源发出的图像被反射到头盔屏幕上，该反射面位于观察者的正视线之外，光直接从反射面反射，到达面罩的一个表面后，沿着观察者的正常正视线准直并部分反射给观察者，因此观察者接收到的光线就好像起源于无穷远，该设置特别适合用于侦察或武器瞄准（DE2331772C2）。1986—1990 年，凯泽航空航天电子公司（Kaiser Aerospace and Electronics Corporation）利用光学知识对显示的光路进行了重新设计，使面罩的尺寸变小，新的设计构造了一种折叠镜系统，该系统包括至少一个折叠镜，该折叠镜定位成从抛物面镜接收图像，以将图像引导至遮阳板观察区域，遮阳板的尺寸和曲率可以最小化而不会影响图像的透射（EP0284389B1）。1991—1995 年，头盔面罩显示技术开始应用到公共事业中，克里斯托弗·E. 库姆斯（Christopher E. Coombs）将红外成像技术运用到头盔面罩领域，头盔佩戴者可以看到物体的热图像，便于消防救援工作的开展，热成像设备可为头盔佩戴者提供热图像或红外图像，从而使其能够看到在红外光谱中辐射热能的物体，这样即使在大火中遇到浓烟，头盔佩戴者的视野也不会被遮挡；该热成像设备还能使头盔佩戴者观察到被诸

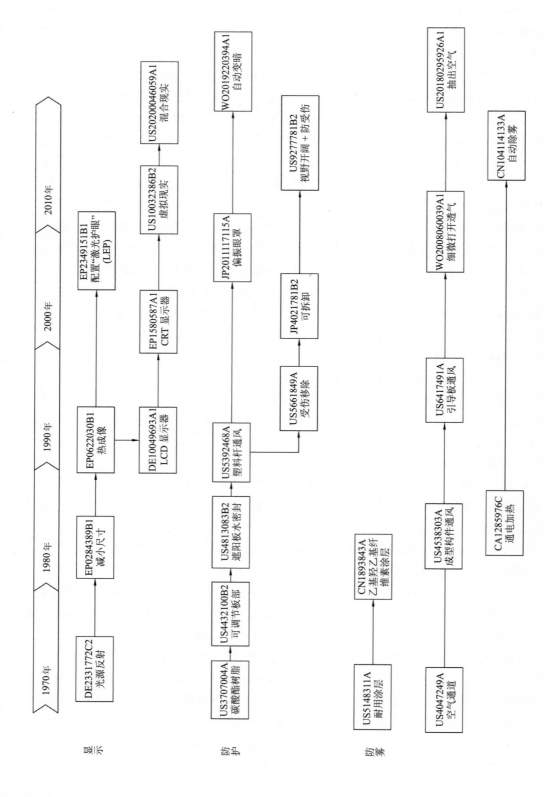

图 2-12 防护头盔面罩技术发展脉络图

如墙壁或屋顶遮挡的但辐射能量在红外范围之内的其他热点，为公共安全事业做出了贡献（EP0622030B1）。1996—2000 年，PLIM 合作有限公司（PLIM Cooperation Ltd.）等提出了一种可以显示速度、时间、转数等参数信息的 LCD 头盔显示器，该显示器与遮阳板铰接，需要用时展开，不需要用时可折叠，解决了显示器与头盔直接连接而不能移动的问题，显示也更加多元化（DE10049693A1）。2001—2005 年，头盔显示技术的应用蓬勃发展，萨博汽车公司（SAAB AB）提出了一种飞行员佩戴的头盔，该头盔系统具有高压电源的支撑单元，该支撑单元布置在飞行员衣服上的保持器中，以便将安装在头盔上的显示设备与系统计算机互连，安装在头盔上的显示设备在头盔的面罩上提供信息，这种将支撑单元与显示器相分离的设置不仅使头盔的质量减小，同时也消除了在紧急情况下必须将安装在头盔上的显示设备中的高压连接与 CRT 显示器分开的风险，简化了显示系统与飞机的分离结构（EP1580587A1）。2006—2010 年，随着时代的发展，人们越来越重视健康与安全，金泰克斯公司（Gentex Corporation）提出在显示面罩中配置"激光护眼"（LEP）以适应头盔式显示器（HMD），设置两个护目镜，LEP 矩阵中的至少 99% 的光被第一和第二护目镜中的至少一个过滤，从而保护视力（EP2349151B1）。2011—2015 年，虚拟现实技术发展迅猛，而虚拟环境模拟器需要 360° 的操作环境，其应用不仅要有大空间结构，而且还需要安装复杂的视频投影仪，因此非常复杂和昂贵，为了简化结构和降低成本，凯希典股份有限公司（Cassidian SAS）设计了一种头盔显示器，不需要大的屏幕，佩戴者也能观看三维平移和三维旋转的 360° 图像（US10032386B2）。近 5 年来，随着显示技术的发展，头盔显示技术被应用到各行各业，伊利诺斯工具制品有限公司提出将增强现实中使用的半透明显示器运用到头盔面罩领域，半透明显示器基于增强现实控制器确定的位置在视场内呈现渲染的模拟对象，同时焊接环境的一部分可通过半透明显示器观察到，这样半透明显示器将计算机生成的图形与人眼直接观察到的真实焊接场景融合在一起，使焊接工艺更加精确，并且能够保护眼睛（US20200046059A1）。

2. 在防护功能方面

1970—1980 年，约翰·R. 卡皮坦（John R. Kapitan）提出利用碳酸酯树脂模制头盔面部防护装置，在一定程度上起到了防弹、防碎、防震的作用（US3707004A）。1981—1985 年，为了在不需要使用防护面罩时打开面罩，罗纳德·E. 贝茨（Ronald E. Bates）将遮阳板的上边缘设置成可以在内衬和头盔壳体之间滑动，上边缘通过内衬和遮阳板的抗弯曲性压靠在壳体的内部，形成摩擦力，从而将遮阳板保持在固定位置（US4432100B2）。1986—1990 年，由于骑行时容易口干舌燥，罗德尼·戴维森（Rodney Davidson）提出在头盔上设置中空遮阳板，遮阳板内充满水并密封，因为遮阳板是颗粒状的，所以在保持嘴巴湿润的同时也无须将手从控制装置上移开（US4813083B2）。1991—1995 年，罗伯特·S. 莱迪克（Robert S. Leddick）提出了一种武术用的头盔，这种头盔的面罩上设有眼罩，在眼罩下方设置了可以通风的塑料杆，形成了多个通风通道和开口，这些通风通道和开口被选择性地设置，以有效地从头部齿轮内排出人体热量，同时又不影响头盔的保护功能（US5392468A）。对于一些竞技类的运动，运动员在运动中受伤是难以避免的，为了防止伤者受到二次伤害，在1996—2000年，朗尼·G.希克斯（Lonnie G. Hicks）提出了一种运动头盔，该运动头盔在运动员脸部形成凹形护罩，可以最小化视觉阻碍，面罩因牢固地安装在头盔上，从而减少了附着点断裂的风险，并且在运动员受伤时能够被快速移除（US5661849A）。2001—2005年，以往的面罩都是固定在头盔上的，即使面罩出现破损等问题也不能被单独更换，进入21世纪，伟士魁雅株式会社提出了一种可拆卸的安装结构，以便于面罩的更换，锁定件设置有止动凸起，用于通过凸缘构件将面罩安装在头盔主体上的位置而将轴构件保持在第一旋转引导件中，从面罩的外侧按压安装部的旋转中心，可以解除凸缘构件与止动凸起之间的卡合，从而可将面罩从头盔主体上拆下（JP4021781B2）。2006—2010年，Konno Hosei KK提出在头盔上使用偏振眼罩，通过铆钉或螺钉等将附有偏振眼罩的框架的两端固定在基础框架上，能够防止阳光直射，这样戴眼镜者也不必将普通眼镜换成太阳镜，避免了不必要的麻烦（JP2011117115A）。2011—2015年，头盔面罩在体育活动中的应用有了进一步发展，运动员在参加球类运动时，既需要视野开阔又需要防止眼部受伤，乔恩·哈迪有限公司（Jon Hardy Co., Ltd.）在兼顾二者的基础上提出了一种防护面罩，该面罩在佩戴者的视野中呈现出减小的轮廓，但又有增大的表面，可以与球的射弹接触，使其被阻挡并发生偏转，该发明不仅提供了较好的阻挡效果，而且不会阻挡视线（US9277781B2）。2016—2020年，为了使头盔更加智能化，3M创新有限公司提出了一种带有涡轮机构、具有自锁特性的头盔，防护面罩可以自动保持在调整后的位置。佩戴者不仅能够调节防护面罩的防护位置，而且能够调节面部与防护面罩之间的距离，焊接头盔的面罩，具有自动变暗过滤器，以及ETV过滤器（过滤紫外光）或IR过滤器（过滤红外光），点燃焊弧后，可切换过滤器会自动变暗，以保护焊工的眼睛免受焊弧的照射，这样焊工就能通过自动变暗滤镜来观察焊接电弧，而不必冒险暴露在来自焊接电弧的有害光辐射中，增强了对眼部的保护（WO2019220394A1）。

3. 在防雾处理方面

1970—1980年，人们已经对面罩起雾的情况采取了一定的措施，为了防止眩光对驾驶员造成影响，需要在头盔内设置防眩光装置，而防眩光装置的设置使面罩与防眩光装置之间空气不流通而产生雾气，针对这一问题，罗伯特·G.布斯（Robert G. Booth）提出通过设置通气孔以使空气流通，从而避免起雾（US4047249A）。1981—1985年，德国罗默有限责任公司（Romer GmbH）不再是设置简单的通气孔进行透气，而是在壳体中设置沿着下巴放置的成型构件，构件与下巴件之间相隔开以在它们之间限定至少一个向上打开的通道，以使通过进气口进入的空气沿其流动，该构件的前向表面被成型为引导空气流动并在空气离开通道时引导其在整个窗户范围内均匀地向上和均匀地在遮阳板的后向表面上方流动，以防止起雾（US4538303A）。1986—1990年，道格拉斯·A.罗伊贝尔（Douglas A. Reuber）提出利用电加热的方式来解决起雾问题，设置双层面罩，在面罩内表面布置许多金属导电油墨构成的平行线，这些平行线在视场的每单位面积上占比不超过 8%，通电可以加热进行除雾（CA1285976C）。1991—1995 年，以前是将某些水溶性材料（如甘油）擦拭或喷涂到面罩上以防止雨滴成珠，但这些措施的效果并不能令人满意。比肯研究股份有限公司（Beacon Research，Inc.）提出将具有能够与黏多糖进行化学反应并表现出对物体的高度黏附性的多个官能团的聚合物的溶液涂覆在面罩表面形成耐用涂层，该涂层在高温、低温、高湿及低湿的环境下均不起雾，并且能够长期保持（US5148311A）。1996—2000 年，之前的面罩除雾技术的效果也许都不尽如人意，昭荣株式会社提出了一种新的头盔面罩，其呼气引导板与佩戴者的鼻子相对，使佩戴者的呼气容易被排出到外部，同时又不容易撞击屏蔽板。即使在电源电压不高的情况下，屏蔽板被有效加热后，也能达到除雾效果（US6417491A）。2001—2005 年，金伯利-克拉克环球有限公司发现了一种化学物质，将其涂覆在面罩表层不仅操作简单而且能有效解决成雾和刺眼的问题，面罩包含由透明基材制成的屏蔽物或护目镜，在该透明基材的至少一个表面施涂该涂料组合物，乙基羟乙基纤维素可以用作涂料组合物的主要组分（CN1893843A）。同样是使面罩内部与外界的空气能够流通，韩国凯都体育用品有限公司（KIDO Sports Co.，Ltd.）在头盔面罩的内表面上设置位置控制凸起，开口部设置在基座构件上，细微地打开面罩以进行透气，这样避免设置多个复杂部件（WO2008060039A1）。2011—2015 年，阿巴米纳博实验室有限责任公司采用电流调节装置、传感器和可供用户选择的模块来实现面罩加热调节、自动化防雾及可变条件下的自适应功能，即用户可以根据情况自定义加热条件，这样不管在什么样的天气条件下都能有效防止眼罩起雾，同时采用 PWM 技术以便减小功率和节省能量并延长电池寿命，其根据当前的露点条件手动或自动地调节施加在镜片上的功率，当眼罩内的温度小于露点温度或下降到低于露点温度时，加热器会增加功率，或当眼罩内的温度高于露点温度时，加热器会减小功率（CN104114133A）。2016—2020 年，苏西国际股份有限公司（Soucy International Inc.）跳出简单使内外空气流通的思路，通过在头盔内设置抽空子系统和加压子系统来将空气抽出，从而达到防止面罩起雾的目的，抽空子系统用于抽空气流以将腔内的潮湿空气排出到周围环境；加压子系统使佩戴者在低压区内呼出空气，并且防止腔内的空气从低压区流动到高压区（US20180295926A1）。

2.3.1.3　防护头盔通信技术发展脉络

从图 2-13 可以看出，20 世纪 70 年代以来，头盔的通信功能开始蓬勃发展，通信头盔在休闲体育、公共事业、工业生产等领域的应用广泛，其本身的结构和沟通性能等方面有了很大的发展。

1. 在休闲体育方面

1970—1980 年，The Raymond Lee Organization，Inc. 通过在头盔上设置无线电信号收发装置实现了头盔的通信功能，并且将无线电技术应用到日常休闲中，在头盔上安装电收音机，在头盔的面板凹槽中设置 AM 控件和 FM 控件及 AM-FM 开关，便于

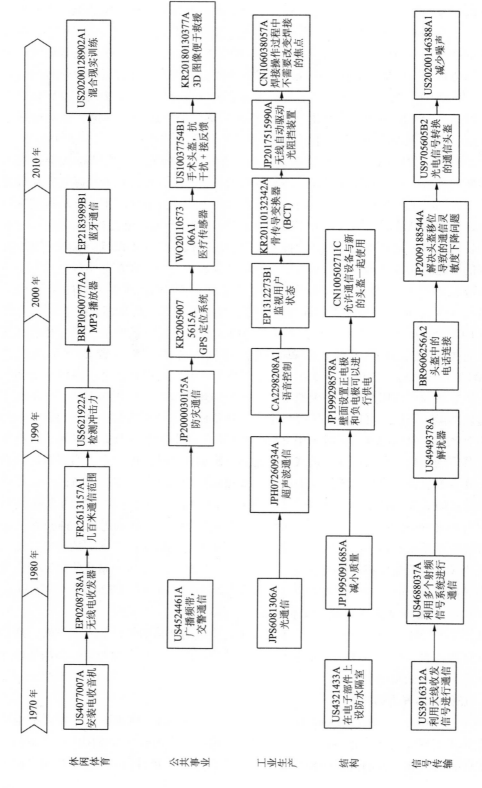

图 2-13　防护头盔通信技术发展脉络图

用户在工作或骑行的同时享受生活（US4077007A）。1981—1985年，博雷蒂·吉安罗马诺（Boretti Gianromano）提出在诸如滑雪、滑冰等体育运动用头盔中设置小型低功率无线电接收器或接收器-发射器，并将其装在盖子中，这样即使在非常低的温度下也能正常使用（EP0208738A1）。1986—1990年，菲利普·门内尔（Philippe Mennecier）进一步提高了头盔通信的距离能力，能够允许骑行者在几百米的范围内进行通信，实现了即视操作；更改了发射和接收频率，以使两个队友与其他骑行者保持声学隔离（FR2613157A1）。1991—1995年，为了最大限度降低运动员在体育赛事中受到伤害的程度，古斯·A. 拉什提出在头盔中设置一种传感器，用于收集运动员在体育赛事中经历的碰撞冲击的幅度参数，判断冲击的幅度与参赛选手的身高和体重的相对值，从而调整传感设备的阈值（US5621922A）。2001—2005年，随着人们对生活品质追求的不断提高，奥黛尔·里西里（Odair Rizieri）提出在骑行头盔中置入MP3播放器，能够让体育运动者在竞技的同时欣赏音乐，处理器可用于MP3或其他音频类型的文件存档，语音装置包括耳机和麦克风，还有用于激活程序的标准键，可使用来自用户的语音命令来激活程序（BRPI0500777A2）。2006—2010年，NEW MAX S. R. L. 将蓝牙技术应用到通信头盔中，运动员之间可以通过蓝牙信号进行通信，蓝牙技术不仅解放了用户的双手，还使头盔的尺寸和质量减小，提高了操作安全性（EP2183989B1）。近5年来，Holosports Corporation 在体育运动用头盔中引入混合现实技术，该系统设有连接点，该连接点可以为前向摄像头供电，并将前向摄像头摄制的视频数据传输至可分离有线连接上，可以提高运动员的训练效率；该系统还可以向驾驶员指示轨道的状况已发生变化并显示校正后的轨道，并允许驾驶员遵循校正后的轨道行使；此外，该系统还能了解每个球员的水平，以提高他们在比赛过程中的表现潜力（US20200128902A1）。

2. 在公共事业方面

1981—1985年，雷蒙德·G. 科斯坦蒂（Raymond G. Kostanty）在头盔中设置了广播频带收发器，便于消防员、警察发送语音信息，第一开关禁用广播频带接收器，使用户可以在静音或仅有自己的声音的背景下向远程站发送消息，用户停止讲话达预定时间间隔后，将禁用收发器的发送器，并启用收发器的接收器，以便用户可以收听对所发送消息的回应；为了使用户免于在消息发送结束和消息接收开始之间的时间段内收听一小段无线电广播的烦恼，在消息发送结束后的预定时间间隔内不启用无线电接收器（US4524461A）。1996—2000年，有赖于通信技术的发展，日本报知机株式会社提出了安全员佩戴的具有通信功能的防灾头盔，该头盔可将站点的情况传输至防灾中心，灾难现场的安全员可以在不使用摄像机或无线电的情况下将现场情况传输给监视设备端；监视设备端可自动定位头盔位置，这样安全员就无须再传送自己的位置信息，而是可以专注于监视操作；无线发送和接收设备的安装被简化（JP2000030175A）。2001—2005年，随着移动通信技术的发展，金昌圭将GPS定位系统及CDMA通信技术应用到头盔领域，交警佩戴带有GPS定位系统的头盔时，其能够采用 CDMA 与同伴进行通信，并将 GPS 发送给对方，便于快速与服务器连接定位，给交通事业的发展带来了便利（KR20050075615A）。2006—2010 年，在医疗上，随着传感技术的发展，博塔·G. 英德威（Botha G. Indwe）将各种传感器（如放射性活度传感器、有害气体传感器、加速度传感器等）置于头盔内，当传感器检测到的数据超出规定范围时，就进行报警，提醒监控人员注意，这在很大程度上可以减小人体受伤害的程度，并且当确定危险情况时，可以派遣应急响应小组进行救援（WO2011057306A1）。2011—2015 年，在医学方面，手术中难免会有噪声，为了消除这些噪声，马克·W. 霍尔曼（Mark W. Hollmann）提出了一种带有噪声消除系统的头盔，该系统一方面可以减少或消除构成听力损失风险的噪声，另一方面又能够保留足够的环境噪声以使医护人员能听到操作工具时的声音反馈，这样通过减轻有害的环境噪声，为手术室人员提供了有用的听力保护，同时允许其听到一定程度的环境噪声以在操作电动工具时进行反馈（US10037754B1）。2016—2020 年，在消防救援方面，韩在成在头盔中设置捕获单元，将显示单元黏附在头盔主体的内侧，通过输出 3D 图像，提高头盔输出图像的工作效率，实现救援的任务（KR20180130377A）。

3. 在工业生产方面

1981—1985 年，日本碍子株式会社将光通信技术应用到头盔领域，通过光信号可以不断地向命令室传送每个工人的当前位置信息，根据每个工人在命令室中的位置来提供准确的指导，并且具备可以监视工人和在命令室进行稳定呼叫的命令引导系统（JPS6081306A）。1991—1995 年，工业安全事故时有发生，在工人驾驶车辆时打开和关闭电源会导致车辆发生接触事故，为了进一步防止工业安全事故的发生，东机美株式会社利用超声波信号让头盔上的电源自动进行开关，不需要手动打开和关闭（JPH07260934A）。1996—2000 年，乔治洛德方法研究和开发液化空气有限公司在工业焊接用头盔上设置语音系统，操作员通过语音命令控制发电机工作，以使焊接工作更加智能化；系统采集操作员发出的语音命令，将至少一个命令信号发送到语音识别装置，由命令发生器控制的语音识别装置响应于至少一个命令信号而作用在电流发生器上，电流发生器还包括用于控制发电机的操作并响应于指令信号而动作的装置，以便根据来自操作员的指令信号来控制发电机（CA2298208A1）。2001—2005 年，工业越来越发达，工业事故频发，惠普公司提出了一种可以定位并可与环境交互的头盔。该头盔可监测使用者的行为和状况，并将使用者的位置和状况信息发送给使用者或其他人（EP1312273B1）。2006—2010 年，在工业焊接过程中，当焊工需要与远程操作员或设备交流时，由于焊接环境的高背景噪声，传统的麦克风已经不能胜任，因此，伊利诺斯工具制品有限公司提出了一种骨传导变换器（BCT）焊接头盔，该头盔的骨导传感器设在焊接外壳和焊接帽之中或之上，以便于通过骨传导向焊工传达信号，骨传导能将声音直接传达到焊工的内耳（KR20110132342A）。2011—2015 年，智能化应用越来越广泛，在工业焊接中，焊工需要佩戴焊接头盔，但在观察时需要移除阻挡玻璃，手动移除阻挡玻璃使焊接操作变得烦琐，为了解决这一问题，李东宪提出了一种通过操作焊炬开关装置就可无线自动驱动光阻挡装置的系统，通过下降或升高光阻挡玻璃来阻挡或打开观察窗，无须手动移除阻挡玻璃，提高了焊接操作的便利性，在焊接期间保护焊工的眼睛免受直射光的损害，并防止观察窗上起雾（JP2017515990A）。近 5年来，在焊接工业中，林肯环球股份有限公司提出了一种能够提供与焊接操作信息相关联的图像的焊工帽罩，该图像在焊工帽罩中作为平视显示（HUD）出现，该帽罩将该信息显示在与焊接操作的工作距离重合的焦点处，使用户在焊接操作过程中不需要改变焊接的焦点（CN106038057A）。

4. 在通信头盔的结构方面

1970—1980 年，为了防止通信头盔中的电子部件浸水，弗雷德里克·T. 肯（Frederick T. King）对无线电控制装置进行了密封处理，以防止水进入电子部件隔室（US4321433A）。1986—1990 年，在已知的头盔中，由于几乎所有部件都布置在盒状壳体中，壳体的尺寸就容易变大并且头盔的质量也易于变大，日本碍子株式会社利用硬质且电绝缘的塑料制成帽状外壳，将固定在一侧的耳垫构件布置在外壳的边缘上，将发送器单元布置在减震构件的外表面的凹部中，将接收器单元布置在耳垫构件的内表面上，将电池单元布置在壳体中，以减小头盔的质量（JP1995091685A）。1996—2000 年，随着通信头盔的发展，加特可株式会社利用头盔本身的结构对头盔新的功能进行拓展，减震材料被设置在由耐冲击的轻质材料制成的主体内部，并且在该减震材料的内部形成多个包围凝胶状物质的腔室，该凝胶状物质包含电解质成分，在腔室中彼此面对的两个壁面上设置了正电极和负电极，并且正电极和负电极以并联/串联或串联/并联混合的方式连接以形成电池（JP1999298578A）。2001—2005 年，环保理念已经渗透到人们的生活中，矿井安全装置公司将头盔上的通信设备设计为与头盔可拆卸的连接，通信设备提供了骨导麦克风的支撑件，支撑件易于被安装到防护头盔上，也易于从其移除，从而使通信设备能够容易地与新的或现有的防护头盔一起使用；在使用中，支撑件有将骨导麦克风定位在头带和使用者头部之间的，也有设置在颈带和使用者头部的后部中央之间的，通信设备可以与任意类型的防护头盔一起使用，这与环保思想不谋而合（CN100502711C）。

5. 在通信头盔的信号传输方面

1970—1980 年，由于技术限制，威廉·L. 坎贝尔（William L. Campbell）提出利用天线反射和接收信号，设置简单的包括扬声器和麦克风单元的语音通信设备，进行头盔通信（US3916312A）。1981—1985 年，詹姆斯·C. 克里格（James C. Krieg）提出利用多个射频信号系统进行通信，多角度收发信号，从而使信号的发射和接收更加准确；系统包括多个辐射装置，其具有限定参考坐标系的独立部件，提供了用于向多个辐射装置施加电信号的装置，该电信号产生多个射频电磁场，每个电磁场都与一个单独的辐射装置相关联，由此产生的电磁场可以彼此区分（US4688037A）。1991—1995 年，人们追求的不仅仅是接收到信号，而是要接收到更加清晰的信号，因此，里查德·J. 马蒙（Richard J. Mammone）提出在通信头盔中设置解扰器，防止通信时受到信号干扰；由头盔的外部麦克风、相应的解扰器电路及一键通开关组成的系统将未被干扰的语音传送到内部耳机，以使两个头盔佩戴者彼此之间进行清晰的通信（US4949378A）。1996—2000 年，人们开始追求通信的不间断性，席尔瓦·A. 曼诺尔（Da Silva A. Manoel）在通信头盔中引入电话通信功能，这在很大程度上增强了沟通的便利性和有效性；头盔的插头和蜂窝电话的插头相连，从而使头盔和蜂窝电话之间建立起联系（BR9606256A2）。2006—2010 年，驾驶速度日渐提高，人们意识到头盔的移位会导致通信灵敏度下降，因此，建伍株式会社等提出了一种利用麦克风和嘴部之间的可变位置关系来提高通信灵敏度的头盔，由于在驾驶员的嘴附近垂直地布置了多个麦克风，麦克风相对于驾驶员的嘴垂直移动，但是其中一个麦克风靠近嘴，并且可以以高灵敏度收集声音，从而克服了行驶速度或者驾驶员的动作变化引起的通信灵敏度下降的问题（JP2009188544A）。2011—2015 年，随着光电转换技术的日益成熟，大卫·W. 马萨里克（David M. Masarick）提出了一种带有光电信号转换系统的通信头盔，该系统可以包括具有非接触部分的光学连接器，非接触部分被配置为跨间隙在第一信号转换器和光学数字信号链路之间耦合光学数字信号，该系统也可以包括第二信号转换器，第二信号转换器设置在光学数字信号链路的第二端，并且被配置为在来自第二本地设备的电数字信号和来自光学数字信号链路的光学数字信号之间转换，该系统可以进行远距离信号传输且能够抗干扰（US9705605B2）。2016—2020 年，通信头盔的交流又回归到减少噪声、提高通信效率的关键点上，头盔通信最重要的还是清楚地接收到对方的消息从而做出正确的回应，因此，森海塞尔电子股份有限公司及两合公司提出了一种通信头盔，第一麦克风安装在下巴护罩的内部，并且面对头盔佩戴者的嘴，第二麦克风安装在下巴护罩的外侧、上侧或下侧，不面对头盔佩戴者的嘴，电子降噪单元适用于产生第一麦克风的第一信号与第二麦克风的第二信号之间的差信号。电子接口用于输出差信号，减少了环境噪声的影响，提高了通信的清晰度（US20200146388A1）。

2.3.2　重点申请人分析

本节根据防护头盔领域全球专利申请人申请量排名和中国专利申请人申请量排名及防护头盔制造商情况，选取贝尔运动股份有限公司、江门市鹏程头盔有限公司、隆辉安全帽有限公司、佛山市南海永恒头盔制造有限公司和 HJC 株式会社进行分析。

2.3.2.1　贝尔运动股份有限公司

贝尔运动股份有限公司是一家美国公司，在防护头盔领域其不仅在全球专利申请人中排名前十，而且还是中国专利申请量最大的外国公司。贝尔（Bell）在 1945 年创立了贝尔头盔品牌，发展至今，贝尔运动股份有限公司已成为世界知名的头盔制造商，在 2008 年的环法大赛中，丹麦盛宝银行车队使用的便是 Bell 的 Voit 头盔。自行车头盔的安全标准最先由美国消费品安全委员会（CPSC）提出，当时只有轻型摩托车头盔能符合这一标准，由于这种头盔重且不透气，不少自行车运动员都拒绝佩戴。为此，Bell 以 ABS 塑料和聚苯乙烯为原料，最先研制出了符合 CPSC 标准的骑行头盔。后来，Bell 采用更新的 PVC 及更高价位的聚碳酸酯作为外壳材质，大大减小了骑行头盔的质量。而聚碳酸酯也被 Bell 沿用至今，成为 Bell 骑行头盔的主要材质。Bell 骑行头盔主要采用一体成型技术，在 EPS 发泡成型阶段就将聚碳酸酯外壳黏附到表层上，帽壳与帽体的结合更加紧密。EPS 泡沫用于吸收事故中的撞击冲力，也是头盔保护头部的第二道防线。值得一提的是，Bell 部分高档头盔还采用递进分层技术，外层高密度 EPS 与壳体结合形成骨架，内层低密度 EPS 则保证了佩戴的舒适性，使头盔更贴合头部。作为专业头盔制造商，Bell 的头盔产品非常丰富，以物美价廉、坚实耐用著称。在 Bell 的头盔产品中，最值得推荐的是具有 MIPS 功能的 Stratus MIPS、Draft MIPS 及 Traverse MIPS。售价为 150 美元的 Stratus MIPS 是其安全性最高的产品，不仅获得美国《消费者报告》给出的 81 分的佳绩，更获得弗吉尼亚理工大学头盔实验室的五星安全推荐。不同款式的头盔在风格、通风气孔和易用旋钮的设计上都有较大区别，售价 35 美元的 Traverse MIPS 有 25 个通风口，通风性能最好，此外，其搭配的卡入帽檐具有一定遮阳效果，实用性不错。Draft MIPS 虽然也有 25 个通风口，但风道设计不如 Traverse MIPS 合理，这直接导致其透气性略逊于 Traverse MIPS，但 Draft MIPS 比 Traverse MIPS 更轻，更适合长时间骑行的用户选购。Draft、Reflex、Muni 三款头盔没有 MIPS 系统，因此售价更低，均不超过 40 美元，它们在美国《消费者报告》或弗吉尼亚理工大学头盔实验室的测评中均获得了不错的成绩，适合低预算的用户选购。Draft 通风性获得了美国《消费者报告》Excellent 评价，透气性最佳；售价 10 美元的 Reflex 在弗吉尼亚理工大学头盔实验室的测评中获得了三星 Good 评价，性价比极高；Muni 具有可拆卸帽檐和头盔反光元素，适合追求功能性的用户选购。下文重点对贝尔运动股份有限公司的专利申请趋势、技术主题、受理局分布和专利类型进行分析。

在专利申请趋势方面，贝尔运动股份有限公司从 1984 年开始申请专利，2013 年开始在中国申请专利。图 2-14 显示，1985—1988 年、1990—1991 年、1995 年、1997 年、2000 年、2002 年、2010—2012 年的专利申请量均为 0，1984 年、1989 年、1992—1994 年、1999 年、2001 年、2003 年、2005—2007 年、2009 年的专利申请量均为 1 项，2008 年的专利申请量为 2 项，1996 年、2004 年、2013 年的专利申请量均为 3 项，1998 年、2017 年的专利申请量均为 4 项，2014 年的专利申请量为 5 项，2019 年的专利申请量为 6 项，2015 年的专利申请量为 12 项，2018 年的专利申请量为 13 项，2016 年的专利申请量为 14 项。由图 2-14 可知，该公司专利申请量发生改变的关键年份在 2014 年，2014 年以后专利申请量明显提高。

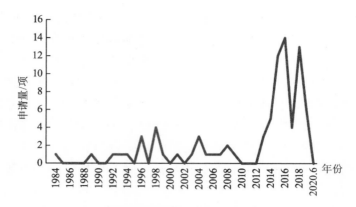

图 2-14 贝尔运动股份有限公司专利申请量变化趋势图

由图 2-15 可知，在专利申请技术主题方面，贝尔运动股份有限公司缓冲技术主题的专利申请量最大，为 17 项；其次是下颏带技术主题和通风透气技术主题，均为 15 项；另外，外壳技术主题和面罩技术主题的专利申请量分别为 11 项和 5 项；可折叠、分离技术主题和通信技术主题的专利申请量分别为 5 项和 2 项；护耳技术主题的专利申请量为 1 项。可见，贝尔运动股份有限公司对头盔的研究侧重点在缓冲性能方面。各技术主题有交叉，会出现重复统计，因此各技术主题的专利申请量之和大于专利申请总量；但各主要技术主题的专利申请量之和可能小于专利申请总量，因为部分次要技术主题未进行统计。其他技术主题的相关分析存在同样的情况，下文不再重复说明。

在头盔缓冲性能方面，以前的头盔只有一层缓冲层，但现在贝尔运动股份有限公司在头盔的各个部分均设置多个能量管理层，根据力传递过程中能量耗散的比例将能量管理层设置为不同密度，从而能够抵抗不同部位受到的不同冲击力。另外，从头盔的缓冲层与壳体的连接关系来看，原来的缓冲层与壳体用黏合剂固定连接，这样受到周围冲击力时水平方向力得不到缓冲和分解，而现在缓冲部件与壳体是通过机械部件（如扣）进行锁紧的，在受到水平方向力时，头盔的壳体与缓冲部件可以发生相对运动，从而分解了一部分水平方向力，减轻了对头部的伤害。

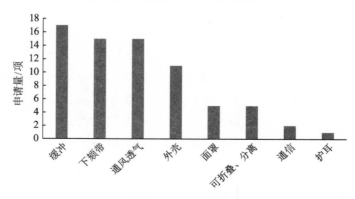

图 2-15 贝尔运动股份有限公司主要技术主题专利申请分布图

在对下颏带的改进方面，贝尔运动股份有限公司从简单地对系带的长度进行调节，到现在在系带上的调节部件中设置头盔贴合系统，使用户能够更精确地对系带扣紧程度进行调节，从而提高头盔与头部的贴合度和佩戴的舒适度。

在头盔通信性能方面，贝尔运动股份有限公司也有所改进，常规的通信头盔由于通信设备的存在笨重而厚实，贝尔运动股份有限公司将电子装置紧凑地集成在头盔内，经由界面布置和控件互连而易于使用，从而优化功能，并有利于制造和组装。控件被整体成型为头盔面罩的一部分，以允许用户轻松地访问控件，通过头盔电触点与面罩电触点之间的界面实现电连接和电通信，一个或多个电子装置可由来自面罩上的控件的输入控制；电子装置可通过有线耦合或无线耦合（如通过蓝牙或其他连接）来操作。

在头盔通风透气性能方面，贝尔运动股份有限公司改变了以往仅在头盔上使用一种透气方式的做法，在原有通风设置的基础上，设置了一种可以拆卸的下巴托，在下巴托与主头盔连接的部分再设置通风口，使吸气口可在耳垫的前缘处形成，排气口可在耳垫的后缘处形成，气流通道可在吸气口与排气口之间延伸穿过耳垫，在将下巴托解除后，气流可以从此通风口进入头盔从而送达头部，增加了通风的强度。

从受理局分布（图 2-16）来看，贝尔运动股份有限公司在中国的专利申请量最大，占比为 56.80%；其次是美国，占比为 37.04%；另外，其还在捷克、加拿大和世界知识产权组织进行了专利申请，占比分别为 3.70%、1.23% 和 1.23%，但是它并没有在欧洲、日本、韩国等热门地区进行专利申请。由此可见，贝尔运动股份有限公司注重专利布局，尤其是在中国的专利布局。

在专利申请类型方面，贝尔运动股份有限公司的 81 项专利申请全部为发明专利申请，如表 2-2 所示。

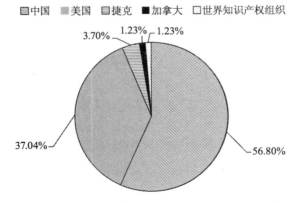

图 2-16　贝尔运动股份有限公司专利申请受理局分布图

表 2-2　贝尔运动股份有限公司专利申请类型表　　　　　　　　单位：项

专利类型	专利数
发明专利	81
实用新型专利	0

2.3.2.2　江门市鹏程头盔有限公司

江门市鹏程头盔有限公司在中国专利申请人中排名前十，其全球专利申请量达到60项。该公司成立于 2004 年，是国内生产和销售豪华高档摩托车安全头盔最具规模的企业之一，拥有国际领先的检测设备、生产喷涂自动流水线设备，以及现代化厂房和一批高级管理、技术人员。该公司产品研发能力走在同行前列，全面实施了德国TUV 认证的 ISO 9001—2000 国际质量管理体系，其产品通过了欧洲 ECE R 22.05、SNELL 2005 认证，美国 CPSC 认证，澳大利亚 SAI 认证，日本 SG 认证及新加坡标准认证。江门市鹏程头盔有限公司现已发展为国内大规模的头盔生产基地之一。

江门市鹏程头盔有限公司非常重视专利申请，早在 2006 年就已经开始申请专利了。图 2-17 显示，2009 年的专利申请量为 1 项，2012 年、2014 年的专利申请量均为2 项，2013 年、2016 年的专利申请量均为 4 项，2006 年、2007 年、2011 年、2017年、2018 年的专利申请量均为 5 项，2010 年、2015 年的专利申请量均为 6 项，2019年的专利申请量为 10 项。可见，2006—2019 年江门市鹏程头盔有限公司的专利申请量总体呈上升趋势，其中 2019 年达到 10 项，为历年来的最大申请量。

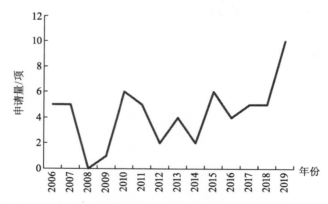

图 2-17　江门市鹏程头盔有限公司专利申请量变化趋势图

江门市鹏程头盔有限公司在面罩技术主题的专利申请量最大，为 39 项，可折叠、分离技术主题的专利申请量为 13 项，通风透气技术主题的专利申请量为 7 项，通信技术主题的专利申请量为 4 项，外壳技术主题和缓冲技术主题的专利申请量均为 2项，如图 2-18 所示。

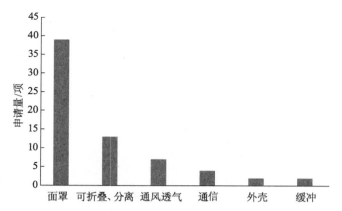

图 2-18 江门市鹏程头盔有限公司主要技术主题专利申请分布图

在头盔面罩技术方面，江门市鹏程头盔有限公司主要的改进点在于面罩的打开技术——头盔护罩掀开机构，即通过在护罩的支腿上设置第一约束轨和第二约束轨且辅以驱动元件来驱使它们运动的结构布局，护罩相对于头盔主体的掀开运动及其过程成为强制的和可控的模式，一方面可提高护罩掀开机构的工作可靠性与灵活性，另一方面可实现无撞击平顺打开护罩而改善佩戴的舒适性。另外，江门市鹏程头盔有限公司还对一种可以自动打开的面罩技术进行了专利申请，其与护颚配合使用时，在掀起护颚触动镜片向上转动一定距离时，镜片沿特定的轨道水平移动以脱离护颚的上升轨道，使护颚能无障碍地越过镜片继续上升到锁定位置，实现了仅进行护颚掀开操作即可达到护罩和护颚同时抬升的目的。

在头盔可折叠、分离技术方面，江门市鹏程头盔有限公司主要的改进点在于同一头盔既能作为全盔使用，又能作为半盔使用，当组合头盔作为全盔使用时，只需把护巴从头盔壳体顶部拉下，组合头盔护巴紧固装置自动推合，将护巴与壳体锁紧为一体；当组合头盔作为半盔使用时，只需单手推开紧固装置，把护巴打开推至头盔壳体顶部就可以了。

从受理局分布（图 2-19）来看，江门市鹏程头盔有限公司在中国的专利申请量为 55 件，在世界知识产权组织的专利申请量为 3 件，在欧洲专利局的专利申请量为 2 件。虽然在中国以外地区的专利申请量不多，但是表明其已经开始重视对专利进行全球布局。

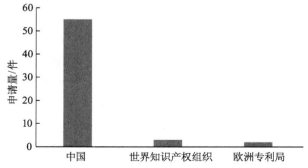

图 2-19 江门市鹏程头盔有限公司专利申请受理局分布图

江门市鹏程头盔有限公司的专利申请中，有 32 项为发明专利，占比 53.33%；有 28 项为实用新型专利，占比 46.67%，其发明专利占有率远低于国外企业，如图 2-20 所示。

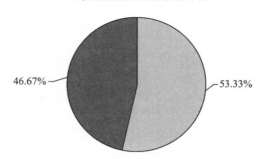

■ 实用新型专利 □ 发明专利

46.67%   53.33%

图 2-20   江门市鹏程头盔有限公司专利申请类型分布图

2.3.2.3   隆辉安全帽有限公司

隆辉安全帽有限公司是防护头盔领域全球专利申请量排名前十的申请人，1988 年成立于中国台湾，专注于摩托车安全帽的研发与销售。很早以前，台湾地区就几乎看不到没戴安全帽上路的骑行者，因为交通法规中有这样一个条款：骑（坐）机车（摩托车）未戴安全帽者，罚 500 元（新台币）；只要被拍照检举，也要被罚 500 元（新台币），任何理由都申诉无效。在台湾地区，只要购买一辆全新的机车，机车行就会随机附赠至少 1 顶安全帽，这已成为不成文的基本配备之一，甚至有人还会跟机车行硬拗 2 顶半罩或 1 顶全罩式的安全帽。道路旁、巷弄里及卖场中大大小小的商铺都出售安全帽，也不乏安全帽专卖"维修"店。安全帽的种类更是五花八门，有儿童专用的、女生款的、男生款的、半罩式的、全罩式的、重型机车专用的等。隆辉安全帽有限公司是中国台湾地区最知名的头盔生产商之一，由其出品的 ZEUS（瑞狮）头盔也是中国顶级头盔。ZEUS 头盔已经行销欧美十多年，产品遍及世界各地各类使用者，以其优越的质量、佩戴的安全舒适及新颖时尚的外观深受使用者的好评与追捧。隆辉安全帽有限公司注重头盔的轻量化、通风性及安全性，在其不同型号头盔的设计中具体体现。

隆辉安全帽有限公司从 1994 年开始申请专利。图 2-21 显示，1997 年的专利申请量为 0，1995 年、1996 年、1999 年、2002 年、2007 年、2016 年、2017 年的专利申请量均为 1 项，2006 年的专利申请量为 2 项，1994 年、2001 年、2009 年、2014 年、2015 年的专利申请量均为 3 项，1998 年、2000 年、2005 年、2013 年、2018 年、2019 年的专利申请量均为 4 项，2004 年的专利申请量为 5 项，2003 年、2010 年、2011 年的专利申请量均为 6 项，2012 年的专利申请量为 7 项，2008 年的专利申请量为 14 项。可见，隆辉安全帽有限公司各年的专利申请量比较平缓，仅在 2008 年达到最高点 14 项，其他年份的专利申请量均为个位数。

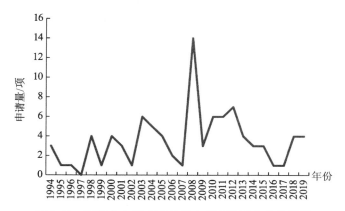

图 2-21 隆辉安全帽有限公司专利申请量变化趋势图

在各主要技术主题方面，隆辉安全帽有限公司面罩技术主题的专利申请量为 38 项，是各技术主题中专利申请量最多的，缓冲技术主题的专利申请量为 20 项，外壳技术主题的专利申请量为 13 项，下颌带技术主题的专利申请量为 10 项，通风透气技术主题的专利申请量为 8 项，护耳技术主题和可折叠、分离技术主题的专利申请量均为 2 项，如图 2-22 所示。

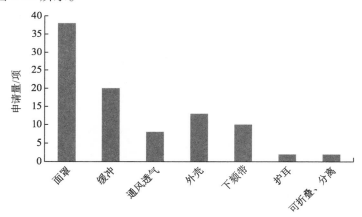

图 2-22 隆辉安全帽有限公司主要技术主题专利申请分布图

对于头盔面罩技术，隆辉安全帽有限公司主要的改进点是在面罩或者眼罩的固定方式上，一方面在于面罩的拆卸，帽壳前端外侧中间有一滑轨，罩盖设于帽壳前面且两者之间留有一定的空间，罩盖中间有一滑槽与滑轨相对应；推移机构设于帽壳滑轨与罩盖滑槽之间，可依循滑轨与滑槽上下位移，一镜片设于推移机构上，其中间上端有一卡掣机构，以使镜片与推移机构卡掣定位并可随之同步上下位移，因此镜片的拆装更为简易快速。另一方面在于面罩的固定，在帽壳的两端各有一凹室，二基座固接于帽壳凹室内，中间有一通孔，通孔一端有一导块，导块前后各有一凹部；二承座设于基座通孔之上，略呈圆环状，外环分别有二压掣片、一齿段及一弹性挡片，内环则有一类似钥匙孔的穿孔，穿孔背面分别有二挡块及卡穴；镜片两端各有一卡掣部，卡掣部中间有一圆孔，圆孔内侧有多个对应的凸片、齿段及凹穴，卡掣部内侧端位于圆孔下方有一导杆；耳盖可将承座与镜片结合定位，这样的设置可以使耳盖稳固性提高，也就是镜片的固定性增强。

对于头盔缓冲技术，隆辉安全帽有限公司主要的改进点在衬垫的拆卸方面，并没有涉及缓冲功能的具体改进技术。

对于通风透气技术，隆辉安全帽有限公司通过在帽壳上端设置双层壳体来构建头盔的通风空间，通风空间前端有一进气口，以供空气单向进入，内部有复数个贯孔，这些贯孔与内盔所设的通孔相通，以供空气进入并直达安全帽佩戴者头顶，可实现较佳的通风散热效果，使头顶不会感到闷热。

隆辉安全帽有限公司是台湾地区的企业，其在中国台湾的专利申请量也是最多的，占其专利申请总量的 68.82%，在中国大陆的专利申请量占比为 9.68%，在美国的专利申请量占比为 5.38%，在日本和越南的专利申请量占比均为 4.30%，在西班牙的专利申请量占比为 3.23%，在德国、法国和意大利的专利申请量占比分别为 2.15%、1.08% 和 1.06%，如图 2-23 所示。隆辉安全帽有限公司已经跨越亚洲、美洲及欧洲，开始在全球范围内进行专利布局。

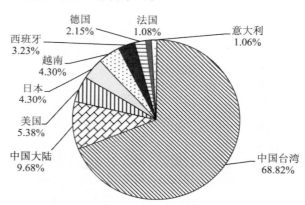

图 2-23　隆辉安全帽有限公司专利申请受理局分布图

从图 2-24 可以看出，隆辉安全帽有限公司的专利申请大部分为实用新型专利，共有 67 项，占其专利申请总量的 72.83%；发明专利申请量为 25 项，占比为 27.17%，这也与该公司的专利战略有关。

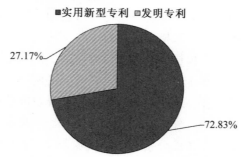

图 2-24　隆辉安全帽有限公司专利申请类型分布图

2.3.2.4　佛山市南海永恒头盔制造有限公司

佛山市南海永恒头盔制造有限公司成立于 2003 年，是国内头盔十大品牌之一，坐落在广东省佛山市南海区九江镇烟南工业区，是中国头盔专业设计、摩托车乘员头盔制造最具规模的企业之一。

佛山市南海永恒头盔制造有限公司从 2012 年开始申请专利，年专利申请量均不超过 10 项。图 2-25 显示，2016 年的专利申请量为 1 项，2015 年的专利申请量为 2 项，2013 年、2017 年的专利申请量均为 3 项，2014 年的专利申请量为 4 项，2012 年的专利申请量为 6 项，2018 年的专利申请量达到最高值 8 项。

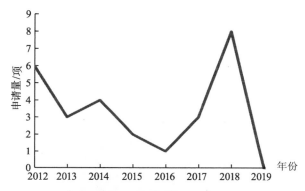

图 2-25　佛山市南海永恒头盔制造有限公司专利申请量变化趋势图

佛山市南海永恒头盔制造有限公司专利申请的主要技术主题在头盔面罩领域，申请量为 13 项，在通风透气技术主题的专利申请量为 4 项，在缓冲技术主题的专利申请量为 2 项，在外壳、通信及可折叠、分离技术主题的专利申请量均为 1 项，如图 2-26 所示。

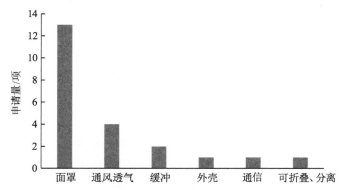

图 2-26　佛山市南海永恒头盔制造有限公司专利申请主要技术主题分布图

在头盔面罩领域，佛山市南海永恒头盔制造有限公司主要涉及点在面罩显示技术方面，其研制出了带有紫外线强度显示镜片的头盔，通过紫外线传感器对紫外线进行检测，然后控制芯片对紫外线传感器检测到的紫外线信号转换的电信号进行分析，当紫外线达到一定指数时就会控制相对应的标有字母的 LED 灯，使其亮起，让骑摩托车一族更直观、清晰地了解紫外线的强度。另外，改进还表现在面罩显示温度及面罩的电控变色方面。

在头盔通风透气领域，佛山市南海永恒头盔制造有限公司主要涉及点在风扇与通风口结合散热方面，太阳能电池板连接风扇，风扇对准通风口安装，通风口处架设防护网，风扇上带有控制开关，外壳上设置了若干加强结构，内罩与外壳之间的中空结构形成通风道。其利用太阳能电池板吸收光能转化为电能为风扇提供能源，风扇转动对头盔进行散热，同时设置多条通风道透过内罩的网眼布材料进行内部散热，在不影响头盔安全性能的基础上有效解决了现有头盔的散热问题，同时减小了头盔的质量。

佛山市南海永恒头盔制造有限公司的专利全部是在中国受理局申请的。在其 27 项专利申请中，有 26 项是实用新型专利，仅有 1 项为发明专利，实用新型专利的占比高达 96.30%，如图 2-27 所示。

■ 实用新型专利 □ 发明专利

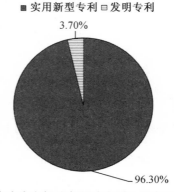

图 2-27　佛山市南海永恒头盔制造有限公司专利申请类型分布图

2.3.2.5　HJC 株式会社

HJC 株式会社是防护头盔领域全球专利申请量排名前十的申请人，1971 年创立于韩国，专业从事摩托车头盔、护具及相关系列产品的制造和销售，是国际知名的摩托车头盔制造商。洪进（北京）体育用品有限公司是 HJC 株式会社于 2000 年 9 月在中国成立的一家韩国独资企业，专门从事摩托车头盔、护具及相关系列产品的制造和销售，生产的 HJC 品牌的产品销往北美、欧洲、日本等地，其 HJC 品牌的摩托车头盔产品的产销量居世界首位。

HJC 株式会社从 1993 年开始申请专利，年专利申请量都在 10 项以下。图 2-28 显示，1995 年、2017 年的专利申请量均为 0，1994 年、1996 年、2013 年、2015 年、2018 年的专利申请量均为 1 项，2005 年、2007 年、2012 年、2014 年的专利申请量均为 2 项，2001 年、2003 年、2004 年、2008 年、2009 年的专利申请量均为 3 项，2000 年、2016 年、2019 年的专利申请量均为 4 项，1997 年的专利申请量为 5 项，1993 年、1998 年、1999 年、2006 年、2010 年的专利申请量均为 6 项，2002 年的专利申请量为 7 项，2011 年的专利申请量为 8 项，达到最高值。

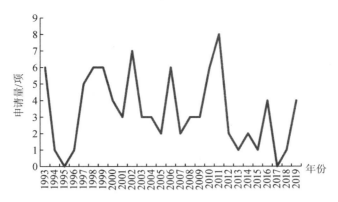

图 2-28　HJC 株式会社专利申请量变化趋势图

　　HJC 株式会社在面罩技术领域的专利申请量最大，达到 45 项，下颌带和缓冲技术主题的专利申请量均为 17 项，通风透气技术主题的专利申请量为 8 项，可折叠、分离技术主题的专利申请量为 6 项，通信技术主题的专利申请量为 2 项，如图 2-29 所示。

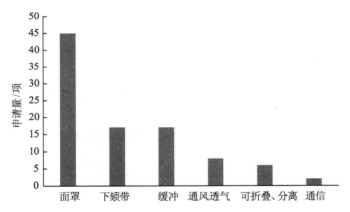

图 2-29　HJC 株式会社主要技术主题专利申请分布图

　　在头盔面罩技术领域，HJC 株式会社主要涉及点在面罩锁定技术方面。设置相对于头盔主体可枢转的、用于保护佩戴者下颚的钳口保护器，在钳口保护器中设置固定/释放单元，当操作位于钳口保护器一侧的释放按钮时，固定/释放单元将断开钳口保护器与头盔主体的连接。另外，当防护罩降低时，防护罩自动关闭以防止防护罩意外打开，并且当防护罩通过一键式操作打开时，头盔外部的空气被引入头盔中，但是通过前开口进入头盔中的空气并不阻碍头盔佩戴者的视野。

　　在下颌带技术领域，HJC 株式会社提出了一种推动式头盔扣，其中锁定单元随着使用者推动操作单元而枢轴转动，从而可以释放锁定单元和带单元的紧固，操作单元被紧固到基座单元的另一侧，能够朝锁定单元移动，操作单元用于使锁定单元枢轴转动，在操作单元朝锁定单元移动以对锁定单元施加压力时，第二齿部远离带单元移动，从而便于骑摩托车者、滑雪运动者等用户操作。

在缓冲技术领域，HJC 株式会社主要涉及点在头盔充气缓冲技术方面，缓冲体的形状对应于头盔刚性外壳的形状，缓冲体通过按扣或钩环带紧固件固定在壳体内，缓冲体的外壁固定在头盔表面。缓冲体还包括充气和放气装置（如具有排气口和供应管的泵），用于供应压缩空气和控制缓冲体内的空气量，从而使头盔与使用者的头部更贴合，防止它从使用者的头部移位或脱落。可拆卸的中空下巴带可以使用充气装置填充空气以保护下巴，充气缓冲既能起到缓冲作用，又能起到调整尺寸的作用。

除了在韩国申请专利之外，HJC 株式会社在全球很多国家和组织都进行了专利布局。其中，在韩国的专利申请量占其专利申请总量的 48.89%，在美国的专利申请量占比为 15.56%，在中国的专利申请量占比为 14.44%，在欧洲专利局的专利申请量占比为 8.89%，在捷克的专利申请量占比为 5.56%，在越南和世界知识产权组织的专利申请量占比均为 3.33%，如图 2-30 所示。

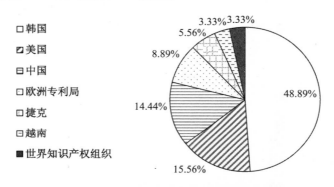

图 2-30　HJC 株式会社专利申请受理局分布图

HJC 株式会社的发明专利申请量为 70 项，占专利申请总量的 77.78%，实用新型专利申请量为 20 项，占比为 22.22%，如图 2-31 所示。

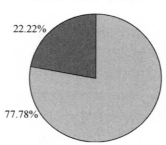

图 2-31　HJC 株式会社专利申请类型分布图

2.3.3　重点专利分析

本节主要对头盔的外壳，缓冲，面罩，通风透气，通信，下颚带，护耳，以及可折叠、分离八个技术主题的重点专利进行分析。这些重点专利为防护头盔的发展提供了新思路，后续被引证频次较高。

2.3.3.1　头盔外壳技术主题重点专利分析

头盔的安全性是设计和生产头盔时需要考虑的"头等大事"，头盔外壳是生命保护的第一道防线。当前，头盔外壳主要采用 ABS、玻璃钢、碳纤维等材料来实现强的抗冲击性，而碳纤维因其具备高拉伸强度、出色的抗压强度并兼具轻便的优点而备受青睐。由碳纤维材料制成的头盔外壳因能承受极高的冲击挠度，在受到强大外部冲击时不易发生断裂，除此之外，碳纤维头盔还可以有效吸收冲击，以防头部受伤。由于头盔外壳的性能对头盔防护作用的发挥尤为重要，头盔外壳技术主题的专利申请量在全球专利申请总量中的占比超过21%，即全球头盔专利申请的五分之一是头盔外壳技术。可见，头盔外壳技术在头盔领域的重要地位。下文对头盔外壳技术主题的重点专利进行梳理，选取的重点专利如表2-3所示。

表 2-3　头盔外壳技术主题的重点专利列表

公开（公告）号	申请（专利权）人	申请年	发明名称	法律状态/事件	有效期（截止年）
US3872511A	安杰洛·C. 拉舍尔（Angelo C. Larcher）	1974	防护头盔	失效	1992
US4466138A	格萨琳·琼（Gessalin Jean）	1981	外壳由热塑性塑料注塑成型的头盔和用于制造该头盔的方法	失效	2001
US5012533A	迪特·莱弗勒（Dieter Raffler）等	1989	头盔	失效	2009
US6154889A	丹·T. 摩尔（Dan T. Moore）	1999	防护头盔	失效	2019
US6434755B1	切丽·F. 亚历山大（Cherie F. Alexander）	2000	头盔	失效	2019
JP2007138319A	东洋纺株式会社	2005	头部保护帽，用于防止头部损伤	失效	2010
US20070089480A1	格雷戈里·S. 贝克（Gregory S. Beck）	2006	带有震动探测器的头盔	失效	2017
US20070266481A1	加内特·亚历山大（Garnet Alexander）	2007	可调节头盔	有效	2025
US2015008085A1	森尼斯有限责任公司	2014	吸收冲击的可压缩构件	有效	2026

美国申请人安杰洛·C. 拉舍尔在1974年申请的专利 US3872511A，被引证181次，其公开了一种用于防护头盔的减震覆盖物，该覆盖物包括多个流体腔室，这些腔

室通常与大气或密封腔室直接连通，当覆盖物受到冲击时，多个流体腔室内的气体因压缩而排出，以提供吸收冲击的手段。

美国申请人格萨琳·琼在 1981 年申请的专利 US4466138A，被引证 90 次，其公开了一种外壳由热塑性塑料注塑成型的头盔，该头盔外壳内部是由增强树脂制成的刚性插入物，热塑性塑料模制到插入物上，以增强头盔外壳的刚性。

美国申请人迪特·莱弗勒等在 1989 年申请的专利 US5012533A，被引证 142 次，其公开了一种由苯乙烯或聚苯乙烯基泡沫塑料制成的单壳头盔，该头盔的外壳分为多个区域，这些区域通过铰接区域集成在一起，并且可以通过调节系统以使头盔适应不同的头部尺寸。

美国申请人丹·T. 摩尔在 1999 年申请的专利 US6154889A，被引证 190 次，其公开了一种带有弹性外壳的防护头盔，该弹性外壳具有多个狭缝，每个狭缝具有可调节的宽度，进而可有效地调节壳体的尺寸，以匹配佩戴者的头部。这些狭缝的设置还可以对外界的冲击力进行很好的缓冲，以保护头部。

美国申请人切丽·F. 亚历山大在 2000 年申请的专利 US6434755B1，被引证 150 次，其公开了一种头盔，包括一件式的第一减震构件和多个分立的第二减震构件。第一减震构件定位在壳体内表面的一部分附近，并且基本上与壳体内表面的一部分接触。第一减震构件具有第一厚度和第一压缩挠度。第二减震构件定位在第一减震构件的一部分附近，并且与壳体内表面的一部分相邻并基本接触。每个第二减震构件具有第二厚度和第二压缩挠度，其中，第二厚度大于第一厚度，第二压缩挠度小于第一压缩挠度。该发明通过双层不同厚度的减震缓冲构件来增强头盔的缓冲性能。

日本申请人东洋纺株式会社在 2005 年申请的专利 JP2007138319A，其公开了一种质量小且具有极好的抗冲击性的安全帽，该安全帽不会因跌落或撞击等无意识冲击而破损和断裂，从而可以防止佩戴者的头部受到伤害。

美国申请人格雷戈里·S. 贝克在 2006 年申请的专利 US20070089480A1，被引证 145 次，其公开了在防护头盔外壳设置震动探测器，当探测器探测到头盔外壳受到超过预定水平的冲击时提供视觉信号，便于医生根据该视觉信号进行诊断。

美国申请人加内特·亚历山大在 2007 年申请的专利 US20070266481A1，被引证 98 次，其提出通过使衬在头盔壳上的保护材料的一个或多个部分移位来增加或减少头盔的内部容积。调节机构安装在头盔外壳上或其附近，从外壳上伸出一个或多个连接器，这些连接器可以连接到保护材料的可移动部分。当调节机构沿顺时针或逆时针方向被致动时，连接器移位，使保护材料的可移动部分相对于壳体发生位移，从而可以对头盔与头部的贴合度进行微调。

美国申请人森尼斯有限责任公司在 2014 年申请的专利 US2015008085A1，被引证 468 次，其公开了一种可压缩单元，该单元包括薄壁外壳，该薄壁外壳限定了中空的内部腔室，该内部腔室容纳了一定体积的诸如空气的流体。通过优化可压缩单元的特性、配置和构造，以在各种冲击能量范围内最大化吸收冲击能力。该可压缩单元的力/时间曲线更平坦、更宽，可快速减小冲击力，保护佩戴者的头部。可压缩单元根据冲击力的能量水平提供更大程度的抗压缩性和抗塌陷性，并在去除力后迅速回弹至未压缩状态，并准备吸收其他冲击力。

2.3.3.2 头盔缓冲技术主题重点专利分析

当前，头盔外壳主要采用 ABS、玻璃钢、碳纤维等材料来实现强的抗冲击性，但是在头盔的使用中不仅要保证头盔的完整，还要最大限度地减轻头部与头盔的撞击。现有技术主要通过在头盔内层设置缓冲垫来消散作用在头部的冲击力。头盔缓冲技术主题的专利申请量约占全球专利申请总量的19%，仅次于头盔外壳技术主题的专利申请量。可见，头盔缓冲技术在头盔领域的地位不容小觑。下文对头盔缓冲技术主题的重点专利进行梳理，选取的重点专利如表 2-4 所示。

表 2-4 头盔缓冲技术主题的重点专利列表

公开（公告）号	申请（专利权）人	申请年	发明名称	法律状态/事件	有效期（截止年）
US4307471A	杜邦公司	1976	防护头盔	失效	1998
US4808469A	莫里斯·希尔斯（Maurice Hiles）	1985	吸能聚氨酯复合材料制品	失效	2006
US5083320A	运动头盔公司	1990	带独立气泵的防护头盔	失效	2010
WO1996028056A1	马太·席勒（Mattehw Schiller）	1996	适形结构	PCT 指定期满	1998
US5713082A	尼科尔·杜尔（Nicole Durr）	1996	运动头盔	失效	2016
US5930843A	詹姆斯·M. 凯利（James M. Kelly）	1998	头盔和肩带组件，提供颈椎保护	失效	2018
US20020002730A1	麦克·丹尼斯（Mike Dennis）和迈克尔·塔尔（Michael Tucker）	2001	体接触缓冲界面结构和方法	失效	2019
US7003803B2	罗伯特·M. 莱登（Robert M. Lyden）	2003	头盔和防护装备，包括光固化材料	失效	2020
CN108135308A	艾尔头盔有限责任公司	2016	一种用于吸收和消散由碰撞产生的能量的复合几何结构及包括所述结构的安全头盔	审中	—
CN107249369A	韬略运动器材有限公司	2016	摆动阻尼系统	审中	—
US20200037691A1	苏莱曼·穆斯塔法（Sulaiman Mustapha）	2019	磁缓冲技术	审中	—

美国申请人杜邦公司在 1976 年申请的专利 US4307471A，被引证 242 次，其公开了一种外壳带有缓冲件的头盔，该外壳包括内壳，内壳与外壳是间隔开的，并且内壳可相对于外壳移动；内壳与外壳之间设置了很多凸起，每个凸起整体连接到外壳上。

美国申请人莫里斯·希尔斯在 1985 年申请的专利 US4808469A，被引证 224 次，其公开了一种具有预定构型的轻质能量吸收和阻尼装置，该装置是泡沫元件和至少一个黏弹性元件的复合物，每个黏弹性元件通过化学键合永久地固定在一起。由弹性体聚合物形成的固体装置起到抑制能量传递的作用，就像它们含有黏性液体一样。首先，它们很容易扭曲，因此能将负载分布在最大区域；其次，在压缩时，它们像弹簧一样变得越来越僵硬，这消除了共振并且可以促进频率变化。黏弹性材料是聚氨酯，它可以通过合适的二异氰酸酯与聚醚或聚酯之间的反应形成。泡沫是聚氨酯泡沫，它可以通过合适的芳族二异氰酸酯与聚醚或聚酯之间的反应形成。通常优选聚醚，因为它吸湿性较弱，并且不需要升高温度。

美国申请人运动头盔公司在 1990 年申请的专利 US5083320A，被引证 63 次，其公开了一种带独立气泵的防护头盔，该头盔的衬里包括可充气的空气室和将这些空气室互连的多个空气通道。独立的可触动致动泵安装在头盔外壳内表面上，并且与至少一个空气室流体连通，以使其致动后可将空气送往空气室。

美国申请人马太·席勒在 1996 年申请的专利 WO1996028056A1，被引证 637 次，其公开了一种可用于头盔缓冲的新型凝胶，该凝胶可响应于环境条件（如温度）而可逆地改变状态。应用于头盔中的新型凝胶在低于体温时是流体，当头盔外壳受到外界巨大冲击而破裂时，新型凝胶与头部接触而温度升高，进而黏度快速增加，为头部提供机械支撑。该新型凝胶的发明与使用对头盔缓冲技术的发展具有划时代意义。

美国申请人尼科尔·杜尔在 1996 年申请的专利 US5713082A，被引证 228 次，其公开了一种改进的头盔，该头盔的刚性外壳外部具有柔软的覆盖物，能吸收冲击并分散能量，从而达到同时保护头盔佩戴者和撞击物的效果。当用于诸如足球类接触运动时，该覆盖物可有效防止头盔用作撞击物时造成的伤害。该发明在保护头盔佩戴者的同时，也可以对被撞击的人或物起到缓冲作用，可以大大减小运动过程中由于撞击造成的人员伤亡。

美国申请人詹姆斯·M. 凯利在 1998 年申请的专利 US5930843A，被引证 1 124 次，其公开了一种改进的颈椎保护头盔和肩带组件。头盔和肩带组件包括轭或肩垫，肩垫上有用于头部穿过的中心开口，头盔可枢转地支撑在中心开口上。弧形轨道允许佩戴者的头部从一侧转向另一侧。支撑头盔的枢转关节内的止动件限制颈部弯曲和伸展，同时弧形轨道末端的止挡限制了颈部扭转。颈部受到支撑头盔立柱的刚性的限制，降低了颈椎损伤的可能性。相较于之前的技术，该发明能够防止头部的过度扭转，同时还能为颈部提供足够的刚性支撑，阻止过大的冲击发生在颈部。

美国申请人麦克·丹尼斯和迈克尔·塔克在 2001 年申请的专利 US20020002730A1，被引证 208 次，其公开了一种可在现场选择的、可安装到头盔内的负载缓冲垫，该负载缓冲垫使用可压缩的黏弹性泡沫芯制成，可抵抗快速的运动压缩。该头盔的缓冲垫设置为多个分体安装在内衬中，佩戴者可以根据自己头部大小及形状选择合适的缓冲垫，以提高佩戴的舒适度和增强缓冲效果。

美国申请人罗伯特·M.莱登在 2003 年申请的专利 US7003803B2，被引证 444 次，其公开了一种带有光固化材料的头盔。该头盔主要通过其内部设置的光固化材料对佩戴者的头部进行保护，具体为将光固化材料设置在头盔的不透光包装内，当佩戴者遇到危险时，打开不透光包装的遮光层使光固化材料暴露于光下，该光固化材料快速凝固，为佩戴者的头部提供保护。光固化材料为包括纤维的填充材料，其在 280～780 nm 波长的光下会快速凝固。该光固化材料的发明与使用对头盔缓冲技术的发展起到极大的推动作用。

意大利申请人艾尔头盔有限责任公司在 2016 年申请的专利 CN108135308A，被引证 17 次，其公开了一种具有复合几何结构的安全头盔，由碰撞引起的能量因中空几何弧形元件的变形而在多个方向上被吸收，而且能量沿着比复合几何结构大得多的总面积分布从而保护头部。

澳大利亚申请人韬略运动器材有限公司在 2016 年申请的专利 CN107249369A，被引证 6 次，其公开了一种带有摆动阻尼系统的头盔，通过减小对头部的角加速度来改进头盔的抗冲击性能。该摆动阻尼系统设置在阻尼孔中，可在阻尼孔中横向地移位，当头盔受到斜冲击或平移冲击时，摆动阻尼系统快速吸收斜冲击或平移冲击的角加速度，以便快速耗散冲击能量。

在头盔中巧妙地设计层状结构或缓冲层来消散冲击力是目前的主流方式，但近年来也出现了新的吸收冲击力的方式。如美国申请人苏莱曼·穆斯塔法在 2019 年申请的专利 US20200037691A1，其公开了一种利用磁缓冲技术来消散冲击力的头盔，通过在头盔壳体的内层和外层分别设置磁性元件对来缓解外界施加在头盔外壳上的冲击力。磁性元件对的作用原理是两个相同极性的磁性元件相对地设置在头盔壳体的内层和外层上而产生排斥力。磁力并不是一种硬连接，因此，该头盔可以缓解撞击带来的线性加速度和角加速度，以在头盔受到外界冲击时很好地消散冲击力。利用磁力而不是机械力来消散冲击力为头盔设计提供了一种新思路，但磁场在头盔中的分布及其大小与现有技术的优势互补仍是需要进一步研究的课题。

2.3.3.3　头盔面罩技术主题重点专利分析

雨天戴头盔骑行，雨水落到头盔面罩上会阻挡视线，雨天或者冬天骑行时头盔面罩的内部易产生雾气，也会阻挡视线，这些都会给骑行带来很大的安全隐患。下文对头盔面罩技术主题的重点专利进行梳理，选取的重点专利如表 2-5 所示。

表 2-5 头盔面罩技术主题的重点专利列表

公开（公告）号	申请（专利权）人	申请年	发明名称	法律状态/事件	有效期（截止年）
US3787109A	霍尼韦尔国际股份有限公司	1972	头盔内部视线装置	失效	1991
US3910269A	赛拉工程有限责任公司（Sierra Engineering LLC）	1974	集成面罩	失效	1992
EP0408344A3	通用电气-马可尼有限公司（GEC-Marconi Limited）	1990	头盔系统	失效	1995
US5871271A	钱曾路	1995	LED 发光防护头饰	失效	2015
JP3588202B2	东陶机器株式会社	1996	防雾路面镜及其防雾方法	失效	2016
US2004226071A1	格雷格·M. 汤普森（Cregg M. Thompson）	2004	防弹衣面罩	失效	2017
JPH08288522A	半导体能源研究所株式会社	2008	制造半导体器件的方法	失效	2016
GB2481383A	凯文·S. 摩根（Kevin S. Morgan）	2010	用于遮阳板的刮水器装置	撤回	2012
US2015173446A1	约翰·德波尔（John Deboer）	2015	头盔面罩组件	撤回	2018
US2019098954A1	泰德·M. 艾德（Thad M. Ide）等	2018	运动头盔	审中	—

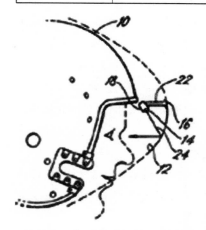

图 2-32 专利 US3787109A 的附图

美国申请人霍尼韦尔国际股份有限公司在 1972 年申请的专利 US3787109A，被引证 123 次，其公开了一种可侦察和瞄准的头盔，该头盔包括抛物反射面 12 和发光装置 14，其中，抛物反射面 12 位于佩戴者的正前方视线之外，发光装置 14 位于佩戴者水平视线之上。在佩戴者进行侦察或者瞄准时，发光装置 14 朝抛物反射面 12 发射光，在抛物反射面 12 将光线直接反射到佩戴者眼睛的情况下，佩戴者侦察到的图像就好像起源于无穷远。该专利为佩戴者提供较好的前方视野图像，以便于佩戴者做出进一步的判断（为便于理解，选取该专利的其中一幅附图，如图 2-32 所示）。

美国申请人赛拉工程有限责任公司在 1974 年申请的专利 US3910269A，被引证 108 次，其公开了一种集成面罩，该集成面罩组件包括连接到头盔的铰接附件，该铰接附件可使集成面罩在佩戴位置和非佩戴位置之间移动。其中，佩戴位置是集成面罩位于佩戴者面部的前侧，为佩戴者的面部提供保护；非佩戴位置是集成面罩位于头盔的顶部，提升佩戴者休息期间的舒适度。铰接附件中的复合杠杆元件使集成面罩在佩戴位置和非佩戴位置之间移动时，不与佩戴者面部接触，防止伤害佩戴者面部。

德国申请人通用电气-马可尼有限公司在 1990 年申请的专利 EP0408344A3，被引证 278 次，其公开了一种承载光学系统的头盔，该系统通过目镜提供叠加在头盔佩戴者的前场景视图上的准直显示，并且可相对于头盔轴线感测通过目镜观察的眼睛的角度位置。该专利通过在头盔外壳上设置光学系统，增加了佩戴者的观察视角，同时能够对观察者的眼睛位置进行角度定位，便于观察者观看外界环境。

中国申请人钱曾路在 1995 年申请的专利 US5871271A，被引证 28 次，其公开了一种具有照明功能的头盔，该头盔保护层的凹槽中安装有多个 LED 照明装置。佩戴者可以根据实际需要，通过开关控制器控制 LED 照明装置的打开数量，以调节光的整体强度，满足照明需要。

日本申请人东陶机器株式会社在 1996 年申请的专利 JP3588202B2，被引证 1 801 次，其公开了一种通过光催化作用使基体材料表面亲水化的方法。用二氧化钛（一种光催化剂）涂盖层覆盖基体材料，在二氧化钛涂盖层表面设置使固体和气体接触面的氢键成分增加的固体酸。当光激发光催化剂时，由于光催化作用使二氧化钛涂盖层表面的氢键成分增加，在表面钛原子结合的末端 OH 基及桥式 OH 基的氢原子上，通过氢键结合，促进了对周围环境中水分子的物理吸附。因此，在二氧化钛涂盖层表面形成高密度的物理吸附水层，使表面亲水化。该方法可有效地用于物品的消雾、防污染、自净和洗净。

美国申请人格雷格·M. 汤普森在 2004 年申请的专利 US2004226071A1，被引证 324 次，其公开了一种防弹衣面罩，该面罩与防弹衣之间可以通过拉链、按扣或者钩环紧固连接。穿着者可以根据实际使用场景的需要选择面罩与防弹衣之间是连接还是拆分。

日本申请人半导体能源研究所株式会社在 2008 年申请的专利 JPH08288522A，被引证 1 085 次，其提出了将具有柔性的有源矩阵液晶显示单元设置在头盔面罩上，显示诸如速度等参数。该专利首次将柔性显示屏集成在头盔面罩上，以方便佩戴者使用。

德国申请人凯文·S. 摩根在 2010 年申请的专利 GB2481383A，被引证 16 次，其公开了一种设置擦拭器装置对面罩表面进行清洁的头盔，该擦拭器能够与面罩表面紧密接触，以保证清洁效果。该头盔可用作摩托车骑行者的防撞头盔，为摩托车骑行者提供安全性和舒适性。

美国申请人约翰·德波尔在 2015 年申请的专利 US2015173446A1，被引证 284 次，其公开的头盔面罩组件包括上下两个部分，这两个部分通过齿轮连接在头盔的外壳上，可相对于壳体转动调节，进而调节两个部分之间的间隙尺寸。该专利通过将面罩拆分成上下可以转动调节的两个部分，使佩戴者可以根据自己的需要调节眼部观察视窗的大小，不仅有较好的视野，同时也能够保护面部。

美国申请人泰德·M. 艾德等在 2018 年申请的专利 US2019098954A1，被引证 297次，其公开了一种橄榄球运动员用头盔，该头盔外壳的侧部区域有带有面部护罩连接器的耳盖、耳部开口、狭槽和卡扣连接器。该耳盖可防止佩戴者的耳朵被挤压，提高了佩戴舒适性。同时，当头盔被佩戴时，下巴位置处的面罩连接器固定连接到头盔外壳，以保护佩戴者的下颏，防止橄榄球撞击伤害下颏。

2.3.3.4 头盔通风透气技术重点专利分析

防护头盔的防护性能至关重要，而通风透气性是头盔佩戴舒适度的一个重要指标，尤其是在炎热的夏天，许多骑行者为了避免闷热的不适感而选择不佩戴头盔，可见，通风透气对头盔的重要性。下文对头盔通风透气技术主题的重点专利进行梳理，选取的重点专利如表 2-6 所示。

表 2-6　头盔通风透气技术主题的重点专利列表

公开（公告）号	申请（专利权）人	申请年	发明名称	法律状态/事件	有效期（截止年）
US4141083A	威廉·A. 沃特斯（William A. Waters）	1975	带有可拆卸独立式风扇单元的头盔	失效	1996
US4404690A	阿默尔体育股份有限公司	1981	曲棍球头盔	失效	2001
US5533500A	林赫谋	1992	带有空气过滤装置的头盔	失效	2013
SE0003339L	3M 创新有限公司	2000	一种用于保证头盔中风扇吹风效果的方法和装置	失效	2020
US6954944B2	史蒂夫·费尔（Steve Feher）	2003	一种可加热空气的头盔	有效	2023
US20030101505A1	德普伊产品公司	2003	一种出风量大小可调节的头盔	失效	2019
JP2013253590A	矢泽笃美	2012	一种可拆卸和安装电风扇的头盔	有效	2032
US20130263363A1	贝尔运动股份有限公司	2013	带内部通风系统的自行车防护头盔	有效	2034
US20150090254A1	捷迈手术有限公司	2013	手术头盔	有效	2034

美国申请人威廉·A. 沃特斯在 1975 年申请的专利 US4141083A，被引证 106 次，其公开了一种带有可拆卸独立式风扇单元的头盔。该独立式风扇单元包括具有相对端

的壳体，该相对端设置了可用于空气通过的带孔板。其中一端的带孔板承载电动机，该电动机与壳体内的风扇连接，用于将空气（穿过带孔板）吸入壳体内部。该发明通过将风扇设置为可拆卸结构，方便佩戴者根据实际使用环境选择是否安装风扇。

美国申请人阿默尔体育股份有限公司在 1981 年申请的专利 US4404690A，被引证 212 次，其公开了一种具有良好通风效果的头盔，该头盔的外壳由多个肋构成，在每个肋内部形成通风道，每个肋的前侧设有通风入口，每个肋的后侧设有通风出口，通风入口为梯形结构，且开口横截面越接近通风道面积越大。在佩戴者向前移动时，梯形结构的通风入口可促进空气向内流动，以增强头盔的通风效果。

美国申请人林赫谋在 1992 年申请的专利 US5533500A，被引证 124 次，其公开了一种带有空气过滤装置的头盔，该过滤装置使空气从两个通道流入，分别供给头部和面部。另外，佩戴者呼出的气体通过多个止回阀排出头盔，从而使佩戴者能够吸入清洁的空气。

瑞士申请人 3M 创新有限公司在 2000 年申请的专利 SE0003339L，被引证 128 次，其公开了一种保持从风扇进入防护头盔内的空气流量恒定的装置，该装置的控制单元根据电动机内的位置传感器获取的信号，确定风扇的转速。具体的工作原理为：控制单元检测风扇工作时电动机的功率和转速，并将此功率和转速与设定空气流量条件下电动机的功率和转速的特性曲线进行比较，在出现偏离时，控制单元调节施加到电动机上的电压，使偏离减少。因此，空气流量被保持在与过滤器的堵塞等外界因素无关的恒定水平。若电池电压降低到一个预定的最低安全水平以下，则控制单元控制报警单元中的声光报警器报警。

美国申请人史蒂夫·费尔在 2003 年申请的专利 US6954944B2，被引证 110 次，其公开了一种内部气体温度可调节的头盔，通过设置在头盔壳后表面上的电热泵，将经过的空气进行温度调节，而后输送到头盔壳的内部。头盔壳内部的多层结构将经过温度调节的空气分配到佩戴者的头顶和面部。该专利公开了一种可加热空气的头盔，实现了寒冷环境下的头部保暖。

美国申请人德普伊产品公司在 2003 年申请的专利 US20030101505A1，被引证 210 次，其公开了一种出风量大小可调节的头盔，该头盔设有向佩戴者面部吹风的风扇，在风扇的出风口处设有过滤器。佩戴者通过旋转前凸片来调节过滤器吹向其面部的出风量。该头盔通过设置过滤器来净化头盔内部的空气，通过设置风量调节结构让佩戴者自由调节出风量的大小，以方便其使用。

日本申请人矢泽笃美在 2012 年申请的专利 JP2013253590A，被引证 15 次，其公开了一种可拆卸和安装电风扇的头盔，该可拆卸和安装结构包括电风扇附接带上的矩形钩与头盔壳体表面的凹形扣。佩戴者在拆卸电风扇时，用手指按压矩形钩即可将电风扇从头盔主体上取下。在该头盔上拆卸或安装电风扇简单快捷，降低了佩戴者的操作难度。

美国申请人贝尔运动股份有限公司在 2013 年申请的专利 US20130263363A1，被引证 21 次，其公开了一种带内部通风系统的自行车防护头盔，内部通风系统是佩戴者佩戴头盔时头部与头盔内表面之间的间隙，该通风系统直接接触佩戴者的头部，允许空气在佩戴者的头顶流动，使更多的空气直接与佩戴者的头部接触，以增强通风透气效果。

美国申请人捷迈手术有限公司在 2013 年申请的专利 US20150090254A1，被引证 14 次，其公开了一种手术头盔，包括气流入口、下巴杆中的前气流出口和风扇，空气在风扇的作用下从气流入口穿过下巴杆中的气流通道到达气流出口，从气流出口沿向上的方向经过佩戴者的面部。该发明通过引导气流在佩戴者的面部流过，以保证佩戴者面部的凉爽。

2.3.3.5 头盔通信技术主题重点专利分析

可通信的头盔使佩戴者能够在紧急情况下进行呼救，同时也能使消防、救援工作者在工作中与总部、配合者保持畅通的联系，以保证任务的准确执行。下文对头盔通信技术主题的重点专利进行梳理，选取的重点专利如表 2-7 所示。

表 2-7 头盔通信技术主题的重点专利列表

公开（公告）号	申请（专利权）人	申请年	发明名称	法律状态/事件	有效期（截止年）
US3916312A	贝尔运动股份有限公司	1973	便携式语音通信设备	失效	1992
US4688037A	麦克唐奈·道格拉斯公司	1982	电磁通信和交换系统	失效	2004
US5404577A	凯恩斯兄弟股份有限公司（Cairns & Brothers Inc.）	1991	组合防护头盔和通信系统	失效	2012
US5621922A	古斯·A. 拉什（Gus A. Rush）	1995	能够感应线性和旋转力的运动头盔	失效	2012
US6798392B2	惠普公司	2001	智能头盔	有效	2022
US7110743B2	矿井安全装置公司	2003	用于防护头盔的通信设备	有效	2023
US8569655B2	林肯环球股份有限公司	2009	带有完整的用户界面的焊接头盔	有效	2032
US10051910B2	THL 控股有限责任公司（THL Holding Company, LLC）	2014	用于监测防护头盔的方法、系统和设备	有效	2030

美国申请人贝尔运动股份有限公司在 1973 年申请的专利 US3916312A，被引证 68 次，其公开了一种用在头盔上的改进的便携式语音通信设备，该设备包括扬声器-麦克风单元，扬声器-麦克风单元包括设置在密封的第一壳体中的换能器、扬声器、细长的声学拾取管及与扬声器的相对侧连接并从壳体凸出的耳漏斗。无线电收发器设置

在单独的第二壳体中。无线电收发器转换的信号部分通过细长电缆传送到扬声器-麦克风单元。锚固装置连接到与耳漏斗相邻的第一壳体外部并与耳漏斗配合，用于将第一壳体可释放地固定在头盔或头盔邻近佩戴者耳朵和嘴部的位置上。凸出的耳漏斗防止第一壳体相对于锚固装置枢转或发生其他运动。

美国申请人麦克唐奈·道格拉斯公司在 1982 年申请的专利 US4688037A，被引证187 次，其公开了一种智能通信头盔，该智能通信头盔包括多个辐射装置、控制装置、多个接收装置和瞄准装置。其中，多个辐射装置具有参考坐标轴，可产生多个射频电磁场信号。多个射频电磁场信号被多路复用，使多个射频电磁场彼此可区分。控制装置用于控制接收装置相对于辐射装置的位置。多个接收装置用于检测由每个辐射装置产生的电磁场信号。瞄准装置用于捕获佩戴者的视线参数信息，接收装置和瞄准装置都安装在佩戴者的面部前侧。当佩戴者工作时，瞄准装置获取佩戴者的视线参数信息，控制装置根据该视线参数信息分析佩戴者所要瞄准的接收装置，然后将该分析结果传输到被瞄准的接收装置，并控制该接收装置相对于辐射装置移动。另外，只有当佩戴者在一个接收装置上停留时间达到预定值后，控制装置才会根据瞄准装置获取的佩戴者的视线参数信息移动被瞄准的接收装置的位置。该发明能够极大地解放佩戴者的双手，尤其是飞机、列车驾驶员，利用智能通信手段代替繁杂的按钮，实现驾驶的智能化。

美国申请人凯恩斯兄弟股份有限公司在 1991 年申请的专利 US5404577A，被引证276 次，其公开了一种具有语音通信系统的头盔，该头盔不仅能够保护佩戴者的头部，而且其带有的语音通信系统允许佩戴者之间进行语音通信，如消防员、警察、军人、工人、危险物品处理人员，彼此进行近距离通信；又如旅行者与领队之间，并且领队的语音通信系统还允许其与相对较远的通信中心，如消防车或远程消防公司、基站或中继器之间进行远程通信。该发明通过在头盔中配置语音通信系统，便于团体之间的联系和协调，以及组织者的统一管理。

美国申请人古斯·A. 拉什在 1995 年申请的专利 US5621922A，被引证 384 次，其提出了在头盔中安装传感装置，当检测到外壳受到的冲击大于设定的线性和旋转力阈值时，传感装置触发信号发生装置，使其产生可感知的信号，从而警告观察者已发生潜在的有害影响。该发明为佩戴者提供安全提醒，以保证佩戴者的安全。

美国申请人惠普公司在 2001 年申请的专利 US6798392B2，被引证 161 次，其公开了一种具有集成电子设备的智能头盔，能为佩戴者提供安全和便利。该智能头盔包括全球定位系统、环境交互传感器、移动通信网络设备、小显示面板、麦克风和至少一个扬声器，可以获取佩戴者的位置及其与环境的交互信息，监测佩戴者的动作和状况，并向佩戴者提供数据，也可向他人发送关于佩戴者的位置和状况的信息。

美国申请人矿井安全装置公司在 2003 年申请的专利 US7110743B2，被引证 72次，其公开了一种与防护头盔一起使用的通信设备，该通信设备为可便捷地安装在头盔上的麦克风。该麦克风通过支撑件支撑固定，支撑件很容易安装到防护头盔上或从防护头盔上移除，从而允许麦克风与各类防护头盔配合使用。在使用时，支撑件将麦克风固定在头带和佩戴者头部之间，或者固定在颈带和佩戴者头部之间。该麦克风可与任意类型的防护头盔一起使用，如消防员佩戴的头盔、军人佩戴的头盔、矿工佩戴的头盔等。

美国申请人林肯环球股份有限公司在 2009 年申请的专利 US8569655B2，被引证 161 次，其公开了一种焊接系统和焊工佩戴的头盔，该头盔能够以平视方式输出焊接操作的图像信息。焊工在焊接时，头盔将图像信息显示在被焊接位置上。该发明将焊工需要的工作图像信息通过头盔面罩投影在被焊接位置上，以便于焊工进行焊接定位，降低对焊工经验的要求。

美国申请人 THL 控股有限责任公司在 2014 年申请的专利 US10051910B2，被引证 492 次，其公开了一种带有传感器模块的头盔，该传感器模块包括加速计和陀螺仪，在头盔受到冲击时能做出响应并产生线性加速度和旋转速度数据。处理模块响应于传感器捕获的数据并生成事件数据。该发明通过无线通信的方式对佩戴者受到的冲击进行监测，不仅可以提醒佩戴者注意，也为医生后续查看和诊断提供便利。

2.3.3.6 头盔下颏带技术主题重点专利分析

头盔下颏带能够保证头盔稳定地固定在头部，在头盔受到较大的冲击、振动时，不会脱落。下文对头盔下颏带技术主题的重点专利进行梳理，选取的重点专利如表 2-8 所示。

表 2-8 头盔下颏带技术主题的重点专利列表

公开（公告）号	申请（专利权）人	申请年	发明名称	法律状态/事件	有效期（截止年）
US2511234A	西门子公司	1945	可调节头盔系带	失效	1967
US4044400A	贝尔运动股份有限公司	1976	头盔保持系统	失效	1994
CH1997001773	海茵茨·埃格尔福	1997	带可调节安全带的头盔	失效	2018

美国申请人西门子公司在 1945 年申请的专利 US2511234A，被引证 30 次，其公开了一种可调节的防护头盔系带，该系带包括一对重叠的端部、齿条、引导装置、操作装置、齿轮装置、弹性装置和抵接装置。其中，齿条设置在每个重叠的端部，用于调节系带的长度。引导装置用于引导重叠的端部。弹性装置用于限制操作装置的运动。抵接装置与引导装置一体形成，抵接装置通过与弹性装置接合，防止弹性装置旋转，弹性装置和操作装置位于重叠的端部且独立于引导装置。该发明可对系带长度调节进行限制，以避免佩戴者因错误操作而受到伤害。

美国申请人贝尔运动股份有限公司在 1976 年申请的专利 US4044400A，被引证 127 次，其公开了一种头盔的系带系统，该系带系统包括左侧保持带和右侧保持带，左侧保持带上有在向前和向后位置处连接到头盔的安装附件，右侧保持带上也有在向前和向后位置处连接到头盔的安装附件，系带通过安装附件悬挂在头盔上。左滑块和右滑块可滑动地连接到左侧保持带和右侧保持带上。下颏系带连接到滑块并悬挂在滑块上。该发明通过左侧保持带、右侧保持带和下颏系带使头盔能够稳定地固定在佩戴者的头部，对佩戴者的头部起到较好的保护作用。

瑞士申请人海茵茨·埃格尔福在 1997 年申请的专利 CH1997001773，被引证 237次，其公开了一种带可调节安全带的头盔。该头盔的安全带可进行无级调整或者有级调整。佩戴者在进行调整时，只需要使用一只手操作转动张紧装置，就可实现安全带的无级调整或者级距不大于 1.5 mm 的有级调整，且安全带被调节到张紧位置时，也可被解开。转动张紧装置被固定在一条下颏系带上，转动张紧装置的外壳上设有的两个凸起滑块可沿径向移动，进而对下颏系带的张紧程度进行调节。该发明提供了一种方便单手调节的头盔下颏系带。

2.3.3.7　头盔护耳技术主题重点专利分析

防护头盔最重要的功能是当佩戴者的头部遇到较大冲击时，可以很好地保护头部，大部分头盔利用硬度大、缓冲性强的材料全方位包覆头部，以对头部提供最好的保护。但是，这种全方位包覆在一定程度上会影响佩戴者的听力，阻碍佩戴者获取周围环境中的声音，因此，防护头盔不仅要起到保护佩戴者头部的作用，同时还应具备较好的传声功能。下文对头盔护耳技术主题的重点专利进行梳理，选取的重点专利如表 2-9 所示。

表 2-9　头盔护耳技术主题的重点专利列表

公开（公告）号	申请（专利权）人	申请年	发明名称	法律状态/事件	有效期（截止年）
US4069512A	托尔·G. 帕尔马雷（Tore G. Palmaer）	1975	用在头盔耳罩上的定位装置	失效	1995
US4075714A	赛拉工程有限责任公司	1976	密封的隔音耳罩	失效	1995
US4924502A	克莱顿·H. 艾伦（Clayton H. Allen）	1987	用于稳定耳膜处声压的装置	失效	2007
US6029282A	托马斯·W. 布施曼（Thomas W. Buschman）	1998	风噪声限制装置	失效	2018
DE502007006955D1	安德烈亚斯·斯蒂尔两合公司	2006	组合式头部防护装置	有效	2027
US8732864B2	L&C 安全有限公司	2008	耳机式护耳头盔	有效	2030
US20110225705A1	3M 创新有限公司	2010	听力保护装置，防潮吸声器	撤回	2015
US9998804B2	3M 创新有限公司	2016	具有分析流处理器的个人防护设备（PPE），用于安全事件检测	有效	2036

美国申请人托尔·G. 帕尔马雷在 1975 年申请的专利 US4069512A，被引证 68 次，其公开了一种用在头盔耳罩上的定位装置，其将耳罩的两个侧面连接到一根粗线的两端，粗线的中部折叠成一个带有平行边的窄环，在该环中绑有一条较宽的带子以增强环的刚性。该环通过双头螺栓固定在防护头盔上，双头螺栓的各部分通过快速释放扣连接在一起。通过上述连接结构的设置，可使佩戴者轻松地将耳罩从头盔上取下或者安装到头盔上。当佩戴者需要聆听时，佩戴者可将耳罩略微移位，然后轻松聆听。

美国申请人赛拉工程有限责任公司在 1976 年申请的专利 US4075714A，被引证 107 次，其公开了一种舒适的防护头盔，为了提升佩戴的舒适性和安全性，在防护头盔的耳朵对应区域内设有密封的弹性体类型的隔音耳罩，从颈背区域延伸到每个耳罩的声管换能器为耳罩提供通信功能。用隔音耳罩代替头盔两侧的内定制耳机，以减轻因耳机质量较大而对耳朵造成压迫等不舒适感，增强头盔佩戴的舒适性。

美国申请人克莱顿·H. 艾伦在 1987 年申请的专利 US4924502A，被引证 48 次，其公开了一种用于稳定耳膜处声压的装置，与无源声学滤波器一起使用，使传到耳内的声音具有高保真度。该装置可以减少因耳垫和耳郭之间接触力的变化，或者因不同佩戴者耳郭尺寸和形状的不同而产生的声学泄漏。该声压稳定装置使耳垫能够适合不同佩戴者，保证不同佩戴者都能够清楚地听到声音。

美国申请人托马斯·W. 布施曼在 1998 年申请的专利 US6029282A，被引证 77 次，其公开了一种用在防护头盔上的风噪声限制装置，该风噪声限制装置包括耳罩。该耳罩在每只耳朵上都有透声体，并具有将耳罩固定在头部周围的固定系统。透声体是由带孔的刚性纤维材料制成的多孔体，并由非织造材料覆盖。该发明在降低风噪声的同时，允许环境声音传到佩戴者的耳中，允许语音声波通过网中的孔移动，以使佩戴者能够在降低风噪声的情况下，清楚地听到语音。

德国申请人安德烈亚斯·斯蒂尔两合公司在 2006 年申请的专利 DE502007006955D1，被引证 57 次，其公开了一种组合式头部防护装置，该装置包括头盔和至少一个固定在头盔上的护耳罩。护耳罩除了具有良好的消声功能外，其相对于佩戴者头部的位置还可调节，具体表现为护耳罩可相对于头盔围绕第一旋转轴旋转调节。在佩戴者的头部保持竖直的情况下，第一旋转轴线与水平线保持小于 45°的夹角，以使护耳罩具有良好的声音接收功能。

美国申请人 L&C 安全有限公司在 2008 年申请的专利 US8732864B2，被引证 52 次，其公开了一种耳机式护耳头盔，该头盔的两个耳机式护耳器中的至少一个可选择性地暂时降低对噪声的防护等级，从而使外界声音听起来更加清楚。该头盔还设有护目组件，护目组件与两个耳机式护耳器连接。该发明将头盔的护耳与护目功能相结合，同时使外界声音听起来更加清楚。

美国申请人 3M 创新有限公司在 2010 年申请的专利 US20110225705A1，被引证 13 次，其公开了一种带有听力保护装置的耳罩，该耳罩包括面向耳部的杯形边缘，刚性的外壳，附连到耳部的杯形边缘且与头部接合、环绕耳部的衬垫，以及位于外壳内的吸声器。吸声器具有防潮的表皮，表皮内是开孔泡沫，开孔泡沫内部的密度小于表皮的密度，表皮可阻止湿气进入耳部和微生物滋生。

美国申请人 3M 创新有限公司在 2016 年申请的专利 US9998804B2，被引证 30 次，其公开了一种听力防护器，包括至少一个位置传感器、至少一个声音监测传感器和至少一个计算装置。计算装置被配置成在一定持续时间内从声音监测传感器接收佩戴者接收到的声音级别，在该持续时间内从位置传感器确定听力防护器是否位于佩戴者的单耳或双耳处，根据该声音级别和位置信息判断听力防护器声音衰减的原因，并生成指示信息。

2.3.3.8　头盔可折叠、分离技术主题重点专利分析

近年来，防护头盔技术的发展日新月异，前文介绍的外壳、缓冲、面罩、通风透气、通信、下颌带、护耳七个技术主题的重点专利，均与提升防护头盔在佩戴状态下的安全、舒适、便捷的技术有关。防护头盔在非佩戴状态下的方便携带和存储，也是防护头盔技术发展的一个重要方向。下文对头盔可折叠、分离技术主题的重点专利进行梳理，选取的重点专利如表 2-10 所示。

表 2-10　头盔可折叠、分离技术主题的重点专利列表

公开（公告）号	申请（专利权）人	申请年	发明名称	法律状态/事件	有效期（截止年）
GB8710960D0	头盔有限公司（Helmet Limited）	1988	机组头盔	失效	2008
US5515546A	赛拉工程有限责任公司	1994	可折叠软垫头盔	失效	2014
US5628071A	莫托里卡股份有限公司	1995	可折叠头盔	失效	2015
US6138283A	詹姆斯·R. 克雷斯（James R. Kress）	1998	用于紧急医疗状况下的可拆卸多件式头盔	失效	2018
US6418564B1	帕特里克·谢里丹（Patrick Sheridan）	2001	两件式头盔	失效	2021
KR200444308Y1	柳承庆	2007	可折叠头盔	失效	2017

德国申请人头盔有限公司在 1988 年申请的专利 GB8710960D0，被引证 76 次，其公开了一种防护头盔，该头盔具有后部部件和前部部件。后部部件包括外壳，该外壳从佩戴者的头顶上方延伸到头部的两个侧面。前部部件贴合后部部件以形成头盔外壳整体。前部部件可拆卸地连接到后部部件，前部部件的形状与需要容纳的光学或保护设备（如遮阳板或夜视护目镜）相匹配。单个头盔可有两个或更多的可替换的前部部件，这些前部部件有不同的光学设备。前部部件可以通过位于头盔的顶部和侧面的可释放的卡接装置连接到后部部件。顶部的锁扣允许前部部件向上旋转，以使佩戴者

能在不拆卸前部部件的情况下戴上和脱下头盔。

美国申请人赛拉工程有限责任公司在 1994 年申请的专利 US5515546A，被引证 102 次，其公开了一种用于骑行的防护头盔，该防护头盔有由多个分体以不可伸展的方式连接在一起形成的减震扇形垫。头盔侧面的分体之间的连接器是可折叠的，以将头盔的前半部分和后半部分聚集在一起来限定分体的位置。可调节构件用来调节垫之间的间隔，以适合佩戴者的头部尺寸，使佩戴更舒适。

美国申请人莫托里卡股份有限公司在 1995 年申请的专利 US5628071A，被引证 63 次，其公开了一种用于保护使用者头部的可折叠头盔，该头盔包括左弓形构件、右弓形构件和中央弓形构件。上述的三个弓形构件在前连接点和后连接点处铰接连接，形成近似椭圆形的头盔。该头盔可以在佩戴状态和非佩戴状态之间改变构件的布置。在佩戴状态下，连接到各个构件的挠性系带在使用期间确保弓形构件的相对角度定向。在非佩戴状态下，弓形构件可以相互重叠以形成近似平面的紧凑结构，方便存储。

美国申请人詹姆斯·R. 克雷斯在 1998 年申请的专利 US6138283A，被引证 53 次，其公开了一种可拆卸的多件式头盔，在紧急医疗状况下，该头盔的前部部件易于移除，使医护人员能够接近佩戴者的面部进行急救，并且便于诊断受伤的程度。该头盔还具有颈托，以方便将头盔后部从受伤者头部取下。可拆卸连接件包括螺钉、可调节的张力绳索、带扣和弹簧。头盔的前部部件接合在后部部件的凹口中，通过螺钉固定即可实现二者的连接。

美国申请人帕特里克·谢里丹在 2001 年申请的专利 US6418564B1，被引证 58 次，其公开了具有可选安全气囊的两件式头盔。该头盔可沿垂直轴线分开，垂直轴线从头盔的第一侧延伸到第二侧，即使在佩戴者受伤的情况下也可以轻松地将头盔移除。头盔中一系列对齐的孔通过可拆卸的绳索连接在一起。绳索的端部可彼此连接以将头盔两个部分固定在一起，头盔的衬里被分成重叠的两个部分，以使噪声最小化并改善通风透气性。安全气囊安装在头盔的下部周边。

韩国申请人柳承庆在 2007 年申请的专利 KR200444308Y1，被引证 5 次，其公开了一种可折叠头盔，该头盔主体分成多个单元板体，每个单元板体都有圆形凸起和与上一个单元板体圆形凸起相对应的凹槽，这些凸起安装在凹槽内。在佩戴者收纳头盔时，将多个单元板体的每一个绕轴枢转，多个单元板体依次枢转折叠，形成折叠头盔，折叠后的头盔体积变小，减小了头盔在不使用时所占的空间。

2.4　小结

本章主要对防护头盔的发展概况、专利申请情况和重点专利技术进行分析。专利申请情况分析包括全球和中国的专利申请趋势分析、专利申请技术主题分布分析、专利申请人分析及专利申请区域分布分析四个部分，对防护头盔的创新保护现状进行了阐述。重点专利技术分析包括技术发展脉络分析、重点申请人分析和重点专利分析。

技术发展脉络部分主要就缓冲、面罩和通信三个核心且易于改进的方向进行分析。重点申请人部分根据全球专利申请量和全球市场份额选择贝尔运动股份有限公司、江门市鹏程头盔有限公司、隆辉安全帽有限公司、佛山市南海永恒头盔制造有限公司及HJC株式会社五家公司进行介绍，对上述申请人的专利申请趋势、专利技术主题分布、专利申请受理局分布及专利申请类型进行了详细分析。

从对技术发展脉络的分析中可知，缓冲技术是防护头盔的关键技术，通过梳理缓冲技术脉络发现，磁力缓冲和新型材料缓冲是目前防护头盔缓冲技术的发展热点。但是，这两个方向需要较强的磁力学和材料学理论知识，改进难度大，技术壁垒高。20世纪90年代后，防止颈部扭伤技术并无大的改进，但是颈部防护在头盔防护中至关重要。

通过对重点申请人的分析可以发现，贝尔运动股份有限公司在上述领域的改进最明显，已经在各个技术领域进行专利布局，且所有专利申请均为发明专利申请，也是在中国申请量最大的外国公司。隆辉安全帽有限公司同样在各个技术领域均有布局，虽然其实用新型专利申请量占比较高，但是其在很多国家都进行了专利布局，受理局最多。虽然中国某些品牌的头盔在国内的知名度较高，如永恒头盔和野马头盔，但是大部分中国企业对知识产权的重视程度不够，仅有隆辉安全帽有限公司和江门市鹏程头盔有限公司在世界其他国家申请了专利。

通过对技术发展脉络和重点专利的分析可以发现，美国掌握着防护头盔领域的核心技术，其创新保护意识很强。我国在研发和改进防护头盔时要注意避开美国的技术壁垒，防止专利侵权。

随着科技的发展，知识产权的重要性日益突显。保护知识产权，有利于调动人们从事科学研究的积极性。保护知识产权，能够为企业带来巨大的经济效益，增强企业的经济实力。越来越多的企业意识到技术、品牌、商业秘密等无形资产的巨大作用，而如何让这些无形资产逐步增值，有赖于对知识产权的合理保护。因此，中国的各个企业只有加强对知识产权的重视程度，才能不被市场淘汰。

19 世纪末，就已经出现了专门的手术服，防止微生物入侵无菌的手术室，保护病人不因医务人员所带细菌而受到感染。当时，手术服材料是一种可重复使用的稀薄的机织棉布。1952 年，威廉·C. 贝克发现一般机织物制成的医用防护服在湿态环境下防护性能大幅衰减，因此提出手术服的材料需要有阻挡液体的能力。20 世纪 80 年代，人类发现并认识了 HIV（艾滋病病毒）、HBV（乙型肝炎病毒）等高危传染性病毒，它们会随着血液、体液等接触传播，这对医用防护服提出了新的要求：能够防止血液或体液中病毒的渗透和传播。2003 年，非典疫情暴发，我国内地累计报道非典型性肺炎 5 329 例，其中医护人员 969 例，占 18%。[①] 2003 年以后，针对气溶胶途径传播病毒的防护受到医用防护服行业广泛重视，2003 年国家质量监督检验检疫总局首次颁发《医用一次性防护服技术要求》（GB 19082—2003），然而具备气溶胶防护性能的聚合物涂层或覆膜材料的透气性能、湿热舒适性能存在一定问题。自 2010 年以来，医用防护面料市场迎来了巨大的增长，仅以我国为例，2010 年医卫纺织品产量突破 70 万吨，2014 年达到 118.8 万吨，年均增长约 14%。[②] 2020 年，新型冠状病毒疫情严峻，医用防护服的需求激增。

3.1　全球专利申请情况分析

表 3-1 列出了医用防护服领域的全球专利申请数量，截至 2020 年 6 月，医用防护服领域的全球专利申请数量为 10 181 项，每项专利申请已公开的同族申请总量合计 13 488 件。

表 3-1　医用防护服领域的全球专利申请数量

项目	全球总申请量 （按最早优先权，单位：项）	全球总申请量 （按同族公开号，单位：件）
医用防护服	10 181	13 488

---

① 姜慧霞. 医用防护服材料的性能评价研究 [D]. 天津：天津工业大学，2008.
② 徐瑞东，田明伟. 一次性医用防护服研究进展 [J]. 山东科学，2020，33（3）：19.

3.1.1　全球专利申请的趋势分析

图 3-1 显示了近 30 年医用防护服领域全球专利申请量的变化趋势。从全球范围来看，1991—1998 年，全球专利年申请量均在 100 项以下，增长非常缓慢；1999 年至 2009 年是一个缓慢增长期，全球专利年申请量均在 200 项以下；从 2010 年开始，进入波动上升期，全球专利年申请量从 2010 年的 278 项跃升到 2018 年的 1 070 项，年均增长 18.35%，其间每年的专利申请量都在快速增加。

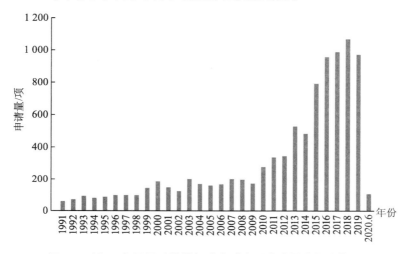

图 3-1　近 30 年医用防护服领域全球专利申请量变化趋势图

3.1.2　全球专利申请的区域分布分析

从图 3-2 可以看出，中国医用防护服领域全球专利申请量位居榜首，共计 5 671 项。中国的专利申请量遥遥领先于其他国家和地区，一方面是由于我国医用防护用品的市场体量巨大，申请主体类型多、数量大；另一方面是由于我国已成为最大的医用防护用品生产加工基地，医用防护用品行业巨头金伯利-克拉克环球有限公司、宝洁公司等都在国内以合资或独资的形式设立了医用无纺布生产厂。同时，国内市场的医用防护用品消费量也在年年走高，外需和内需同时拉动，使我国在一次性医用防护服的生产方面有了很大提高，市场的增长也是专利申请量增长的重要因素之一。此外，我国近些年的创新意识和知识产权保护意识逐渐增强，政策上对申请专利有较大的支持，这也在一定程度上促进了我国专利申请量的增长。

美国和日本分别是医用防护服领域全球专利申请量排名第二和第三的国家。这主要是由于美国、日本医用防护用品行业的重点企业数量较多，研发实力较强。

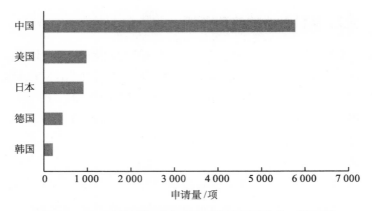

图 3-2　医用防护服领域全球专利申请量排名前五的区域

3.1.3　全球专利申请的申请人分析

1. 全球专利申请人分析

图 3-3 列出了医用防护服领域全球专利申请量排名前十的申请人。从图 3-3 可以看出，有 4 位申请人来自国外，有 6 位申请人来自国内。其中，美国的金伯利-克拉克环球有限公司专利申请量排名第一，共计 126 项，在数量上处于绝对领先地位；排在第二位的是中国的华中科技大学同济医学院附属协和医院，申请量共计 45 项；排在第三位的是安徽医学高等专科学校，申请量共计 44 项；排在第四到第十位的分别为：日本的尤妮佳株式会社、中国的南方医科大学南方医院、美国的美联实业有限公司、中国的中国医学科学院北京协和医院、中国的遵义医学院附属医院、中国的中国人民解放军总医院、美国的纳幕尔杜邦公司。

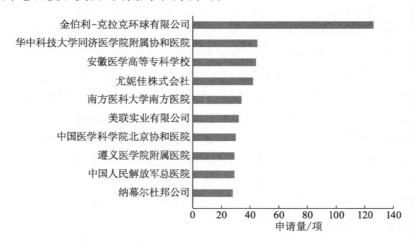

图 3-3　医用防护服领域全球专利申请量排名前十的申请人

金伯利-克拉克环球有限公司作为全球大型跨国企业，业务涉及医疗、个人卫生制品等多个行业领域，在个人防护领域也属翘楚，其专利申请量与其市场地位是匹配的。另外，尤妮佳株式会社、美联实业有限公司、纳幕尔杜邦公司均是知名跨国企业，在医用防护材料领域也占有一席之地。国外申请人主要是具备实际生产能力、具有市场化产品的重点医疗防护用品企业。国内申请人则以高校和医院为主，这与国内的高校和科研院所科研实力较强，重视、鼓励专利申请的实际情况相符。下文将进一步分析全球专利申请人的具体专利申请情况。

2. 全球专利申请量排名前五的国外申请人分析

由于同一项专利在各国的有效状态不同，此处统计的专利数量以件计数。图 3-4 列出了医用防护服领域全球专利申请量排名前五的国外申请人，分别是金伯利-克拉克环球有限公司、尤妮佳株式会社、纳幕尔杜邦公司、美联实业有限公司和宝洁公司。全球专利申请量排名前五的国外申请人所在国均为经济发达国家，且位于美国的申请人数量最多。金伯利-克拉克环球有限公司的专利申请量遥遥领先，达到 530 件，处于世界领先地位，是专利申请量排名第二的尤妮佳株式会社的 3 倍多。这一情况与金伯利-克拉克环球有限公司在医用防护用品领域所占据的行业领先地位也是相吻合的。

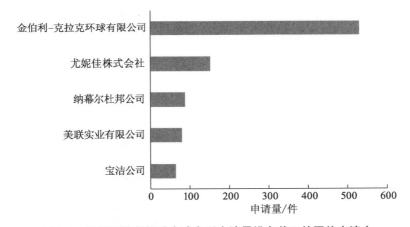

图 3-4   医用防护服领域全球专利申请量排名前五的国外申请人

表 3-2 进一步列出了医用防护服领域全球专利五大国外申请人的专利申请情况。从表 3-2 可以看出，全球前五位国外申请人均是相关企业。专利申请类型偏重发明专利，这在一定程度上体现了国外申请人的专利申请质量较高。其中，金伯利-克拉克环球有限公司的专利申请量最多，达到 530 件，发明专利有效量也最多，达到 55 件，这体现了金伯利-克拉克环球有限公司的相关技术研发实力雄厚，专利布局意识较强，注重专利保护。此外，美联实业有限公司发明专利有效量也达到了 40 件，说明在医用防护服领域美联实业有限公司持有较多尚在有效期内的专利权。

表3-2 医用防护服领域全球专利五大国外申请人的专利申请情况　　单位：件

申请人	总申请量	实用新型专利申请量/占比	发明专利申请量/占比	发明专利有效量/有效率
金伯利-克拉克环球有限公司	530	5/0.9%	525/99.1%	55/10.4%
尤妮佳株式会社	152	6/3.9%	146/96.1%	2/1.3%
纳幕尔杜邦公司	88	0/0%	88/100%	6/6.8%
美联实业有限公司	80	0/0%	80/100%	40/50%
宝洁公司	64	0/0%	64/100%	8/12.5%

注：表格中专利申请量统计不包含外观设计。

3. 全球专利申请量排名前五的国内申请人分析

图3-5列出了医用防护服领域全球专利申请量排名前五的国内申请人，分别是华中科技大学同济医学院附属协和医院（共计45件）、安徽医学高等专科学校（共计44件）、南方医科大学南方医院（共计34件）、中国医学科学院北京协和医院（共计30件）、遵义医学院附属医院（共计29件）。其中，有4位申请人是医院，有1位申请人是高校。华中科技大学同济医学院附属协和医院、南方医科大学南方医院、中国医学科学院北京协和医院、遵义医学院附属医院均是高校医学院附属医院，既具备高校科研力量，又具备医院实际应用的实践优势，上述申请人积极进行专利布局，也体现了产学研一体化的研发优势。

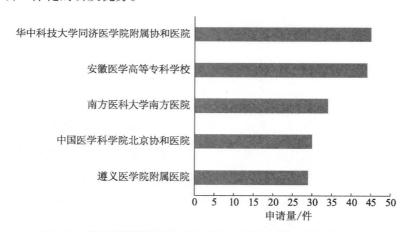

图3-5　医用防护服领域全球专利申请量排名前五的国内申请人

表3-3进一步列出了医用防护服领域全球专利五大国内申请人的专利申请情况。从表3-3可以看出，全球前五位国内申请人均是高校、高校医学院附属医院。其专利申请类型偏重实用新型专利，实用新型专利的稳定性和获得专利权的难度都略逊于发明专利，这也反映出国内申请人的相关专利申请还有进一步提升的空间。

表 3-3　医用防护服领域全球专利五大国内申请人的专利申请情况　　　　单位：件

申请人	总申请量	实用新型专利申请量/占比	发明专利申请量/占比	发明专利有效量/有效率
华中科技大学同济医学院附属协和医院	45	45/100%	0/0%	0/0%
安徽医学高等专科学校	44	44/100%	0/0%	0/0%
南方医科大学南方医院	34	33/97.1%	1/2.9%	0/0%
中国医学科学院北京协和医院	30	30/100%	0/0%	0/0%
遵义医学院附属医院	29	28/96.6%	1/3.4%	0/0%

注：表格中专利申请量统计不包含外观设计。

3.1.4　全球专利申请的主要技术主题分析

不同使用环境对医用防护服的性能要求差别较大，而且制作医用防护服的材料种类繁多，性能各异，如果不按照具体使用需求对其性能做出统一的、与实际需求相符的要求，不仅会增加成本，也会防护过度，造成不必要的浪费。因此，有必要按照实际应用场景的具体防护需求，合理地确定防护服需要达到的防护标准。

参考应用场景和隔离标准，可以将医用防护服分为三个防护等级：

（1）防护等级 1 级：主要包括日常工作服、普通探视服、病患服等，不强制要求具有液体防护性能。

（2）防护等级 2 级：用于医护人员接触病人、进行外科手术等场合的服装，要具有必要的液体阻隔性能。在手术过程中，医护人员不可避免地会面对病人的血液、体液及其他分泌物，当病毒随着液体渗透侵入防护服时，医护人员便会暴露在接触病毒的风险中。因此，2 级医用防护服应能防止水、血液、酒精的渗透，以免其玷污衣服和危害人体。

（3）防护等级 3 级：用于强传染性场景的防护服，具备阻隔病毒、颗粒及防液体渗透的性能。对于 3 级医用防护服而言，需要具备对微生物的阻隔能力，通常是对细菌和病毒的阻隔。对于用于强传染性场景的医用防护服，如 SARS 病毒和新型冠状病毒重点疫区医护人员穿着的医用防护服，在确定病人携带或者可能携带强传染性疾病的情况下，要考虑到病人的血液和体液中可能含有致病性病毒，因此，3 级医用防护服要具备三防（防止水、血液、酒精的渗透）性能。此外，病毒还会通过空气传播，以气溶胶的形式被人体吸入或者附着在皮肤表面被人体吸收，SARS 病毒、新型冠状病毒在很多情况下就是以这种形式传播的，因此，医用防护服材料应具备阻隔气溶胶颗粒的能力。

图 3-6 是医用防护服领域各防护等级全球专利申请量占比图。从图 3-6 可以看出，在医用防护服全球专利申请中，防护等级 1 级的申请量占比为 64%，防护等级 2 级的

申请量占比为20%，防护等级3级的申请量占比为16%。防护等级1级的医用防护服的专利申请量占比最大，超过全球专利申请总量的一半。在这部分专利申请中，改进的重心并不在提升防护性能上，而是主要涉及对衣服本身结构的改进、对特定人群的特定需求的适应性改良及对智能化、集成化的改良等。这部分专利申请的方向众多，研发门槛不是很高，包括个人在内的众多申请人在各个方向上都做出了许多探索，因而总体数量较多。

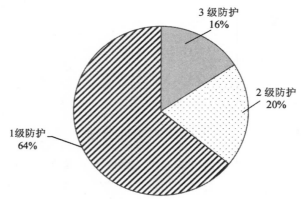

图3-6　医用防护服领域各防护等级全球专利申请量占比图

图3-7是医用防护服领域全球专利申请主要性能改进方向分布图。对于防护等级2级、3级的医用防护服的专利申请，研发聚焦于进一步提升防护性能，以满足实际应用中日益提升的对医用防护服的三防性能及防细菌、病毒等微生物侵入性能的需求；同时，针对医护人员长时间穿着的舒适性需求，透气性方面的研发也是重中之重。在这部分专利申请中，国内外申请人从提升液体阻隔性、微生物防护性、透气性等方面对医用防护服进行了研发和改进。从图3-7可以看出，涉及液体阻隔性和透气性的专利申请量较多，涉及微生物防护性的专利申请量略少于前两个方向。

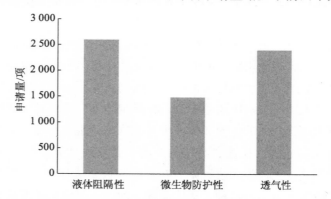

图3-7　医用防护服领域全球专利申请主要性能改进方向分布图

3.2　中国专利申请情况分析

3.2.1　中国专利申请的趋势分析

图 3-8 显示了近 30 年医用防护服领域中国专利申请量的变化趋势。从整体上看，医用防护服领域中国专利申请量变化趋势与全球专利申请量变化趋势基本一致。1991—2002 年，中国专利年申请量一直在 25 件以下。2003—2009 年，中国专利申请迎来了缓慢增长期，但年申请量都在 100 件以下。直到 2010 年，医用防护面料市场快速增长，越来越多的申请人意识到医用防护面料市场潜力巨大，从而促使专利申请进入快速增长阶段，中国专利年申请量从 2010 年的 142 件跃升到 2018 年的 896 件，年增长率达到 25.89%。

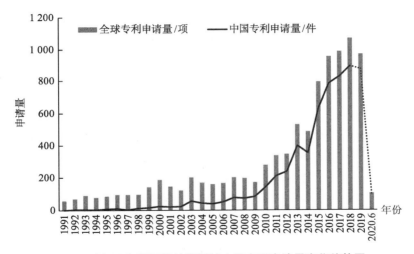

图 3-8　近 30 年医用防护服领域中国专利申请量变化趋势图

3.2.2　中国专利申请的区域分布分析

图 3-9 是医用防护服领域中国专利申请区域分布图。从图 3-9 可以看出，江苏省的专利申请量遥遥领先，达到 1 078 件，这与江苏省面料纺织企业聚集、高校和科研院所众多的情况有关。此外，山东省、浙江省、广东省、北京市、湖北省排名靠前，紧随其后的上海市、河南省、安徽省、四川省专利申请量也保持在较高的数量。专利申请量排名前几位的地区均是医用防护面料行业发展较好或高校和科研院所聚集、科研力量较强的地区。其中，医用防护面料生产企业较为集中的地区有江苏省、山东省、浙江省、广东省、湖北省等，并且江苏省、北京市、上海市高校和科研院所聚集，科研力量较强。

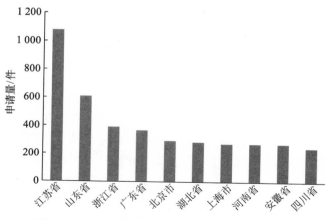

图 3-9　医用防护服领域中国专利申请区域分布图

3.2.3　中国专利申请的申请人分析

为了解在中国申请专利排名前列的申请人的具体情况，了解重点申请人在中国的专利布局，下面将进一步分析中国专利申请的国内、国外申请人情况。

1. 中国专利申请量排名前五的国外申请人分析

图 3-10 列出了医用防护服领域中国专利申请量排名前五的国外申请人。从图 3-10 可以看出，在中国申请专利的国外申请人中，宝洁公司、金伯利-克拉克环球有限公司、尤妮佳株式会社、纳幕尔杜邦公司、皇家飞利浦电子股份有限公司排名前五。从中国专利五大国外申请人和全球专利五大国外申请人的比较中可以发现，排名发生了较大的变化，新出现了皇家飞利浦电子股份有限公司。

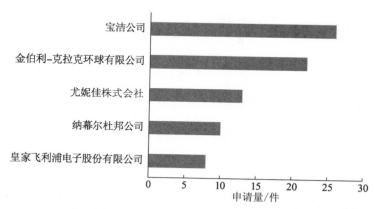

图 3-10　医用防护服领域中国专利申请量排名前五的国外申请人

表 3-4 进一步列出了医用防护服领域中国专利五大国外申请人的专利申请情况，专利申请类型依旧是以发明专利为主。其中，宝洁公司、金伯利-克拉克环球有限公司在中国的有效专利数量排名靠前。有效专利数量一方面体现了国外申请人在中国的专利保护力度，另一方面也与专利权维护有关。

表3-4　医用防护服领域中国专利五大国外申请人的专利申请情况　　单位：件

申请人	总申请量	实用新型专利申请量/占比	发明专利申请量/占比	发明专利有效量/有效率
宝洁公司	26	0/0%	26/100%	7/26.9%
金伯利-克拉克环球有限公司	22	0/0%	22/100%	4/18.2%
尤妮佳株式会社	13	0/0%	13/100%	0/0%
纳幕尔杜邦公司	10	0/0%	10/100%	2/20%
皇家飞利浦电子股份有限公司	8	0/0%	8/100%	1/12.5%

注：表格中专利申请量统计不包含外观设计。

图3-11是医用防护服领域中国专利五大国外申请人不同时段的专利申请情况。从图3-11可以看出，宝洁公司持续在中国进行专利布局，尤其是近五年保持着较高的专利申请活跃度。纳幕尔杜邦公司、皇家飞利浦电子股份有限公司也一直在中国进行医用防护服方面的专利申请。金伯利-克拉克环球有限公司、尤妮佳株式会社早期在中国的专利申请较为活跃，但近些年的专利申请量相对较少。

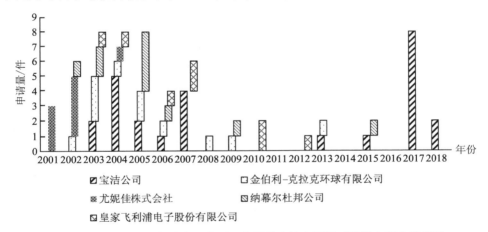

图3-11　医用防护服领域中国专利五大国外申请人不同时段的专利申请情况

2. 中国专利申请量排名前五的国内申请人分析

图3-12列出了医用防护服领域中国专利申请量排名前五的国内申请人，分别是华中科技大学同济医学院附属协和医院、安徽医学高等专科学校、南方医科大学南方医院、中国医学科学院北京协和医院、遵义医学院附属医院。中国专利五大国内申请人与全球专利五大国内申请人一致，排名并未发生变化。

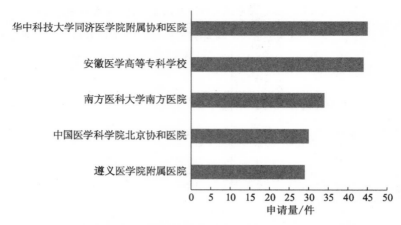

图 3-12   医用防护服领域中国专利申请量排名前五的国内申请人

表 3-5 进一步列出了医用防护服领域中国专利五大国内申请人的专利申请情况。从表 3-5 可以看出，国内申请人主要通过申请实用新型专利获得专利权。前五位申请人也持有一定数量的实用新型专利权。这一方面可以看出国内申请人在试图进行医用防护服领域的专利布局，另一方面也反映了国内专利申请质量有待进一步提升。

表 3-5   医用防护服领域中国专利五大国内申请人的专利申请情况   单位：件

申请人	总申请量	实用新型专利申请量/占比	实用新型专利有效量/有效率	发明专利申请量/占比	发明专利有效量/有效率
华中科技大学同济医学院附属协和医院	45	45/100%	34/75.6%	0/0%	0/0%
安徽医学高等专科学校	44	44/100%	0/0%	0/0%	0/0%
南方医科大学南方医院	34	33/97.1%	27/81.8%	1/2.9%	0/0%
中国医学科学院北京协和医院	30	30/100%	27/90%	0/0%	0/0%
遵义医学院附属医院	29	28/96.6%	13/46.4%	1/3.4%	0/0%

注：表格中专利申请量统计不包含外观设计。

3.2.4　中国专利申请的主要技术主题分析

图 3-13 是医用防护服领域各防护等级中国专利申请量占比图。从图 3-13 可以看出，在医用防护服中国专利申请中，防护等级 1 级的申请量占比为 56%，防护等级 2 级的申请量占比为 30%，防护等级 3 级的申请量占比为 14%。防护等级 1 级的医用防护服的专利申请量占比最大，超过中国专利申请总量的一半。中国专利申请中各防护等级的申请量占比情况与全球基本一致。

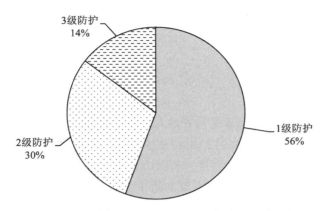

图 3-13 医用防护服领域各防护等级中国专利申请量占比图

图 3-14 是医用防护服领域中国专利申请主要性能改进方向分布图。在中国专利申请中，对医用防护服性能提升的研发主要集中在提升液体阻隔性、微生物防护性和透气性这三个方向上。从图 3-14 可以看出，涉及液体阻隔性和透气性的专利申请量较多，涉及微生物防护性的专利申请量略少于前两个方向。

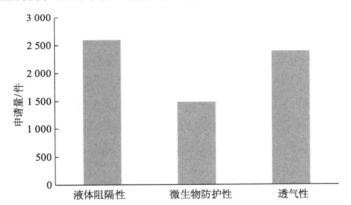

图 3-14 医用防护服领域中国专利申请主要性能改进方向分布图

综上所述，从医用防护服领域全球专利申请量变化趋势及申请人情况分析和中国专利申请量变化趋势及申请人情况分析可以看出，医用防护服领域中国专利申请量变化趋势与全球专利申请量变化趋势一致，中国专利申请量在全球专利申请总量中占比较大。然而，从发明专利数量及有效率来看，我国医用防护服领域的技术研发与国外相比明显滞后，并没有形成核心竞争力。国外医用防护服技术大幅领先于我国，且相关产业巨头专利布局基本成熟，大部分产业巨头已完成专利布局。

3.3 重点专利技术分析

3.3.1 技术发展脉络

3.3.1.1 防护等级1级的医用防护服人体生理监测技术发展脉络

防护等级1级的医用防护服的专利申请量占比较大。在这部分专利申请中，改进的重心并不在提升防护性能上，而是主要涉及对衣服本身结构的改进（如使医用防护服足够遮蔽且便于操作）、对特定人群的特定需求的适应性改良及对智能化、集成化的改良等。这部分专利申请涉及的技术发展方向众多，众多国内外申请人在各个方向上都做出了许多探索。其中，融入其他领域的新技术，结合电子元件，实现医用防护服智能化是一个重要的发展方向，并且在后续的研究中有着巨大的潜力。

具有人体生理监测功能的医用防护服是以非侵入方式监测人体生理体征数据，如实时测量人体的血压、心率、呼吸等生理数据，并将所监测到的数据进行计算分析，然后反馈给医护人员，从而能够对普通人、病患或者运动员起到健康监护的作用。

图3-15展示了医用防护服人体生理监测技术的发展脉络。1992年，艾伦·R.马吉尔（Alan R. Magill）提出了一种在睡眠期间监测家庭环境中婴儿的生理状况的监测系统（WO1993008734A1），包括服装形式的背心，该背心在婴儿身体的横向和纵向上伸展以紧密贴合身体。传感器由连接到背心的通用载体承载，在婴儿的胸部和腹部区域进行感应，用于感测与婴儿的呼吸或心脏功能相关的生理数据。该系统还包括用于传输感测信号的装置，能够远程传输、接收和分析婴儿的生理状况数据。

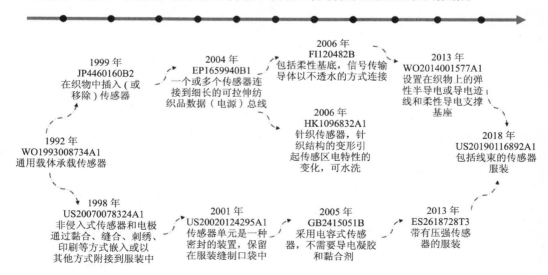

图3-15 医用防护服人体生理监测技术发展脉络图

由于人们越来越重视健康管理和对日常生理状况的监测，随之产生了对随时随地能够采集到人体生理数据的装置的需求。作为运动装备制造行业的龙头企业，阿迪达斯股份公司在 1998 年提出了一种非侵入性生理体征监测反馈系统（US20070078324A1），该系统包括带有心电图（ECG）电极传感器和各种非侵入式传感器（如体积描记传感器）的服装，非侵入式传感器和电极通过黏合、缝合、刺绣、印刷等方式嵌入或以其他方式附接到服装中。当待监测患者穿上该服装时，电极和传感器响应于患者的生理体征产生的信号，这些信号被传输到记录或报警单元。当出现不利条件或其他预编程状况时，通过音频或显示器将消息传达给患者。记录或报警单元还可与远程接收单元连接，以供医疗保健专业人员或其他机器监控。心电图电极传感器包括大片石墨导电纤维材料，用柔性黏合材料将其固定到衣服的后壁或前壁的内侧。身体姿势传感器也可以通过缝合、刺绣等方式嵌入衣服中以指示患者的姿势。脉冲血氧计传感器也可以与 NIM 护套结合使用，通常放置在患者的远端指尖处以测量动脉血氧饱和度及身体运动情况。

由于各种传感器体积较大，需要额外设置佩戴装置和电线电路，这给实际使用带来了不便，1999 年佐治亚科技研究公司提出了一种可用于服装的织物（JP4460160B2），在该织物内集成了柔性信息基础装置，该装置用于收集、处理、传输和接收有关织物穿着者的信息。通过在织物中插入（或移除）芯片或传感器来定制信息处理设备，以适合不同的使用者，从而创建可在独立或联网中操作的移动信息基础装置。织物中可以设置用于监测穿着者生理体征的传感器，如用于监测心率、ECG、脉搏、呼吸、温度、声音和过敏反应的传感器。该织物由基底织物（舒适组件）和信息基础装置组件组成。信息基础装置组件可以包括穿透检测组件或导电组件。除了导电纺织纱线之外，信息基础装置组件还可以包括用于传感器的传输器或连接器，并提供一种在交叉的导电纱线之间进行电互联的方法。在医疗领域，医生可以利用该织物来连续地或间歇地远程监测患者的生命健康指标。此外，该织物还可用于残障人士、手术（如心脏手术）后恢复的个人、疾病患者、SIDS（婴儿猝死综合征）易感儿童和过敏反应（如蜜蜂叮咬导致的过敏）易感人群，能够对类似人群进行监测，以进行相应的治疗。

此外，由于各类用于测量人体生理数据的传感器大多需要贴附于人体皮肤表面，因此，需要一种能够安全使用且方便清洗消毒的监测服装。2001 年，罗尔·芬威克（Loel Fenwick）提出了一种服装设备（US20020124295A1），用于在 SRMC（单室产科护理）过程中对新生儿进行常规和远程的生命体征监测。该设备包括无铅婴儿传感器单元，无铅婴儿传感器单元是一种密封、光滑的卵石形装置，具有一定的防水功能。在对该无铅婴儿传感器单元进行消毒时，其密封的外表面能够使内部部件免受液体侵蚀和磨损，该无铅婴儿传感器单元保留在改良的婴儿汗衫的缝制口袋中。皮肤温度、胸部声音、反射模式的脉搏及血氧饱和度信号由传感器通过与婴儿的皮肤直接接触获得，并由电池供电的传感器单元部分地处理得到的数据，再通过无线电传输发送到安装在天花板上的收发器或计算机网络接口模块。中央护理站计算机服务器和图形终端进一步处理各个无铅婴儿传感器传送的数据，用于图形显示、记录和研究。常用的医用肥皂和消毒剂可以直接用在该能够水浸的传感器的表面，具有塑料涂层的表面也可以经受软毛刷的刷洗或毛巾轻柔的擦洗，从而能够很方便地进行清洁消毒。

连接传感器的数据线同样会造成穿着使用的不方便。2004 年，福斯特-米勒公司提出了一种生理监测服装（EP1659940B1），该生理监测服装包括织物部分，织物部分设置至少一根细长的可拉伸纺织品数据（电源）总线。细长的可拉伸纺织品数据（电源）总线包括沿其长度编织的多个整体导体。一个或多个传感器连接到细长的可拉伸纺织品数据（电源）总线。可以利用柔性电路板对用于生理监测服装的传感器进行改进，该柔性电路板被设置在传感器的一个表面上，该表面包括导电部分，导电部分有介电材料的电极。该织物部分的灵活性有助于防止桥接和电容耦合，从而免去使用导电凝胶或黏合剂。

对于低成本的传感器，尤其是普通的电极传感器，通常需要结合导电凝胶或者黏合剂才能正常使用，若与纺织品结合形成一体化的数据（电源）总线，其成本就会升高，考虑到降低成本且提高监测能力，需要采用新式的放大电路和新电容。2005 年，量子应用科学与研究股份有限公司（Quantum Applied Science & Research Inc.）提出了一种包含嵌入式生理传感器的服装（GB2415051B），该服装上连接了可调节的保持装置。多个电传感器集成在保持装置中，其中至少有一个是电容式传感器，通过调节保持装置来控制传感器的设置。在现有技术中，要测量与人或动物相关的电位，需要将涂覆凝胶的电极直接固定到皮肤上或将电极插入体内。更具体地说，产生电阻（即欧姆）电接触的电极主要用于测量人或动物产生的电位，这种电阻电极的缺点包括导致患者的不适，要求使用导电凝胶或黏合剂，因受试者的不同物理属性（头发、皮肤特性等）而难以建立良好的电接触，以及随时间推移电阻耦合质量的下降等。在延长的时间段或在使用的便利性至关重要的情况下，这些缺点对电阻电极的应用造成了极大限制。在测量生物电势时，可使用的另一种传感器是电容式传感器。早期的电容式传感器需要与身体互电容，从而要求传感器也接触患者的皮肤。与这类传感器相关联的电极被移除时，皮肤会感受到强烈的剥离感，特别是在电容式传感器不与导电凝胶一起使用时。结果，人们并没有发现早期的电容式传感器提供任何有意义的好处。然而，电子放大器和新电路技术的进步催生了一类新的电容式传感器，这类电容式传感器可以在耦合到 1 pF 或更低量级的源时测量电势。这样就不再需要使用高电容的电极来测量生物电信号了，从而使电极能够在不与受试者紧密电或物理接触的情况下使用。

在解决了"方便测得到"的技术问题后，如何提高穿着舒适度、提升使用感受便成了关键问题。2006 年，松拓有限公司提出了一种带有用于测量生理信号的传感器的服装（FI120482B），该服装包括柔性基底和传感器，该传感器包括至少一个电极，电极具有信号表面。信号表面面向与柔性基底的第一表面相同的方向。此外，该传感器还包括信号传输导体，其与电极电连接。信号传输导体以不透水的方式连接到柔性基底的第二表面。该服装穿着舒适，制造成本低且防水，并且该服装中的传感器测量的可靠性高。

2006 年，智能生活技术有限公司提出了一种针织传感器（HK1096832A1），其包括具有至少一个传感区的针织结构，其中传感区是用导电纤维织成的，针织结构的变形会引起传感区电特性的变化。该专利也公开了一种带有这种针织传感器的衣物。这类衣物具有在其所要求的位置设置的传感器。这样，一旦制成衣物，则自动实现传感器与衣物穿着者特定身体部位的对准，因此即使是不熟悉的使用者在没有技术指导的情况下也可穿着该衣物。数据可以遥控传输，这样受检者就不一定要在医疗机构的附近。该类衣物具有穿着方便、强度高，甚至可以洗涤和重复使用的优点。

随着传感器和连接电路一体化要求越来越高，2013 年感官系统公司提出了一种带有压强传感器的服装（ES2618728T3），其包括基于织物的柔性并可伸缩的压强传感器，该基于织物的压强传感器可以与紧靠体表（直接或间接）的衣服相关联，或者可以与其他类型的柔性基底相关联，如片状材料、绷带和接触身体（直接或间接）的其他材料，并且可以作为可独立定位的传感器组件来使用。该基于织物的压力传感器还可以用于对由远程监视体表或体内的状况的传感器组件所收集的数据进行存储、传输、处理、分析和显示的系统。传感器系统不仅可以实时反馈与被监测者身体状况相关的数据，还可以向被监测者、看护人员或临床医生提供通知或发出警报，以实现合适的早期介入。

由于导电织物材料的发展，具有良好弹性和导电特性的电极传感器被应用到人体生理监测医用防护服中。2013 年，智能解决方案技术公司提出了一种电子纺织品组件（WO2014001577A1），其包括布置在织物上的弹性半导电或导电迹线和柔性导电支撑基座。弹性半导电或导电迹线由负载有导电材料的硅橡胶或氟硅橡胶制成，导电纤维用于制备柔性导电支撑基座，其中一个柔性导电支撑基座中布置有刚性电气部件，另一个柔性导电支撑基座的非接触区域当作电极使用，在整个导电区域内包括填充有硅橡胶或氟硅橡胶的多个孔。

随着市场对便携和使用方式多样化的传感器的需求不断增加，2018 年，阿迪达斯股份公司提出了一种包括线束的传感器服装（US20190116892A1）。该传感器服装包括纺织品部分、连接到纺织品部分的设备保持元件，以及连接到纺织品部分的可拉伸线束。可拉伸线束包括设置在膜层之间的导电元件，导电元件包括在设备保持元件处的第一终端点，第一终端点与监控设备连接。导电元件还包括第二终端点，第二终端点与传感器或收发器连接。该传感器服装的设备保持元件方便穿着者携带传感器，但又不会引起穿着者的不适或使穿着者的运动受限。监视器包括电池、位置模块、心率监控模块、控制器、用户界面、收发器、天线、加速度传感器模块、存储器、陀螺仪模块、磁力计模块，还可以包括呼吸模块、光传感器模块和温度传感器模块。监控设备本身可以包括与这些模块相对应的传感器，或者可以通过可拉伸线束连接到不同的传感器上，监视器可以是任何合适的设备，如智能电话、移动电话、电子阅读器、PDA（个人数字助理）或其他类似的能够接收和传输数据的设备。该传感器服装可以是背心、压缩衬衫、吊带、文胸、手臂带、头带、帽子、抹胸、短裤、长裤、袜子、外套、泳衣、潜水服等，也可以是鞋类物品。

3.3.1.2　防护等级 2 级、3 级的医用防护服防护性能改进技术发展脉络

医用防护服专利申请中关于防护性能提升的研发主要集中在提升液体阻隔性、微生物防护性和透气性这三个方向上。下面将进一步梳理医用防护服在这三个方向上性能改进的技术演进，从技术发展路线上分析国内外申请人在液体阻隔性、微生物防护性和透气性这三个方向上的技术研发进展情况，如图 3-16 所示。

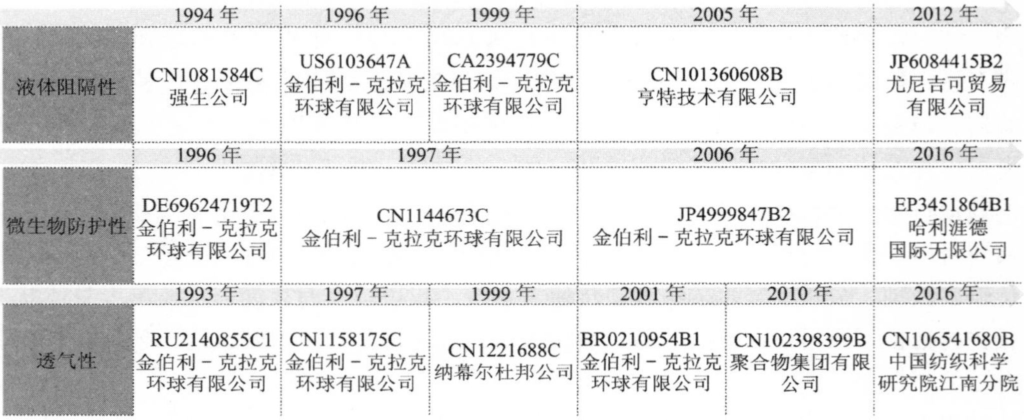

液体阻隔性	1994 年	1996 年	1999 年	2005 年	2012 年
	CN1081584C 强生公司	US6103647A 金伯利‐克拉克环球有限公司	CA2394779C 金伯利‐克拉克环球有限公司	CN101360608B 亨特技术有限公司	JP6084415B2 尤尼吉可贸易有限公司
微生物防护性	1996 年	1997 年		2006 年	2016 年
	DE69624719T2 金伯利‐克拉克环球有限公司	CN1144673C 金伯利‐克拉克环球有限公司		JP4999847B2 金伯利‐克拉克环球有限公司	EP3451864B1 哈利涅德国际无限公司
透气性	1993 年	1997 年	1999 年	2001 年	2010 年	2016 年
	RU2140855C1 金伯利‐克拉克环球有限公司	CN1158175C 金伯利‐克拉克环球有限公司	CN1221688C 纳幕尔杜邦公司	BR0210954B1 金伯利‐克拉克环球有限公司	CN102398399B 聚合物集团有限公司	CN106541680B 中国纺织科学研究院江南分院

图 3-16　医用防护服防护性能改进技术发展脉络图

1. 针对提升医用防护服液体阻隔性能的技术

经医用防护服领域常见的疏水整理剂（氟化碳试剂）处理后的防护服材料，在进行氧化灭菌后，其拒液性会发生劣化，强生公司基于此问题进行研发，并于 1994 年提出了一种适用于医用织物的整理液（CN1081584C），该整理液中含有硅氧烷，能使经其处理后的医用防护服材料阻止液体透过的性能变强。该整理液中硅氧烷的浓度在 0.25%~35% 质量比之间。该整理液能够保证医用防护服材料在氧化灭菌过程前后均具有疏水性。

1996 年，在之前常规的黏纺面料的基础上，金伯利‐克拉克环球有限公司经研究发现通过在黏纺层上复合熔喷层，借助多层材料复合可以提升面料的拒液能力、阻隔能力。金伯利‐克拉克环球有限公司提出了一种抗水压能力为至少 10 mbar[①] 的层压品（US6103647A），该层压品包含至少一层熔喷弹性纤维层，熔喷弹性纤维层的至少一个侧面黏结了一层平均纤维直径大于 7 μm 的柔性非弹性纤维层，使复合材料具有良好的抗渗透性和抗顶破能力。

---

① 1 mbar＝1 hpa＝100 Pa，10 mbar＝1 000 Pa。

1999 年，金伯利-克拉克环球有限公司在非织造纤网的基础上，通过复合防水透气膜来增强医用防护服面料的液体阻隔能力。金伯利-克拉克环球有限公司提出了一种包括低强度和高强度非织造纤网及在纤网之间热黏合了不透水阻隔层的医用防护服面料（CA2394779C）。不透水阻隔层最好是微孔聚烯烃膜，如微孔聚乙烯或聚丙烯膜。不透水阻隔层可以是具有外部聚乙烯层的多层膜，也可以是多层填充膜。不透水阻隔层可以包括微孔膜，该微孔膜包含至少 35% 质量比的填充剂颗粒和聚乙烯聚合物组合物。不透水阻隔层提供了不透水（即不透液）性能。

2005 年，在层状材料复合技术方面，亨特技术有限公司发现化学屏障织物的所有层之间可以非全面接触，从而显著提高化学屏障的效果。该层状复合材料的阻隔效果超过结构中所有成分层阻隔效果的总和。基于此，亨特技术有限公司提出了一种化学屏障织物（CN101360608B），该化学屏障织物至少包括第一化学屏障层和第二化学屏障层，在这两层之间存在一界面区域和间断的点结合，从而在界面区域中提供少数的点结合区域和多数的非结合区域，化学屏障层包括单层高分子膜或共挤出层，化学屏障织物的协同作用明显。

2012 年，在防水膜层的覆膜技术方面，尤尼吉可贸易有限公司提出了一种医用透湿防水织物（JP6084415B2），该透湿防水织物由干膜、湿膜、黏合剂层和衬里纤维织物层压而成。将干式成膜的树脂溶液涂覆到纤维织物的单表面上，通过干燥形成干膜，再将湿式成膜的树脂溶液涂覆在干膜上，通过浸入 N，N -二甲基甲酰胺水溶液中形成湿膜，然后在热水中洗涤并进行干燥，最后通过黏合剂层将衬里纤维织物层压黏合到湿膜上。

2. 针对提升医用防护服微生物防护性能的技术

1996 年，金伯利-克拉克环球有限公司在其 1993 年申请的专利 RU2140855C1（一种聚乙烯微孔薄膜层状结构）的基础上，提出了一种经过拉伸的多层透气膜片（DE69624719T2）。该多层透气膜片是五层的层状结构，能够阻挡微生物、血液和体液。具体制作方法如下：① 在压模中同时挤压五层膜片，这五层膜片具有 C：A：B：A：C 的结构。其中，B 层为微孔型中心层，它含有至少一种热塑性塑料聚合物和至少一种颗粒状填充剂；C 层为整体型外层，它含有能阻挡液态流体和微生物的亲水聚合树脂，C 层基本上不含颗粒状填充剂，在挤压步骤中防止颗粒状填充材料在压模中积聚；A 层为微孔型黏结层，它将 C 层黏到中心层 B 层上。② 拉伸挤压出来的五层膜片，从而在微孔型中心层和微孔型黏结层中形成微孔。

1997 年，延续之前薄膜复合材料的研发，金伯利-克拉克环球有限公司提出了一种适合用于阻隔性衣服的复合材料（CN1144673C），该复合材料具有符合医疗用途要求的高水平的阻隔病毒穿透的性能，包括对应于预黏结位置形成的黏结点，且在黏结点之间的未黏结区域保持恒定的薄膜厚度，使具有非晶态聚合物层的薄膜与预黏结非织造面料层压形成复合材料。当用于手术服时，该复合材料具有改进的抗病毒渗透性，具有至少 300 g/（m² · 24 h）的 MVTR（湿气透过率）和至少 50 mbar 的水压头。

2006 年，从抗菌涂层的方向研发，金伯利-克拉克环球有限公司提出了一种用于预防感染的非织造材料的抗菌处理方法（JP4999847B2），防护服材料包括基底，该基底的表面至少部分涂覆了抗微生物组合物的均匀涂层，该抗微生物组合物涂层包括第一抗菌物质和第二抗菌物质。

2016 年，哈利涯德国际无限公司（O&M Halyard International Unlimited Company）提出了一种用于防护服的层压品材料（EP3451864B1）。该层压品材料包括第一材料、第二材料及位于两层材料之间的防渗液且可透水蒸气的弹性膜。其中，第一材料包括非织造层，第二材料包括纺黏—熔喷—纺黏层压品，第一材料、第二材料和弹性膜均包含炭黑颜料和二氧化钛，第一材料和第二材料还包括助滑添加剂，弹性膜的一层或多层可包括含氟化合物添加剂以增强第一材料的阻隔性能，第一材料通过了 ASTM 1671 标准的使用 Phi-X174 噬菌体穿透作为试验系统来测试防护服用材料耐血源性病原体渗透性能的标准试验方法的测试。

3. 针对提升医用防护服透气性能的技术

1993 年，针对膜层材料具有良好的防护能力但透气性不佳的问题，金伯利-克拉克环球有限公司研发出了一种透气微孔膜的制备方法。金伯利-克拉克环球有限公司提出了利用线型低密度聚乙烯混合物制成的透气薄膜热黏结合聚丙烯无纺布制备防护服材料（RU2140855C1），在线型低密度聚乙烯薄膜原料中加入填料颗粒，再经过拉伸，制备出的薄膜具有微孔，从而在阻挡液体渗透的同时，还有良好的水蒸气透过能力。

1997 年，金伯利-克拉克环球有限公司结合实际需求，研发出了具有可控制的分区透气性的微孔薄膜（CN1158175C），该微孔薄膜带有厚的高 WVTR 区和较薄的低 WVTR 区，由于实际应用中不同区域对防护性的需求不同，具有可控制的分区透气性的微孔薄膜既能满足特定区域对防护性较高的需求又能保持整体良好的透气性。

1999 年，针对此前用于制作防护服的 Tyvek 纺黏烯烃无纺织物（闪蒸纺制的丛丝薄片）虽然具有良好的强度和阻挡特性，但是透气性差，由其制成的防护服穿着舒适感差的问题，纳幕尔杜邦公司提出用烃类纺丝溶剂在高于常规闪蒸纺温度下闪蒸纺聚乙烯来提高材料的透气性。由此，纳幕尔杜邦公司提出了使用正戊烷和环戊烷的混合物作为纺丝溶剂在 205 ℃~220 ℃下闪蒸纺聚乙烯（CN1221688C），这样可以得到具有更高透气性的材料。

2001 年，金伯利-克拉克环球有限公司延续之前防护膜的研发，对制备微孔薄膜的技术进行了改进。金伯利-克拉克环球有限公司提出了一种具有可破裂表层的透气多层薄膜（BR0210954B1）。该透气多层薄膜的芯层含有热塑性聚合物和颗粒填料的混合物，表层或多个表层至少含有两种不相容聚合物和增容该不相容聚合物的相容剂。在表层中加入相容剂改善了形成薄膜的一致性。另外，芯层在与表层或多个表层共挤出之后，在薄膜经拉伸变薄时，其就成为可透湿气（水蒸气）的微孔薄膜。表层或多个表层在共挤出期间，芯层的热塑性聚合物和颗粒填料不会在模唇过度地积聚。在拉伸期间，表层或多个表层中形成裂纹、孔隙、撕裂或破裂，从而增加了整个薄膜的透气性。

2010 年，聚合物集团有限公司提出了一种透气层压品（CN102398399B），该透气层压品包括与透液透气非织造织物共延性直接结合的阻液透气背衬膜层，该背衬膜层包括透气且阻液的薄化局部区和不透气且阻液的较厚区。其中，背衬膜层包含热塑性树脂的组合物；薄化局部区的背衬膜层中包含通道，而通道相重合地沿着非织造织物上第一分特（分特表示纤维的细度）纤维的位置；薄化局部区基本为固体膜构造。第一分特纤维可具有不同于第二分特纤维的化学组成，以进一步提高膜的透气性。

2016 年，考虑到手术服的舒适性问题，为使手术服具备良好的吸湿速干性能，从而减少因闷热对医生体能的消耗，中国纺织科学研究院江南分院进行了复合面料的研发，提出了一种可重复使用并具有防菌、防飞溅、防静电等性能的医用手术服复合面料（CN106541680B），该复合面料由表层、中间层和里层通过胶合工艺黏结而成。其中，表层面料是异截面改性亲水聚酯长丝和锦纶基炭黑导电包覆丝编织而成的面料；中间层隔菌膜是 PTFE 微孔膜；里层面料是异截面改性亲水聚酯长丝编织而成的面料，并与中间层 PTFE 微孔膜共同作用。该复合面料具备良好的吸湿速干性能，能有效减少因闷热对医生体能的消耗。

3.3.2　重点申请人分析

3.3.2.1　金伯利-克拉克环球有限公司

金伯利-克拉克环球有限公司是医用防护服领域的龙头企业。按照 INPADOC 同族专利数量计算方法，金伯利-克拉克环球有限公司发明专利申请量占总专利申请量的 96.0%，实用新型专利申请量占总专利申请量的 4.0%，其中专利有效率为 7.1%，如图 3-17 所示。

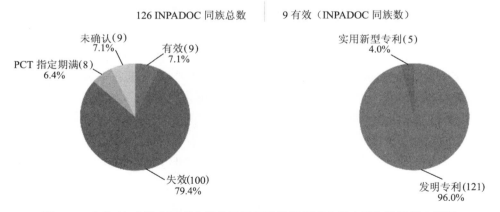

图 3-17　金伯利-克拉克环球有限公司医用防护服领域专利申请和法律状态情况

但自 2010 年开始，金伯利-克拉克环球有限公司在医用防护服领域的专利申请数量锐减。2012 年开始，该公司就未再提交过医用防护服相关的新的 INPADOC 同族专利申请（图3-18），说明该公司前期积累了大量的相关同族专利技术，后期对医用防护服的研发力度有所减弱。从专利有效率来看，该公司具有较多的专利保护期限届满的专利，这也给医用防护服领域的其他厂商带来了较大的机会，它们可以借鉴并采用这些已过专利保护期的相应技术。

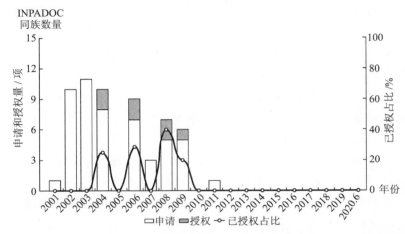

图3-18　近20年金伯利-克拉克环球有限公司医用防护服领域专利申请和授权情况

金伯利-克拉克环球有限公司医用防护服领域专利申请分布范围较广，在各大洲均有相应的专利申请，其中美国、日本和德国为主要申请国，其次是加拿大和澳大利亚，说明该公司注重专利的全球布局。

金伯利-克拉克环球有限公司医用防护服领域专利申请主要涉及医用防护服面料的制作技术，根据不同的使用场合和防护等级要求，制作出功能不同的纤维织物，以提高医用防护服的透气性、液体阻隔性及微生物和细微颗粒物阻隔性三个方面为主，此外，还通过对防护服结构的改进提高穿着清洁卫生、舒适方便的效果。表3-6是金伯利-克拉克环球有限公司在医用防护服领域的核心专利列表。

1. 在透气性方面

在透气性方面，金伯利-克拉克环球有限公司的专利申请主要涉及普通吸收性制品、医用防护服面料和包含在医用防护服内的吸收性制品，其在兼顾防水、防颗粒、防微生物特性的前提下，提高透气的效果。该公司于1993年提出的利用线型低密度聚乙烯混合物制成的透气薄膜热黏结合聚丙烯无纺布制备的防护服材料（RU2140855C1），不仅有阻挡液体渗透的能力，还有良好的水蒸气透过能力。

制备防水透气薄膜技术的发展，对医用防护服产生了非常积极的作用。2000年，金伯利-克拉克环球有限公司提出了一种透气的弹性多层薄膜（DE60023332T3），该弹性多层薄膜的表层包括第一弹性体、至少有一种填料的芯层和至少一种第二弹性体。其中，第一弹性体是聚烯烃材料，第二弹性体是热塑性聚氨酯、聚醚酰胺、嵌段共聚物及其组合材料。另外，可以将至少一个支撑层黏合到多层薄膜上，以实现结实、舒适、透气和不透水的效果。

为了进一步提高防水透气性能，2001 年金伯利-克拉克环球有限公司提出了一种透气多层薄膜（BR0210954B1），该透气多层薄膜具有芯层和与芯层相邻的一层或两层表层。芯层含有热塑性聚合物和颗粒填料的混合物，并且在与一层或两层表层共挤出之后，在薄膜经拉伸变薄时，就具有可透湿气（水蒸气）的特性。一层或两层表层在共挤出期间，能够防止芯层中的热塑性聚合物和颗粒填料在模唇过度地积聚，在拉伸期间，一层或两层表层中会形成裂纹和孔隙，从而增加整个多层薄膜的透气性。

针对市面上对微生物防护提出的新需求，即在较好地隔离病毒和微生物的前提下，保障医用防护服面料具有良好透气性的技术需求，2003 年金伯利-克拉克环球有限公司提出了一种具有液体和病毒屏障的透气薄膜（JP4429174B2），其包括热塑性聚合物基层、颗粒填料和包含至少 0.5% 质量比的端粒含氟化合物的芯层；在芯层两侧表层，每层包含热塑性聚合物基质和 0 至小于 0.5% 质量比的端粒含氟化合物。该透气薄膜具有亲脂性，可防止水基液体和低表面张力液体通过，从而在具有较好的液体和病毒阻挡性能的同时，提高水蒸气的透过性。

2. 在液体阻隔性方面

对于吸收性制品及医用防护服，具有良好的液体阻隔性是日常使用过程中最基本的要求。1993 年，金伯利-克拉克环球有限公司提出了一种具有阻隔性能的可伸长熔喷织物（JP3507537B2）。将至少一个含有熔喷非弹性热塑性聚合物纤维的非织造纤维网加热到 105 ℃ ~ 145 ℃，在该温度下，熔喷非织造纤维网吸收的峰值总能量比非织造纤维网吸收的峰值总能量高约 2.5 倍。熔喷纤维在室温下施加张紧力的同时，加热的非织造纤维网在冷却后缩窄，使熔喷非织造纤维网在缩窄之前至少具有与非织造纤维网相同的静水压头和颗粒阻隔性能。可拉伸的隔离织物也由含有熔喷非弹性热塑性聚合物纤维的非织造纤维网构成，非织造纤维网经热处理后，比相同的未处理的非织造纤维网更适合于拉伸至少 10%。由熔喷非弹性热塑性聚合物纤维制成的可拉伸阻挡织物适合于为平均尺寸大于 0.1 μm 的颗粒提供至少 20 cm 的静水压头和至少 40% 的颗粒阻隔效率。该可伸长熔喷织物可以是多层材料，并且可以用在一次性防护服中。

薄膜材料技术的发展使医用防护服的液体阻隔性能有了提升。1994 年，金伯利-克拉克环球有限公司提出了一种手术服长袖及其制作方法（US5680653A1），其包括一种不透液弹性层压材料，该材料具有固定在弹性的、液体不可渗透的薄膜上的可拉伸层，其中的薄膜由弹性自黏合黏合剂制成，能够改善穿着者的手腕、脚踝、颈部和其他相关区域的屏障效果。

抗液体压缩压力能力的提高使防护服的液体阻隔性有了较大的提升。1996 年，金伯利-克拉克环球有限公司提出了一种具有改进的液体阻隔性能的多层结构（CA2180168A1），该多层结构包括多孔疏水层和与多孔疏水层相邻且并置的间隔层，间隔层的功能是为液体提供足够的通道，同时支撑施加在间隔层上的所有压缩压力。

当间隔层与液体（如水、盐水、血液或其他液体）接触并经受至少 2 lbf/in^{2}① 的压缩压力（通常是垂直于间隔层施加的）时，在间隔层主体内的通道可以使液体在其中或其间流动，并且所有压缩压力都由间隔层支撑。

3. 在微生物和细微颗粒物阻隔性方面

在微生物研究或者疫情中所穿的防护服，对微生物和细微颗粒物阻隔性的要求很高。在提高医用防护服微生物和细微颗粒物阻隔性的方式中，有一种方式是使医用防护服对微生物和细微颗粒物具有吸附作用。1996 年，金伯利-克拉克环球有限公司提出了一种含有微生物吸附剂的微孔膜（CA2221138A1），该微孔膜在提供微生物屏障功能的同时，仍然允许水蒸气通过。该微孔膜具有第一和第二表面并限定至少一个微孔通道，以实现第一和第二表面之间的连通，微孔通道的一部分由微生物吸附剂构成，试图通过通道穿过微孔膜的微生物必须非常靠近微生物吸附剂，这样微生物吸附剂就可以通过吸附微生物来阻止微生物通过薄膜。

在保证微生物和细微颗粒物阻隔性的前提下，为兼顾透气性，1996 年金伯利-克拉克环球有限公司提出了一种同时具备可拉伸性、回复性、透气性和阻隔性的层压材料（CA2220179A1）。该层压材料由非织造弹性体纤维网制成，该非织造弹性体纤维网具有至少一个纺织材料网。该层压材料包含弹性体薄膜，在未被拉伸时，基本上是平的，而在被拉伸后，非织造弹性体纤维网又为其提供回复性。非织造弹性体纤维网是熔喷弹性纤维网，熔喷弹性纤维网还可以是针织物、机织物或稀松布材料。该层压材料非常适合用于感染控制产品、个人护理产品和服装。

为了提高对微生物的阻隔作用，1996 年金伯利-克拉克环球有限公司提出了一种经过拉伸的多层透气膜片（DE69624719T2）。该多层透气膜片能够阻挡微生物、血液和体液，具体制作方法如下：① 在压模中同时挤压五层膜片，这五层膜片具有 C：A：B：A：C 的结构。其中，B 层为微孔型中心层，它含有至少一种热塑性塑料聚合物和至少一种颗粒状填充剂；C 层为整体型外层，它含有能阻挡液态流体和微生物的亲水聚合树脂，C 层基本上不含颗粒状填充剂，在挤压步骤中防止颗粒状填充材料在压模中积聚；A 层为微孔型黏结层，它将 C 层黏到中心层 B 层上。② 拉伸挤压出来的五层膜片，从而在微孔型中心层和微孔型黏结层中形成微孔。

在防护服的液体阻隔性、微生物和细微颗粒物阻隔性提高的同时，也要兼顾舒适性。1999 年，金伯利-克拉克环球有限公司提出了一种适合用于阻隔性衣服的复合材料（CN1144673C）。该复合材料包括对应于预黏结位置形成的黏结点，且在黏结点之间的未黏结区域保持恒定的薄膜厚度，使具有非晶态聚合物层的薄膜与预黏结非织造面料层压来形成复合材料。当用于手术服时，该复合材料具有良好的抗病毒渗透性，具有至少 300 g/（m^2·24 h）的 MVTR 和至少 50 mbar 的水压头。在用作保护性包覆物（如手术服或被单部件）时，该复合材料提供舒适性和保护性，从而减少手术服

---

① 1 lbf/in^2 ≈ 6.895 kPa，2 lbf/in^2 ≈ 13.790 kPa。

或被单部件损坏的危险。

由于吸附微生物和细微颗粒物的方式对病菌只能起到一定的隔离作用，而不能有效地实现灭菌效果，金伯利-克拉克环球有限公司于 2006 年提出了一种用于预防感染的非织造材料的抗菌处理方法（JP4999847B2），防护服材料包括基底，该基底的表面至少部分涂覆了抗微生物组合物的均匀涂层，该抗微生物组合物涂层包括第一抗菌物质和第二抗菌物质。

4. 在易穿戴性方面

除了需要具备较好的透气性、液体阻隔性及微生物和细微颗粒物阻隔性外，穿着的便利性也是医用防护服的一项重要的性能，2004 年金伯利-克拉克环球有限公司提出了一种自我穿戴的手术衣（WO2005023030A1）。该手术衣包括无纺布制成的长袍主体和一个闭合构件，长袍主体的后部有两个边缘，闭合构件围绕着长袍主体延伸并终止于每个边缘。对闭合构件的操作使至少一个边缘向另一个边缘移动，从而闭合长袍的背面。可以设置沿着至少一个边缘的至少一部分定位的紧固件，该紧固件包括带、钩环型紧固件或者按扣。这样的设置使穿着者能够在保持双手无菌的同时闭合并固定长袍。

2008 年，金伯利-克拉克环球有限公司提出了一种易穿戴的防护服（CN101754699B）。该防护服使穿着者在穿戴过程中不需要接触或操纵防护服的外部。该防护服包括在每个裤腿和每个衣袖的一部分的内表面上设置的护套，还包括在该护套内的定位条和与开口相关联的穿套环，定位条可以用来缩短裤腿部分和衣袖部分，穿着者不会接触该防护服的内表面并且防护服的任何部分都不会与地面接触。首先，穿着者将一只脚伸入防护服的适当缩短的裤腿内，并且该只脚向该裤腿的远端开口蹬，使裤腿缩短的穿戴配置被松释，穿着者的另一条腿重复该步骤，在双腿均在裤腿内的情况下，穿着者将防护服的身躯部拉动越过躯干，并将防护服的裤腿伸长到穿着者的腿的整个长度；然后，穿着者将一只手伸入防护服的适当缩短的衣袖内，并且该只手向该衣袖的远端开口伸，使衣袖缩短的穿戴配置被松释，穿着者的另一只手重复该步骤；最后，穿着者将防护服的衣袖完全伸展到他们的臂的整个长度，并闭合该防护服。

表3-6 金伯利-克拉克环球有限公司在医用防护服领域的核心专利列表

性能	公开（公告）号	发明名称	申请年	法律状态/事件	有效期（截止年）
透气性	RU2140855C1	透气薄膜、非织造组合物材料及其制备方法	1993	期限届满	2014
	DE60023332T3	共挤出弹性体透气膜及其制备方法	2000	授权/异议	2011
	BR0210954B1	具有芯层和一层或两层相邻的表层的透气多层薄膜	2001	未缴年费	2014
	JP4429174B2	具有液体和病毒屏障的透气薄膜	2003	未缴年费	2017

续表

性能	公开（公告）号	发明名称	申请年	法律状态/事件	有效期（截止年）
液体阻隔性	JP3507537B2	具有阻隔性能的可伸长熔喷织物	1993	未缴年费/权利转移	2007
	US5680653A1	手术服长袖及其制作方法	1994	未缴年费/权利转移	2005
	CA2180168A1	具有改进的液体阻隔性能的多层结构	1996	权利终止/权利转移	2016
微生物和细微颗粒物阻隔性	CA2221138A1	含有微生物吸附剂的微孔膜	1996	权利终止/权利转移	2006
	CA2220179A1	扁平弹性体无纺层压材料	1996	权利终止/权利转移	2006
	DE69624719T2	多层透气膜片及其制造方法	1996	未缴年费	2016
	CN1144673C	具有阻挡性能的层压制品	1997	未缴年费	2007
	JP4999847B2	用于预防感染的非织造材料的抗菌处理方法	2006	授权/权利转移	2025
易穿戴性	WO2005023030A1	自我穿戴的手术衣	2004	放弃	—
	CN101754699B	易穿戴的防护服	2008	授权	2028

3.3.2.2　尤妮佳株式会社

尤妮佳株式会社医用防护服领域专利申请主要涉及医用防护服中的一次性用品。按照 INPADOC 同族专利数量计算方法，尤妮佳株式会社发明专利申请量占总专利申请量的 97.6%，实用新型专利申请量占总专利申请量的 2.4%，其中专利有效率仅为 2.4%，如图 3-19 所示。

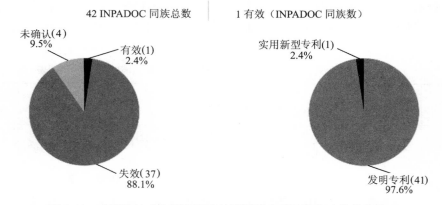

图 3-19　尤妮佳株式会社医用防护服领域专利申请和法律状态情况

尤妮佳株式会社在 2006 年之后未提交过医用防护服相关的新的专利申请（图 3-20），

说明该公司对医用防护服的研发可能处于停滞状态。从专利申请量变化趋势来看，该公司已经逐渐退出医用防护服领域的创新研发。但是，由于其前期积累了该领域大量关于一次性使用的防护服的专利，该公司仍在医用防护服领域具有较大的影响力。随着该公司大批同族专利的失效，它们将为医用防护服领域的其他企业提供丰富的技术参考和较大的借鉴价值。

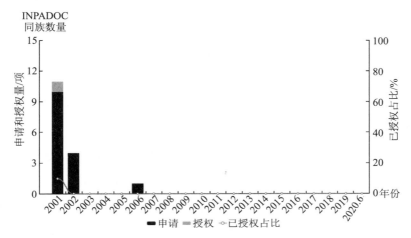

图 3-20　近 20 年尤妮佳株式会社医用防护服领域专利申请和授权情况

尤妮佳株式会社医用防护服领域专利申请地域主要集中在日本本土，其次是澳大利亚、巴西和中国。该公司在全球的专利布局较广，但更重视本土的专利布局。

尤妮佳株式会社医用防护服领域专利申请主要集中在一次性使用的防护服技术方面，核心专利也是围绕着一次性使用的防护服技术展开的，相关的专利申请主要集中在 2001 年和 2002 年。表 3-7 是尤妮佳株式会社在医用防护服领域的核心专利列表。

表 3-7　尤妮佳株式会社在医用防护服领域的核心专利列表

公开（公告）号	发明名称	申请年	法律状态/事件	有效期（截止年）
BRPI0101769B1	一次性衣服	2001	授权	2021
DE60216164T2	一次性手术服	2002	未缴年费/权利转移	2014
DE60214914T2	一次性内衣	2002	未缴年费/权利转移	2014
DE60205956T2	一次性手术服	2002	未缴年费/权利转移	2014
AU773682B2	复合塑料片材及其制造方法	2000	权利终止	2015
JP3597753B2	一次性上衣	2000	未缴年费	2017
CN1375270A	一次性穿着物品的制造方法	2002	未缴年费	2015

3.3.2.3　美联实业有限公司

美联实业有限公司医用防护服领域专利申请以医护人员穿着的防护服为主，1994 年该公司提出了一种一次性防护服（US5444873A），2012 年至今该公司共提交了 26

项 INPADOC 同族专利申请，且当前有效专利及在审专利比例达到 66.7%（图 3-21），在专利有效性方面较其他重点申请人要高。该公司在医用防护服领域的专利申请量处于上升趋势。

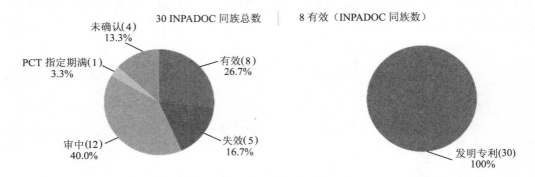

图 3-21 美联实业有限公司医用防护服领域专利申请和法律状态情况

美联实业有限公司医用防护服领域专利申请全部为发明专利，且专利有效率达 26.7%。该公司在 2010 年、2014 年和 2015 年的专利授权率均达到了 100%（图 3-22），这也反映出该公司的专利申请质量很高。该公司的在审专利数量占比为 40%，说明该公司一直从事医用防护服领域的生产和研发，并注重对该领域的知识产权的保护。

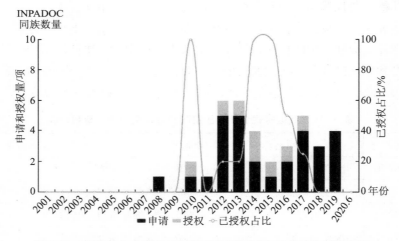

图 3-22 美联实业有限公司医用防护服领域专利申请和授权情况

美联实业有限公司专利申请地域分布主要为美国，其次是日本和欧盟地区。虽然美联实业有限公司的专利申请数量没有金伯利-克拉克环球有限公司和尤妮佳株式会社多，这是由于美联实业有限公司在医用防护服领域的研发起步较晚，但目前已处于后来者居上的态势。美联实业有限公司已成为医用防护服领域的龙头企业之一，其在医用防护服领域的核心专利如表 3-8 所示。

一次性防护服通常用于医院、诊所和其他诊疗场所。医生和患者经常穿着防护服以防感染。防护服通常包括多个相互连接的面板，这些面板具有多个接缝并且需要大量的切割和装配工作。由于复杂的设计和制作过程，这些防护服的生产成本较高。1994 年，美联实业有限公司提出了一种一次性防护服（US5444873A），该防护服主体部分的上部在穿着者的肩部上延伸。上部包括位于中心的孔，穿着者的头部从该孔中穿过。一对套筒从上部的相对侧向外延伸，并且每个套筒包括类似锥形的构件，该构件在其一端沿其圆周的 360° 连接到上部。用焊接方式将套筒和主体部分连接，两部分的连接处形成热封焊接界面，该焊接界面沿套管底部的圆周 330° 延伸；另一个焊接界面沿套筒的长度延伸，直到它与前一个焊接界面相交并稍微延伸超过 360°，形成 L 形的密封焊缝，从而增加焊缝的强度。该防护服的主体仅需要三块材料就可制成，因此在制作该防护服的过程中需要的切割工作非常少。此外，该防护服只需要四个焊缝就能将套管固定到防护服的主体部分，因此没有经过特殊训练或不具备相关经验的人也可以从事该防护服的制造工作。

　　为了提高防护服的穿着便利性和舒适性，2013 年美联实业有限公司提出了一种医护人员服装（US10617161B2）。该服装包括一条裤子、三个左袖和三个右袖、一个衣襟。其中，第一和第二左袖、第一和第二右袖是短袖，第三左袖和第三右袖是长袖；衣襟包括第一衣襟片、第二衣襟片和第三衣襟片。这样的设计可以提高穿着的便利性和舒适性。

　　为了提高医用防护服接缝处的密封性，从而使其更好地阻隔病菌，2014 年美联实业有限公司提出了一种密封医用罩衣接缝的方法（JP6371542B2），该方法是通过将两层材料缝合在一起来构造接缝，这两层材料由连续的无捻织物组成，无捻织物包括长丝聚酯和碳丝。沿着接缝施加多孔聚四氟乙烯带，通过加热多孔聚四氟乙烯带，将其黏附在织物上，从而避免医护人员或其他使用者因接缝不密封而接触病毒和其他微生物。

　　医用防护服存在的一个常见问题是使用者需要花较多的时间穿上和脱下防护服。为了让医用防护服更容易穿脱，2015 年美联实业有限公司提出了一种一次性医疗服（US10470506B2），其包括前部和后部，在前部和后部之间有让头部穿过的孔，还包括一个或多个绑带构件。套筒从前部和后部的相交处向远端延伸，每个套筒具有手臂插入孔和保持构件，保持构件沿着穿着者的手臂支撑每个套筒。第一绑带构件在连接点处附接到医疗服上。后部具有狭缝，狭缝的设计是为了帮助使用者穿上医疗服，狭缝终止于医疗服的左侧和右侧，在第一绑带构件被束缚时狭缝基本闭合，从而使该医疗服能够覆盖穿着者的后侧。一个或多个穿孔在狭缝和头部插入孔之间延伸并跨过后部，当拉开前部时，一个或多个穿孔被撕开并分裂后部，从而使穿着者能容易地脱下医疗服。

表 3-8　美联实业有限公司在医用防护服领域的核心专利列表

公开（公告）号	发明名称	申请年	法律状态/事件	有效期（截止年）
US5444873A	一次性防护服	1994	期限届满/权利转移	2014
US10617161B2	医护人员服装	2013	授权/权利转移	2036
JP6371542B2	具有密封套管的外科用防护服及其制造方法	2014	授权	2034
US10470506B2	一次性医疗服	2015	授权	2031

3.3.3　重点专利分析（表3-9）

表 3-9　医用防护服领域的重点专利列表

公开（公告）号	申请（专利权）人	申请年	发明名称	法律状态/事件	有效期（截止年）
CN1072561C	W.L. 戈尔及同仁股份有限公司	1993	一种织物层状材料	期限届满	2015
RU2140855C1	金伯利-克拉克环球有限公司	1993	一种线型低密度聚乙烯混合物制成的透气薄膜	期限届满	2014
CN1081584C	强生公司	1994	一种抗液无菌材料	未缴年费	2011
DE69624719T2	金伯利-克拉克环球有限公司	1996	一种经过拉伸的多层透气膜片	未缴年费	2016
US6103647A	金伯利-克拉克环球有限公司	1996	一种具有良好顺应性的非织造织物层压品及其制造和使用方法	期限届满/权利转移	2016
US6037281A	阿文特公司	1996	一种改进的布状不透液可透气的复合阻挡层织物	期限届满/权利转移	2016
CN1144673C	金伯利-克拉克环球有限公司	1997	一种具有阻隔性能的层压制品	未缴年费	2007
CN1158175C	金伯利-克拉克环球有限公司	1997	一种具有可控制的分区透气性的微孔薄膜	期限届满	2018
US5883028A	金伯利-克拉克环球有限公司	1997	一种可用于手术服的透气弹性层压材料	期限届满/权利转移	2007
US5948707A	W.L. 戈尔及同仁股份有限公司	1998	一种防滑、防水、透水蒸气的织物	期限届满/权利转移	2018
CA2394779C	金伯利-克拉克环球有限公司	1999	一种透气复合防护织物和由其制成的防护服	期限届满/权利转移	2019

公开（公告）号	申请（专利权）人	申请年	发明名称	法律状态/事件	有效期（截止年）
CN1221688C	纳幕尔杜邦公司	1999	一种用于防护服和过滤介质的改进的闪蒸纺制的丛丝薄片	期限届满	2020
BR0210954B1	金伯利-克拉克环球有限公司	2001	一种具有透气芯层和至少一个表层的透气多层薄膜	未缴年费	2014
CN101360608B	亨特技术有限公司	2005	一种化学屏障织物	授权/权利转移	2025（预计失效年份）
JP4999847B2	金伯利-克拉克环球有限公司	2006	一种用于预防感染的非织造材料	授权/权利转移	2025（预计失效年份）
CN102398399B	聚合物集团有限公司	2010	一种透气层压品	未缴年费	2017
JP6084415B2	尤尼吉可贸易有限公司	2012	一种医用透湿防水织物	有效	2032（预计失效年份）
CN104532550B	南通大学	2015	一种具有抗渗防护功能的手术服面料	有效	2035（预计失效年份）
EP3451864B1	哈利涅德国际无限公司	2016	一种用于防护服的层压品材料	有效	2036（预计失效年份）
CN106541680B	中国纺织科学研究院江南分院	2016	一种可重复使用并具有防菌、防飞溅、防静电等性能的医用手术服复合面料	授权/权利转移	2036（预计失效年份）

1. 一种织物层状材料（CN1072561C）

该专利的发明点是一种织物层状材料。该织物层状材料包括一层织物和一层微孔聚合物基材，织物黏结在微孔聚合物基材上。该织物层状材料中含有重复的氟代有机侧基链的有机聚合物。有机聚合物是以水分散液施加的，在水分散液中，有机聚合物的平均粒径为 $0.01\sim0.1~\mu m$，有机聚合物存在于微孔聚合物基材或织物中，或者同时存在于微孔聚合物基材和织物中。有机聚合物可以是以下化合物制得的聚合物：丙烯酸氟烷基酯、甲基丙烯酸氟烷基酯、氟烷基芳基氨酯、氟烷基烯丙基氨酯、氟烷基马来酸酯、烯丙基氟烷基氨酯、氟烷基丙烯酰胺及磺酰胺丙烯酸氟烷基酯。

2. 一种线型低密度聚乙烯混合物制成的透气薄膜（RU2140855C1）

该专利的发明点是一种线型低密度聚乙烯混合物制成的透气薄膜。该透气薄膜的制造方法包括配制预挤压混合物，以薄膜的总重（以干重计）为基础，将含有 10%～68%以线型为主体的聚烯烃聚合物、30%～80%的填充剂和 2%～20%的黏结剂的混合物，用预挤压的方法制成薄膜，在低于以线型为主体的聚烯烃聚合物熔点的温度下拉伸薄膜。该薄膜具有至少 $100\ g/(m^2 \cdot 24\ h)$ 的水蒸气传输率，是透气的。

3. 一种抗液无菌材料（CN1081584C）

该专利的发明点是一种抗液无菌材料，该抗液无菌材料可用于包裹医疗器具或者用于制备长外衣、帷帘等。此前，常见的经疏水整理剂（氟化碳试剂）处理的材料在经氧化浆液灭菌后，其抗液性会发生劣化。该专利针对这一问题，提出了一种硅氧烷整理剂，在经氧化浆液灭菌后，经硅氧烷整理剂处理的材料仍保持其抗液性。

该专利涉及经硅氧烷整理剂处理的材料，将经硅氧烷整理剂处理的材料与氧化浆液相接触灭菌的方法，以及经氧化浆液灭菌后的材料。硅氧烷整理剂可以通过喷雾法施用，但优选是将材料放入含有硅氧烷的含水乳液中施用。乳液中硅氧烷的浓度优选是在 0.25%~35% 质量比之间，更优选是在 0.5%~4% 质量比之间。经硅氧烷整理剂处理后，材料上留存的硅氧烷的量需要控制在 0.4%~5.0% 质量比之间，最好是在 0.4%~3.0% 质量比之间。此外，也可以使用有机溶剂基质系统，优选的硅氧烷类化合物是聚二甲基硅氧烷、聚二苯基硅氧烷或聚甲基苯基硅氧烷。

4. 一种经过拉伸的多层透气膜片（DE69624719T2）

该专利的发明点是一种能阻隔微生物、血液、体液等的多层透气膜片，该多层透气膜片的制造方法包括用压模同时挤压五层膜片，这五层膜片的结构为 C∶A∶B∶A∶C。在该结构中，中心层 B 是含有至少一种热塑性塑料聚合物和至少一种颗粒状填充剂的微孔型膜层；外层 C 是由不含颗粒状填充剂的亲水聚合树脂组成的整体型膜层；A 层是微孔型黏结层。在挤压后，就可以进行膜片拉伸，拉伸能使中心层和黏结层中形成微孔。

5. 一种具有良好顺应性的非织造织物层压品（US6103647A）

该专利的发明点是一种具有良好顺应性的非织造织物层压品，以及包含该层压品的感染控制用品。感染控制用品是面向医疗的物品，如外科手术用大褂等。该层压品包含至少一层熔喷弹性纤维层，弹性纤维层可用弹性聚烯烃制造，熔喷弹性纤维层的至少一个侧面黏结了平均纤维直径大于 7 μm 的柔性非弹性纤维层，非弹性纤维层可用纺黏工艺制造，柔性纤维是皮芯型或并列型聚丙烯/聚乙烯纤维。该层压品的抗水压能力为至少 10 mbar，具有良好的抗渗性和抗顶破能力。

6. 一种改进的布状不透液可透气的复合阻挡层织物（US6037281A）

该专利的发明点是一种改进的布状不透液可透气的复合阻挡层织物，该复合阻挡层织物包括至少一层非织造层及黏结到非织造层上形成层压件的微孔膜层，该层压件是可透气的，其 WVTR 至少为 $300\ g/(m^2 \cdot 24\ h)$，基重约 2.0 oz/yd① 或更低；沿机器方向峰值能量至少为 15 in/lb②，沿机器方向峰值应变至少为 35%；沿横切机器方

---

① 1 oz/yd≈31 g/m，2 oz/yd≈62 g/m。
② 1 in/lb≈5.6 cm/kg，15 in/lb≈84.0 cm/kg。

向峰值能量至少为 19 in/lb，沿横切机器方向峰值应变至少为 70%；流体静压头约 250 mbar 或更大；杯压碎峰值负荷小于 180 g，杯压缩能量小于 3 000 g/mm；沿机器方向的悬垂刚度小于 4.0 cm，沿横切机器方向的悬垂刚度小于 3.0 cm。该复合阻挡层织物具有阻挡微生物及液体的能力，可用于杀菌外套、外科罩衣等。

7．一种具有阻隔性能的层压制品（CN1144673C）

该专利的发明点是一种具有阻隔性能的层压制品，该层压制品包括可阻挡液体和病毒通过的阻挡层，具有符合医疗用途要求的高水平的阻隔病毒穿透的性能，包括对应于预黏结位置的层压制品黏结点，且在黏结点之间的未黏结区域保持恒定的薄膜厚度，使具有非晶态聚合物层的薄膜与预黏结非织造面料层压形成复合材料。当用于手术服时，该层压制品具有改进的抗病毒穿透性，具有至少 300 g/（m² · 24 h）的 MVTR 和至少 50 mbar 的水压头。在用作保护性包覆物如手术服或被单部件时，该层压制品提供舒适性和保护性，从而降低薄膜损坏的危险。

8．一种具有可控制的分区透气性的微孔薄膜（CN1158175C）

该专利的发明点是一种具有可控制的分区透气性的微孔薄膜，其带有厚的高 WVTR 区和较薄的低 WVTR 区。该微孔薄膜可以通过有选择地将热或压力施加到薄膜的特定区域来制造，如将薄膜送入一对加热的轧辊之间，并且其中一个轧辊带有凸起的表面区，或者施加一股汇聚的热空气。单层微孔薄膜和至少带有一层微孔层的多层薄膜均可通过上述处理得到。微孔薄膜可以使用在防护服和感染控制产品中，如外科手术袍、外科手术大单、防护性工作服、伤口敷料、绷带等。

9．一种可用于手术服的透气弹性层压材料（US5883028A）

该专利的发明点是一种可用于手术服的透气弹性层压材料。针对现有微孔聚烯烃薄膜层压材料不具有弹性、不能拉伸，拉伸会导致微孔变大、阻隔性能下降的问题，该专利通过将含有弹性水蒸气可溶性聚合物的薄膜黏合到可收缩非织造纤维网上制造出了透气的弹性层压材料。当纤维网处于收缩状态时，薄膜松弛，这样透气弹性层压材料在网的收缩方向上是可拉伸的，且具有优异的水蒸气渗透性。

10．一种防滑、防水、透水蒸气的织物（US5948707A）

该专利的发明点是一种防滑、防水、透水蒸气的织物，该织物可用于医用防护服制品等。该织物是通过将防水、透水蒸气的薄膜的一面黏附到织物层上制成的。薄膜的另一面设有不连续的弹性体涂层，其弹性模量小于 5.5 N/mm²①。不连续的弹性体涂层可任选地凸出于膜的表面，可以采用各种形式，包括点图案或交叉线网格。不连续的弹性体涂层的存在使织物在其不连续涂覆侧上具有大于 1.0 的静摩擦系数。织物层可以是弹力织物。薄膜最好是多孔的膨胀型聚四氟乙烯薄膜，一个表面具有亲水涂层。亲水涂层可以用作黏合剂，用于将薄膜的一个表面黏结到织物层上。

---

①　1 N/mm² = 1 MPa，5.5 N/mm² = 5.5 MPa。

11. 一种透气复合防护织物（CA2394779C）

该专利的发明点是一种透气复合防护织物，该织物包括低强度和高强度非织造纤网，以及在纤网之间热黏合的不透水阻隔层，不透水阻隔层可以是熔喷纤维网，也可以是防水透气膜。防水透气膜最好是微孔聚烯烃膜，如微孔聚乙烯或聚丙烯膜。防水透气膜可以是具有外部聚乙烯层的多层膜，也可以是多层填充膜。防水透气膜可以包括微孔膜，该微孔膜为包含至少35%质量比的填充剂颗粒和聚乙烯聚合物组合物。不透水阻隔层提供了不透水（即不透液）的性能。

12. 一种改进的闪蒸纺制的丛丝薄片（CN1221688C）

该专利的发明点是一种用于防护服和过滤介质的改进的闪蒸纺制的丛丝薄片。针对此前用于制作防护服的 Tyvek 纺黏烯烃无纺织物（闪蒸纺制的丛丝薄片）虽然具有一定的强度和阻隔特性，但是透气性差，由其制成的防护服穿着舒适感差的问题，该专利提出了使用正戊烷和环戊烷的混合物作为纺丝剂在 205 ℃～220 ℃下闪蒸纺制聚乙烯，以提高材料的透气性。

利用上述方法闪蒸纺制的丛丝薄片材料可以制成更舒适的工作服织物。丛丝薄片材料具有低于 2 s 的格利希尔孔隙率，同时又能保持良好的液体阻隔特性。这种丛丝薄片材料适合用于制作防护服，其在给定的织物单位质量下，具有的强度和阻隔性能至少等于此前用于制作防护服的 Tyvek 纺黏烯烃无纺织物，且它具有显著改进的透气性，从而提高了防护服的热舒适性。

13. 一种具有透气芯层和至少一个表层的透气多层薄膜（BR0210954B1）

该专利的发明点是一种具有透气芯层和至少一个表层的透气多层薄膜。芯层含有热塑性聚合物和颗粒填料的混合物。表层或多个表层含有至少两种不相容聚合物和增容该不相容聚合物的相容剂。在表层中加入相容剂改善了形成薄膜的一致性。另外，芯层具有在颗粒填料周围的孔隙；表层或多个表层具有裂纹或孔隙，这些为多层薄膜提供了透气性。表层或多个表层在共挤出期间，芯层的热塑性聚合物和填料颗粒不会在模唇过度地积聚。在拉伸期间，表层或多个表层中形成裂纹、孔隙、撕裂或破裂，从而增加了整个薄膜的透气性。多层薄膜能够与织造材料或非织造材料复合，但无论是否与其他材料进行复合，该多层薄膜在个人护理产品、医用服装和需要具备透气性能的其他产品中运用广泛。

14. 一种化学屏障织物（CN101360608B）

该专利的发明点是一种化学屏障织物。该化学屏障织物的所有层之间并非全面接触，这种设计提供了显著提高的化学屏障效果，该效果超过结构中所有成分层屏障效果的总和。该化学屏障织物至少包括第一化学屏障层和第二化学屏障层，在这两层之间存在一界面区域和间断的点结合，从而在界面区域中提供少数的点结合区域和多数的非结合区域。该化学屏障层通常包括单层高分子膜或共挤压层。一种无纺布层也可以点结合到第一化学屏障层或第二化学屏障层，从而为织物提供支撑。

对该化学屏障织物在与前述实施例 1 至例 5 中相同的条件下进行 35%氨水溶液渗

透测试，其突破时间超过 326 min，明显高于实施例 1、例 2 和例 4 中各膜材料突破时间的总和 89 min，这进一步说明了组合或结合膜制得的化学屏障织物的协同作用。

15．一种用于预防感染的非织造材料（JP4999847B2）

该专利的发明点是一种用于预防感染的非织造材料，以及对该材料进行抗菌处理的方法。由该材料制备的保护性物品包括基底，该基底的表面至少部分涂覆了抗微生物组合物的均匀涂层，该涂层包括第一抗菌物质和第二抗菌物质。

16．一种透气层压品（CN102398399B）

该专利的发明点是一种具有变化透气性阻液背衬膜层的透气层压品，背衬膜层包括薄化的透气区和较厚的不透气区，其与透液透气非织造织物共延性地直接结合。非织造织物中不同分特纤维的混合物可与挤出的聚合物膜相互作用。在经挤出的背衬膜层中形成透气阻液的局部薄化区，在经涂覆的非织造织物充分冷却以使经挤出的聚合物树脂固化成黏结到非织造织物的变化透气性膜后，这些薄化区保留。第一分特纤维可具有不同于第二分特纤维的化学组成，以进一步提高膜的透气性。该透气层压品可具有单向透气性，可用于制造一次性防护服。

17．一种医用透湿防水织物（JP6084415B2）

该专利的发明点是一种医用透湿防水织物，该透湿防水织物由干膜、湿膜、黏合剂层和衬里纤维织物层压而成。将干式成膜的树脂溶液涂覆到纤维织物的单表面上，通过干燥形成干膜，再将湿式成膜的树脂溶液涂覆在干膜上，通过浸入 N，N－二甲基甲酰胺水溶液中形成湿膜，然后在热水中洗涤并进行干燥，最后通过黏合剂层将衬里纤维织物层压黏合到湿膜上。

18．一种具有抗渗防护功能的手术服面料（CN104532550B）

该专利的发明点是一种具有抗渗防护功能的手术服面料，其加工方法包括纳米溶胶预处理、低温常压空气等离子处理、化学防渗剂处理、紫外辐射处理等步骤。经过上述方法处理后的面料达到对血液、酒精、水等的抗渗效果，满足手术服面料的防护要求：拒水等级 8 级、拒油等级 7 级、拒酒精等级 10 级、拒血液接触角 126.2°、强力保持率 92.6%。

加工方法按照以下步骤实施：

（1）纳米溶胶预处理。

纳米溶胶制备：将正硅酸四乙酯、氨水、乙醇按 1∶16∶60 的摩尔比混合，在 50 ℃下用磁力搅拌器搅拌 4 h，在 25 ℃下放置 24 h。

处理方法：将手术服面料在纳米溶胶中进行二浸二轧处理，带液率 100%，透风 15 min。

（2）低温常压空气等离子处理。

将经步骤（1）处理的手术服面料，在下列处理条件下进行等离子处理：直流电压 400 V、功率 1 kW、频率 200 Hz；处理时间 1 min；气体：空气。

（3）化学防渗剂处理。

防渗剂制备：将 C6 含氟拒油剂和 C16 硅系拒水剂按 3∶1 的质量比混合，用量 360 g/L，在 80 ℃下烘干处理 10 min。

C16 硅系拒水剂由下列方法制得：首先取无水乙醇 25 mL，在磁力搅拌器搅拌下加入相当于无水乙醇 4% 质量比的十六烷基三甲氧基硅烷；然后滴加蒸馏水 2 mL；最后滴加 1% 稀盐酸，将 pH 值调节至 6~7，在 40 ℃下搅拌 90 min，制得 C16 硅系拒水剂。

处理方法：将经步骤（2）处理的手术服面料，在防渗剂中进行多浸一轧处理，带液率 100%。

（4）紫外辐射处理。

将经步骤（3）处理的手术服面料，在 24 W 紫外灯下辐照 2 h。

19. 一种用于防护服的层压品材料（EP3451864B1）

该专利的发明点是一种用于防护服的层压品材料，该层压品材料包括第一材料、第二材料及位于两层材料之间的防渗液且可透水蒸气的弹性膜。其中，第一材料包括非织造层，第二材料包括纺黏—熔喷—纺黏层压品，第一材料、第二材料和弹性膜均包含炭黑颜料和二氧化钛，第一材料和第二材料还包括助滑添加剂，弹性膜的一层或多层可包括含氟化合物添加剂以增强第一材料的阻隔性能，第一材料通过了 ASTM 1671 标准的使用 Phi-X174 噬菌体穿透作为试验系统来测试防护服用材料耐血源性病原体渗透性能的标准试验方法的测试。

20. 一种可重复使用并具有防菌、防飞溅、防静电等性能的医用手术服复合面料（CN106541680B）

该专利的发明点是一种可重复使用并具有防菌、防飞溅、防静电等性能的医用手术服复合面料。手术室密封的空间及高强度的手术压力对外科医生体能消耗巨大，因此需要一种具备良好的吸湿速干性能以减少因闷热对医生体能消耗的手术服。该专利针对手术服穿着舒适性问题，提出了一种具有良好穿着舒适性和防护性并可重复使用的医用手术服复合面料。该复合面料由表层、中间层和里层通过胶合工艺黏结而成。其中，表层面料是异截面改性亲水聚酯长丝和锦纶基炭黑导电包覆丝编织而成的面料；中间层隔菌膜是 PTFE 微孔膜；里层面料是异截面改性亲水聚酯长丝编织而成的面料，并与中间层 PTFE 微孔膜共同作用。该专利提供的医用手术服复合面料制作方法简单，用该复合面料制造的产品具有防菌、防渗透、防飞溅、防静电等性能，还具有吸湿速干等良好的穿着舒适性。

3.4 医用防护服领域国内外专利布局对比

从医用防护服领域全球专利申请趋势及申请人情况分析和中国专利申请趋势及申请人情况分析可以看出，医用防护服领域中国专利申请量变化趋势与全球专利申请量变化趋势一致。国外医用防护服的技术大幅领先于我国，且相关产业巨头的专利布局比较完善，大部分产业巨头已完成全球专利布局。

　　我国对医用防护服的研发起步较晚，技术力量弱于欧美国家和日本。近几年，我国医用防护服领域的专利申请量在全球专利申请总量中占比较大。但是，从发明专利数量及专利有效率来看，我国医用防护服领域的技术研发与国外相比明显滞后，并没有形成核心竞争力。虽然我国医用防护服领域的专利申请总量较大，但发明专利数量占比及专利有效率均不高，这说明我国医用防护服产业的发展任重道远，还需要进一步努力。

　　为了进一步提升我国申请人在医用防护服领域的专利布局能力，国外重点申请人的专利布局是值得思考和借鉴的。下面将重点挖掘和分析金伯利-克拉克环球有限公司的专利情况。

　　从图 3-23 可以看出，安·L. 麦科马克（Ann L. McCormack）是金伯利-克拉克环球有限公司在医用防护服领域的重点发明人。安·L. 麦科马克作为主要发明人的医用防护服及其面料的相关专利申请有 36 项，包括：CN1102500C、CN1123441C、CN1158175C、CN1144673C、CN100537231C、CN1158175C、CN1144673C、US6309736B1、IN184224B 等。上述专利主要涉及透气防护薄膜相关的复合材料。由此可知，金伯利-克拉克环球有限公司注重在医用防护服材料方向的专业技术研发团队的建设。

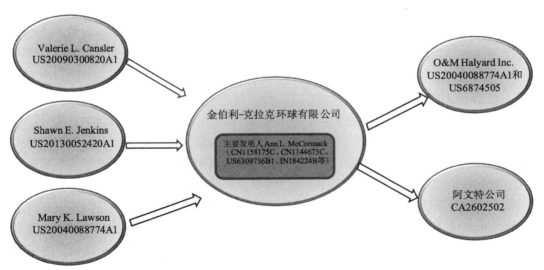

图 3-23　金伯利-克拉克环球有限公司的专利情况

　　金伯利-克拉克环球有限公司的 126 项专利存在专利权转移，但是大多数的专利权转移存在于金伯利-克拉克公司和金伯利-克拉克环球有限公司之间，其本质是同一法人主体之间的转移。进一步梳理金伯利-克拉克环球有限公司与其他不同法人主体之间的专利转移，发现其中既有其他法人将专利权转移给金伯利-克拉克环球有限公司，也包含金伯利-克拉克环球有限公司转移专利权给其他法人。其中，其他法人将专利权转移给金伯利-克拉克环球有限公司的案例包括：原专利权人瓦莱丽·L. 坎斯勒（Valerie L. Cansler）转移专利 US20090300820A1 给金伯利-克拉克环球有限公司，原专利权人肖恩·E. 詹金斯（Shawn E. Jenkins）转移专利 US20130052420A1 给金伯利-克拉克环球有限公司，原专利权人玛丽·K. 罗森（Mary K. Lawson）转移专利 US20040088774A1 给金伯利-克拉克环球有限公司；金伯利-克拉克环球有限公司转移专利权给其他法人的案例包括：原专利权人金伯利-克拉克环球有限公司转移专利 CA2602502 给阿文特公司，原专利权人金伯利-克拉克环球有限公司转移专利 US20040088774A1 给哈利涅德医疗器械股份有限公司（O&M Halyard Inc.），原专利权人金伯利-克拉克环球有限公司转移专利 US6874505 给哈利涅德医疗器械股份有限公司。哈利涅德医疗器械股份有限公司是美国的医用防护产品生产商，其主要产品包括口罩、手套、医用防护服，是金伯利-克拉克环球有限公司的原医疗用品事业部拆分独立出来的，金伯利-克拉克环球有限公司转移了部分医用防护服结构方面的专利给哈利涅德医疗器械股份有限公司，但关于医用防护服面料方面的专利仍旧是金伯利-克拉克环球有限公司持有。由此可见，一方面金伯利-克拉克环球有限公司通过购入相关专利权来扩充自己的专利版图，增强自己的专利权积累；另一方面金伯利-克拉克环球有限公司通过合理的专利转让行为促进了同行业的交流和发展。这样积极有序的专利流通行为对整个行业的繁荣和发展也是有促进作用的。

我国医用防护服领域的专利申请人整体比较分散，并没有形成核心竞争力，企业与高校和科研院所的研发运营相对独立，还未能建立良好的联动关系，未来企业应充分借助高校和科研院所的研发力量，尽早进行全球专利布局。

3.5 小结

当前新冠疫情肆虐全球，医用防护服和口罩成为最紧缺的物资，其在抗击疫情中起到了极其重要的作用。从医用防护服领域专利申请来看，国外专利申请量和发明专利有效量占据绝对优势，说明核心技术仍掌握在国外企业手中。国内专利申请主要集中于各大医院及医科院校，并未形成完整的技术脉络和技术发展核心。而国内专门从事医用防护服生产的企业，它们的专利申请量较少，但国外大量核心专利的到期或者提前失效，给医用防护服领域的中小企业提供了技术借鉴的宝贵机会，这也促进了整个医疗卫生事业的发展。

第四章

核辐射防护服技术专利分析

随着科技的发展，核技术在国防、工农业、医学等领域运用广泛，在促进经济社会发展的同时，核辐射的防护问题也日益受到关注。在一些特殊场合，如在进行 X 射线、γ 射线治疗时，医护人员与患者穿着"铅衣"进行核辐射防护；在核相关生产活动中，企业需要为工人配备适合的防护服装以防止其受到核辐射的伤害。

本章主要根据核辐射防护服领域的全球专利数据和中国专利数据，分别从专利申请的发展趋势、专利申请的区域分布、专利申请的技术主题分布及专利申请人这四个方面进行定量分析。结合产业发展状况绘制核辐射防护服技术中关键技术点的专利技术发展线路图，提取相关的重点专利或专利组合，并对重点专利的核心技术进行研究。相应的研究成果可为我国核辐射防护服技术的发展提供参考。

4.1 全球专利申请情况分析

表 4-1 列出了核辐射防护服领域的全球专利申请数量，截至 2020 年 6 月，核辐射防护服领域的全球专利申请数量为 1 601 项，每项专利申请已公开的同族申请总量合计 2 582 件。

表 4-1 核辐射防护服领域的全球专利申请数量

项目	全球总申请量 （按最早优先权，单位：项）	全球总申请量 （按同族公开号，单位：件）
核辐射防护服	1 601	2 582

4.1.1 全球专利申请的趋势分析

图 4-1 显示了近 30 年核辐射防护服领域全球专利申请量的变化趋势。从全球范围来看，1991—2009 年全球专利申请量在波动中增长，其中 1991 年、1993—1996 年、2005 年全球专利申请量都在 20 项以下；2007 年全球专利申请量突增，经分析发现，这一年出现了一批专利的集中申请，韩国申请人 Ji Sang Hyup 在这一年提交了 18 项专利申请，后该批申请均被申请人放弃。2010 年以后，全球专利申请量总体呈快

速上升状态，除2013年以外，各年的申请量均在60项以上。

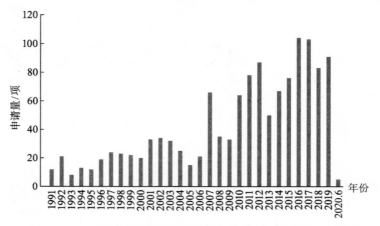

图4-1　近30年核辐射防护服领域全球专利申请量变化趋势图

4.1.2　全球专利申请的区域分布分析

核辐射防护服领域全球专利申请量按区域划分排名前五的地区及其对应的专利申请量如图4-2所示。从图4-2可以看出，中国的专利申请量位居第一，共计638项，比排名第二至第五国家的专利申请量之和（613项）还多，是第二名日本的专利申请量（279项）的2.29倍。这一方面是由于我国核辐射防护用品的市场体量巨大，申请主体数量大、类型多，各类大中小型企业、科研院所、个人均有申请；另一方面是由于东丽株式会社等国外行业巨头也在中国设立了研究院、企业等，在中国进行了专利布局。此外，我国保护知识产权的意识逐渐增强，政策上对专利申请和保护有较大的支持，这也在一定程度上促进了我国专利申请量的增长。

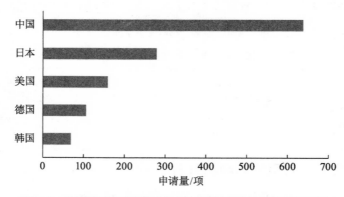

图4-2　核辐射防护服领域全球专利申请量排名前五的区域

4.1.3　全球专利申请的申请人分析

图4-3列出了核辐射防护服领域全球专利申请量排名前十的申请人，其中有8位申请人来自国外，有2位申请人来自国内。日本的东丽株式会社专利申请量排名第

一，数量上处于绝对领先地位。东丽株式会社作为全球大型跨国企业，其核心技术以有机合成、高分子化学、生物化学为主，在核辐射防护服领域属翘楚，其专利申请量与其市场地位是匹配的。2 位国内申请人均为高校，分别是南京航空航天大学、天津纺织工学院，这与核辐射防护服领域的技术研发要求高有关，也与国内的高校和科研院所重视、鼓励专利申请的实际情况相符。

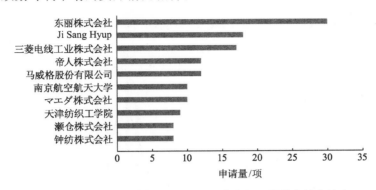

图 4-3　核辐射防护服领域全球专利申请量排名前十的申请人

4.1.4　全球专利申请的主要技术主题分析

X/γ 射线防护及中子防护是核辐射防护服领域的两个主要技术主题，其中 X/γ 射线因常用于疾病的诊断与治疗，在医疗场所有较多应用，该技术主题的专利申请量也较多。从图 4-4 可以看出，X/γ 射线防护技术的专利申请量约为中子防护技术专利申请量的 3 倍。

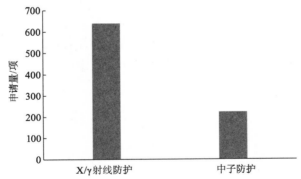

图 4-4　核辐射防护服领域全球专利申请主要技术主题分布图

4.2　中国专利申请情况分析

4.2.1　中国专利申请的趋势分析

近 30 年核辐射防护服领域中国专利申请量的变化趋势如图 4-5 所示。从整体上看，核辐射防护服领域中国专利申请量变化趋势与全球专利申请量变化趋势基本一致，1991—2009 年中国专利申请量缓慢增长，2010 年以后在波动中快速增长，2017年中国专利申请量超过 80 件。从图 4-5 还可以看出，中国专利申请量在全球专利申请量中的占比越来越大，这表明近年来我国越来越注重技术创新，更加重视知识产权保护和专利布局。

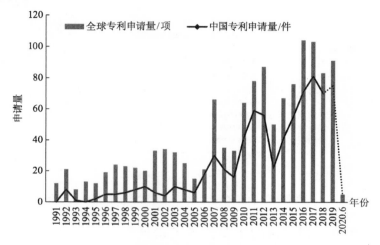

图 4-5　近 30 年核辐射防护服领域中国专利申请量变化趋势图

4.2.2　中国专利申请的区域分布分析

图 4-6 是核辐射防护服领域中国专利申请区域分布图。其中，江苏省专利申请量位列全国第一，山东省位列全国第二，紧随其后的是北京市、上海市和广东省。江苏省、上海市、广东省、浙江省是我国传统的服装业发达地区，这些地区高校和科研院所众多，企业也较多，江苏省、山东省、广东省、浙江省也是我国专利申请量较大的几个省份。核辐射防护服领域全球专利前十位申请人中的中国申请人南京航空航天大学、天津纺织工学院就分别位于江苏省、天津市。

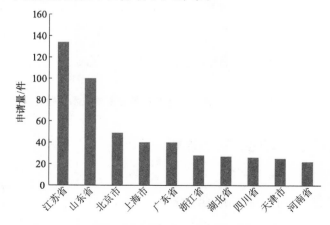

图 4-6　核辐射防护服领域中国专利申请区域分布图

4.2.3 中国专利申请的申请人分析

为了解在中国申请专利排名前列的申请人的具体情况，了解重点申请人在中国的专利布局，下面将进一步分析核辐射防护服领域中国专利申请的申请人情况。

图 4-7 列出了核辐射防护服领域中国专利申请量排名前十的申请人，需要特别说明的是，申请量排名前两位的杂混复合塑料公司、苏州嘉乐威企业发展有限公司的专利申请均存在同一项专利的多个同族专利申请，在全球专利数据库中被合并计数，因此这两位申请人并未进入全球专利申请量排名前十的申请人行列。将图 4-7 与图 4-3 对比可以发现，在核辐射防护服领域，跨国公司在中国的专利申请并不活跃，以全球专利申请量最大的东丽株式会社为例，它在中国的专利申请量不到其全球专利申请总量的 1/4，尚未形成全面的布局。

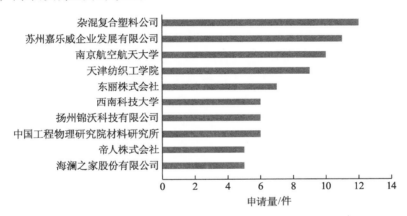

图 4-7 核辐射防护服领域中国专利申请量排名前十的申请人

4.2.4 中国专利申请的主要技术主题分析

图 4-8 是核辐射防护服领域中国专利申请主要技术主题分布图。从图 4-8 可以看出，中国专利申请的主要技术主题与全球的情况基本一致，即 X/γ 射线防护及中子防护是核辐射防护服领域的两个主要技术主题，并且 X/γ 射线防护技术的专利申请量约为中子防护技术专利申请量的 3 倍。

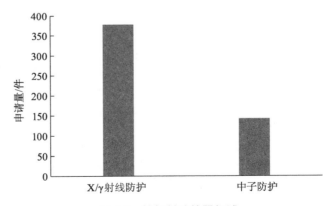

图 4-8 核辐射防护服领域中国专利申请主要技术主题分布图

4.3 重点专利技术分析

由于 α 射线穿透能力差，β 射线穿不透皮肤角质层，α、β 射线的防护较容易，常规的劳保服装即可起到防护作用。因此，X/γ 射线及中子是核辐射防护服的主要防护对象。①

此外，核辐射防护服一般较为厚重，影响活动自由及穿戴舒适感，因此，支撑性、透气性、穿脱性也是核辐射防护服的重要结构性能。下文将对 X/γ 射线防护、中子防护、支撑性、透气性、穿脱性等技术主题发展脉络进行梳理。

4.3.1 技术发展脉络

4.3.1.1 X/γ 射线防护技术发展脉络

图 4-9 是核辐射防护服 X/γ 射线防护技术发展脉络图。铅不仅对低能和高能的 X 光子和 γ 光子具有优异的屏蔽性能，而且产量充足、加工方便，铅是最早应用于辐射屏蔽的材料。② 传统的屏蔽材料主要为铅橡胶和铅塑料。人们用铅当量来衡量屏蔽材料对电离辐射的吸收能力。早期的 X/γ 射线防护装置是一体式的，对活动自由度的影响较大。

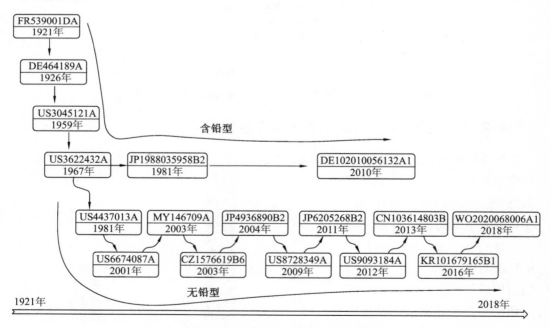

图 4-9　核辐射防护服 X/γ 射线防护技术发展脉络图

---

① 马新安，陈功，张莹，等. 核射线防护服的研究进展 [J]. 服装学报，2019，4（2）：95-101.
② 李汉堂. 防护服的发展及发展趋势 [J]. 现代橡胶技术，2019，45（5）：1-11.

　　1921 年，雷蒙德·I. P. 布里卢埃（Raymond I. P. Brillouet）提出了一种用于手部 X 射线防护的设备（FR539001DA），该设备由两个独立的元件组成，一个是主体，另一个是拇指的附加保护件，由此保证了设备的活动自由性。

　　针对防护服在现实使用中关节周围部位（如髋关节、手指关节等）容易破裂，使射线可以穿透断裂处对人体造成伤害这一问题，1926 年德国专利 DE464189A 提出了一种用于防护 X 射线的防护服，其在关节周围部分重叠设置保护材料，以加强保护。

　　1959 年，查尔斯·W. 勒吉永（Charles W. Leguillon）提出了一种用于服装制品的 X 射线防护材料（US3045121A），该防护材料是由有效的浸铅阻挡层部分和相对薄的高皮肤强度部分结合在一起构成的一个整体结构，从而制造出优良的 X 射线屏蔽层。高皮肤强度部分通常由具有高耐臭氧、不易龟裂、高耐挠曲的炭黑橡胶原料制成，由此进一步提高了防护材料的柔韧性，避免产生裂缝。

　　从保证 X 射线屏蔽性能的角度出发，铅含量越大，防护效果越好，但大量的铅会影响服装的柔韧性和穿戴舒适性，为此，业界进行了大量研究。1967 年，香港波特公司（H. K. Parler Company）提出了一种柔性辐射屏蔽材料（US3622432A），该材料包括织物基底，在织物基底的至少一个表面上黏附有铅负载弹性体层，非常细碎的铅粉末在整个弹性体层中均匀分布，弹性体层的厚度至少为 0.3 cm，弹性体层中含铅量超过 58%，因此该材料具有良好的辐射屏蔽性能。

　　1981 年，东丽株式会社提出了一种 X 射线屏蔽材料（JP1988035958B2），这是一种将铅金属纤维混入合成树脂中制备而成的复合材料。其中，铅金属短纤维的直径为 30~40 μm，比重为 4.0% 以上；铅金属包括单独的铅金属或者含有如铋、镉、锑、锡、银、砷、钙和锌的常用合金成分的物质。该复合材料的制备方法如下：将铅在 340 ℃ 下熔融，并通过直径为 50 μm 的喷嘴纺丝，以制造纤维直径约 40 μm 的铅纤维。随后，将纺成的铅纤维引入旋转切割机中以获得长度为 0.5~1 mm 的铅短纤维。通过改变混合量，将铅短纤维与氯乙烯树脂化合物混合，并进一步添加增塑剂等，并用密炼机充分捏合后，从辊缝挤出混合物，使其厚度为 0.5 mm。该复合材料具有优异的 X 射线屏蔽性能。

　　2010 年，Zur Forderung Von Medizin Bio Und Umwelt Technology 提出了一种用于减少 X 射线曝光的纤维材料（DE102010056132A1），该纤维材料包括吸收 X 射线辐射的金属氧化物涂层。该金属氧化物涂层由氧化硅、氧化钛、氧化锆、氧化铪、钛酸钡、氧化铅、钛酸铅或者其混合物制成，其中金属氧化物颗粒的粒径小于 100 nm。通过一定的方法将铅或铅合金加工成铅纤维后编织成织物，再加工成防护服，可以在保证屏蔽性能的同时增强防护服的透气性、柔韧性。然而，铅和铅合金熔点低，只能用于温度不太高的屏蔽层，而且铅是一种重金属，直接接触铅对使用者的健康不利，此外，铅材料在使用过程中会对环境造成严重污染且不易回收处理。因此，20 世纪 70 年代以后，无铅、轻质、高效的核辐射防护材料成为研究热点。

1981年，美国能源部提出了一种γ射线和中子辐射屏蔽材料（US4437013A），该材料由95%~97%质量比的SiO_2和3%~5%质量比的硅酸钠组成，是一种廉价、可回收且有效的γ射线和中子辐射屏蔽材料，它能够捕获热化的中子。

2001年，环球创新科技有限公司提出了一种辐射屏蔽系统（US6674087A），该系统包括含有网的合成树脂，辐射衰减材料分散在合成树脂中，辐射衰减材料基本上不含铅。该系统的辐射透射衰减系数至少为初级100 kVp X射线束的10%。

2003年，WRP亚太有限公司（WRP Asia Pacific Sdn Bhd.）提出了一种无铅的辐射保护材料（MY146709A），该材料特别适合用于制作防辐射手套，包括至少一层含有天然或合成橡胶的基质材料，辐射吸收颗粒是分布式的，通过在基质材料中浸渍图案形成一层图案，其中辐射保护材料无铅且可包含多层，以减少散射辐射的辐射强度，并且不仅基质材料化合物的质量减少40%，更重要的是干橡胶的质量减少33%，辐射吸收颗粒的质量减少60%~80%。

2003年，德国朗盛公司（LANXESS Energizing Chemistry Company）提出了一种将无铅混合物用作屏蔽辐射添加剂的防辐射材料（CZ1576619B6），该材料由混合有钡、铟、锡、镧、钼、铌、钽、锆、钨或其化合物的合金混合物的橡胶、热塑性塑料制成。

2004年，马威格股份有限公司提出了一种在X射线管的能量区域中具有60~125 kV电压的无铅辐射防护材料（JP4936890B2），该材料具有至少两层防辐射层，每层防辐射层由具有不同屏蔽特性的无铅辐射防护材料制成。该材料可以用于制造辐射防护服。

2009年，北京化工大学提出了一种无铅X射线屏蔽橡胶复合材料（US8728349A），该材料采用稀土混合物代替铅，同时加入金属锡及其化合物，金属钨、铋及其化合物作为屏蔽主材料，并进一步与橡胶复合，是一种完全无铅的防护材料。

2011年，郡是株式会社提出了一种无铅防辐射面料（JP6205268B2），该面料包括含有至少95%质量比钨或钼的金属纤维，具有较高的放射线屏蔽性能，同时具有优异的柔韧性，可以在辐射防护服中被适当地使用。

2012年，赛勒收购有限公司提出了一种太空服材料（US9093184A），该材料包括封装或结合在聚合物中的含氢材料，含氢材料夹在聚合物层之间，与作为黏合剂的聚合物混合，或者保持在聚合物泡沫的孔中。含氢材料具有比聚乙烯更高的氢含量，其中的氢可以是氢化物或硼氢化物，如硼氢化铍、八氢三硼酸铵、硼氢化锂、四甲基硼氢化铵或氢化铍。该材料是一种柔性的辐射屏蔽材料，特别适合用于制作太空服。

2013年，苏州大学提出了一种将粒径为20 nm的氧化铒纳米颗粒和聚乙烯醇进行气泡静电纺丝并根据纺丝时间长短得到厚度不同且均匀的电离辐射防护材料的方法（CN103614803B）。

射线最终都是通过光电效应作用过程被物质材料吸收的，因此当射线粒子经过多次散射后，能量降低到核外电子能级差范围时，光电效应截面将会显著增加，称作吸收限。又因为各元素具有不同的射线能量范围吸收限，如果将不同的功能元素合理组合，使射线吸收材料具有较宽的射线能量范围吸收限，那么，射线吸收材料发生光电效应作用截面将会显著增加，从而射线防护材料的屏蔽性能明显增强。2016 年，大胜医疗器械股份有限公司就采用了这种方法，提出了加入三种无铅辐射屏蔽粉末的复合辐射屏蔽材料（KR101679165B1），与同等含量的单一辐射屏蔽材料相比，该复合辐射屏蔽材料的屏蔽性能可以提高 30% 以上。

2018 年，Elopar Elektrik Ve Otomotiv Parcalari Sanayi Ve Ticaret Anonim Sirketi 提出了一种辐射防护罩（WO2020068006A1），该辐射防护罩由玄武岩纤维掺杂的聚合物或非掺杂的聚合物、钡或铋基陶瓷基体和高原子序数元素掺杂的复合材料制成，相比于铅或铅合金屏蔽结构来说，该辐射防护罩安全无毒且更具挠性。

4.3.1.2 中子防护技术发展脉络

中子是一种不带电荷的中性粒子，它具有很强的穿透力，在空气和其他物质中，可以传播较远的距离。中子与氢、氧、碳、氮等原子核作用能产生反冲核，这种反冲核在组织中能引起高密度的电离，它对人体产生的危害比相同剂量的 X 射线更为严重。研究表明，中子致肿瘤的生物效应（RBE）为 X 射线的 2~3 倍，由中子引起的染色体畸变大大高于 X 射线和 γ 射线。[①] 核辐射防护服中子防护技术发展脉络如图 4-10 所示。

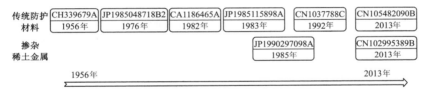

图 4-10　核辐射防护服中子防护技术发展脉络图

1956 年，原子能委员会（Commissariat Energie Atomique）提出了一种屏蔽中子的柔性材料（CH339679A），该材料由具有一定柔性的黏合剂和中子吸收剂材料组成，中子吸收剂材料为粉末状，将黏合剂和中子吸收剂材料的混合物倒入模具中并使其聚合即可得到该材料。

1976 年，三菱株式会社提出了一种具有高柔韧性的中子防护纤维（JP1985048718B2），使用氢氧化锂水溶液作为含锂离子的溶剂，将锂离子吸附在阳离子交换纤维上，除了以氢氧化锂水溶液的形式将锂离子吸附在纤维上外，还可以以氯化锂等中性盐的形式将锂离子吸附在纤维上。该纤维轻且具有更大的柔性。

硼、锂等金属对热中子、慢中子和中能中子有较大吸收截面，硼能够捕获中子而

---

① 段谨源，张华，张兴祥，等. 高分子材料在中子辐射防护中的应用 [J]. 天津纺织工学院学报，1989 (Z1)：53-57.

不产生高能伽马射线，是良好的中子屏蔽材料。① 1982 年，东丽株式会社提出了一种具备中子屏蔽性能的复合纤维（CA1186465A），将锂或硼的化合物粉末与聚乙烯树脂共混后，采用熔融皮芯复合纺织工艺，形成一种皮芯结构的中子屏蔽复合纤维，这种纤维的强度可达 2.0~2.3 cN/dtex，断裂伸长 21%~23%，纤维中的锂或硼化合物的含量可达到纤维质量的 30%，因而该纤维具有较好的中子辐射防护效果，可加工成机织布和非机织布。

1983 年，三菱株式会社提出了将 100 目的氟化锂粉末 30 份、熔融指数为 0.3 的高密度聚乙烯 20 份与 10 kg/cm² 压力下的 4 000 份二氯甲烷混合，形成直径为 5 μm、长度约 20 mm 的纤维（JP1985115898A），该纤维中氟化锂含量高达 58%，由其制成的 1 mm 厚的非织造布的热中子屏蔽率为 99.5%。

稀土金属在中子屏蔽方面也有一定的应用。1985 年，钟纺株式会社提出了一种在改性丙烯腈共聚物溶液中加入稀土金属氧化物（如氧化钆、氧化钐、氧化铕等）粉末后湿纺制成纤维的方法（JP1990297098A），该纤维的中子辐射屏蔽率可达 90% 以上。但由于稀土金属氧化物吸收热中子后易发生（n，γ）反应，每吸收一个热中子即放出上百个高能量的 γ 中子，这些 γ 中子远比一个热中子更有害，因此上述方法的实际使用效果有待商榷。

1992 年，天津纺织工学院在东丽株式会社研发的中子屏蔽纤维（CA1186465A）的基础上进行改进，提出了在纤维芯部添加偶联剂和中子辐射屏蔽物质制得具有皮芯结构纤维的方法（CN1037788C），上述中子辐射屏蔽物质是碳化硼、氮化硼、硼酸、氧化硼中的任意一种，碳化硼质量分数约为 35%，具有良好的中子屏蔽性能；质量厚度为 580 g/m² 时，热中子屏蔽率为 61%，0.5~0.8 MW γ 射线屏蔽率为 21%，吸收中子后无二次辐射或粒子产生，同时具有良好的可纺性。

传统的中子防护材料通常是无机硼化物与聚合物物理共混制成的复合材料，这类复合材料虽然具有一定的抗中子辐射性能，但是无机物与聚合物物理混合时存在无法克服的相容性差和不易分散等缺点，并且当硼元素增加到一定量后复合材料的力学性能下降，从而使其屏蔽效能变差。2013 年，北京航空航天大学提出了一种中子辐射防护纤维（CN105482090B），该中子辐射防护纤维由含硼聚酯拉伸而成，以化学键的形式在聚酯 PBT 侧链结构中引入含有多个硼原子的碳硼烷笼型结构，合成出含碳硼烷聚酯，并将其纺成纤维，可以克服无机碳化硼与聚合物物理混合时相容性差和分散不均等缺点，从而改善材料的中子屏蔽性能和机械性能。

2013 年，武汉纺织大学提出了一种通过掺杂稀土元素获得中子防护面料的方法（CN102995389B），包括以下步骤：① 首先将纺织品经过电子束或等离子体预辐照处理；② 然后将稀土纳米粉体或稀土盐类接枝到处理过的纺织品上；③ 最后进行焙烘

---

① 柴浩，汤晓斌，陈飞达，等. 新型柔性中子屏蔽复合材料研制及性能研究 [J]. 原子能科学技术，2014，48（S1）：839–844.

即可获得中子防护面料。通过掺杂稀土元素获得柔性的稀土中子防护面料，这种面料能对慢中子、热中子、中能中子起到防护效果，尤其是对快中子的防护效果明显，可在实现中子防护的同时保证面料的柔韧性。

不同应用场合对屏蔽材料的性能有不同的要求，如在工程应用中，有时对屏蔽材料的屏蔽性能要求不是很高，但要求其具有较高的材料力学性能；有时仅要求屏蔽材料具有很高的屏蔽性能；有时则既要求屏蔽材料具有很高的屏蔽性能，又要求其具有较好的力学性能、阻燃性能和耐腐蚀、耐老化性能。因此，需要根据不同的应用场合及不同的使用要求，开发满足应用要求的辐射防护材料。

4.3.1.3 支撑性能技术发展脉络

辐射屏蔽材料通常由重金属材料制成，具有较厚的厚度，因此，其穿戴性能一直受到较高的关注，良好的支撑性能够减轻使用者的穿戴压力和疲劳。

图 4-11 是核辐射防护服支撑性能技术发展脉络图。传统的核辐射防护服多由肩颈部位支撑，会给穿着者的肩部造成过大压力，从而引起其不适。增大受力面积和增加缓冲结构是减轻肩部压力的手段之一，如 1956 年 Bognier & Burnet Ets 针对围裙式防护服由颈部周围的窄带支撑，易引起穿着者不适的问题，提出了增加覆盖使用者肩部并向后背延伸的翼部，从而增加受力面积，同时在肩部内侧设置衬垫，衬垫可以由泡沫橡胶制成，从而增强穿着舒适性（FR1145614A）。

1997 年，伯格曼安全有限公司（Burgmann Security GmbH）提出了一种核辐射防护背心（DE29717797U），该背心的肩部由可伸展的织物材料构成，该可伸展的织物材料在横向与纵向上均具有良好的适形性，可以适应穿着者的个体肌肉结构。该背心使施加在穿着者肩部的压力在最大可接触表面上均匀分布。

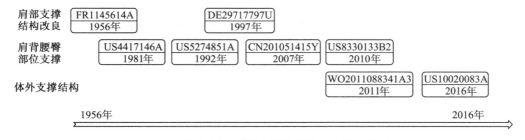

图 4-11 核辐射防护服支撑性能技术发展脉络图

将防护服重量的承担由肩部转移至背部、腰部、臀部，是减轻使用者穿着压力的一个主要方向。1981 年，林顿·L. 赫伯特（Linton L. Herbert）提出了一种 X 射线防护围裙（US4417146A），该防护围裙包括主体部分和支撑结构，主体部分在肩部设有连接带以连接到支撑结构。支撑结构包括垂直构件和水平构件，垂直构件呈"倒 J"形以匹配肩部形状，垂直构件和水平构件均采用具备刚性的塑料、弹簧钢或等效材料制作，垂直构件能够完全支撑防护围裙肩带的重量，水平构件使防护围裙主体部分保持与穿着者的身体紧密接触，并形成半刚性支撑结构。这种独特结构将防护围裙主体部分的重量传递到穿着者的臀部，减轻了防护围裙穿着者肩部和背部的疲劳。

1992 年，E-Z-EM 有限公司则提出了一种将防护服重量均匀分布到肩部和背部的结构（US5274851A），从而减轻防护服穿着者的上身疲劳。该结构包括弹性支撑件或弹性面板，可以避免刚性接触以增强舒适性，肩部承载的重量通过弹性支撑件或弹性面板分布到肩部和背部，由此增大了负重面积，减轻了穿着者的不适和疲劳。

2007 年，北京科利达医疗设备发展有限公司也提出了类似的技术（CN201051415Y），它提出了一种射线防护服，该射线防护服内部安置了过肩的拱形支撑物，并与腰带连接，拱形支撑物的支撑作用使该射线防护服悬离在肩膀上部 1 cm 左右。因此，该射线防护服既能达到射线防护作用，又能避免因长期负重工作造成身体疲劳和损伤。

随着材料科学及人体工学技术的发展，防护服支撑结构也有了较大的发展。2010 年，黛博拉·L. 金（Deborah L. Gold）等提出了一种防辐射服支撑结构（US8330133B2），用于减轻防辐射服对穿着者肩部和颈部造成的压力。该支撑结构包括细长的上垂直后构件，其可滑动地连接到下垂直后构件，以提供垂直高度调节。后下支撑板连接到下垂直后构件，为穿着者提供下背支撑。一对肩部构件连接到细长的上垂直后构件的上顶端，以支撑辐射防护服的肩部区域。这种支撑结构可以更好地调节支撑结构尺寸，从而使其适应于不同体型的穿着者，以达到更好的支撑效果。

不管如何改善防护服受力结构，只要防护服重量仍由穿着者承担，经常穿着重型防护服的人员（如医护人员、核工业操作者）不可避免地会出现背部问题，且穿着者的身体活动自由度也难免受到影响，进而影响工作质量。因此，由体外支撑结构承担防护服重量的技术应运而生。

2011 年，英特凡特科公司提出了一种基本上与操作者身体轮廓相符的改进的个人辐射防护系统（WO2011088341A3），该防护系统包括防护服和悬挂系统，防护服保护操作者免受辐射，悬挂系统给防护服提供恒定的支撑并允许操作者同时在 X、Y 和 Z 平面中自由移动。该防护系统还包括绑定系统，绑定系统使操作者很容易与系统接合和脱离。

虽然上述个人辐射防护系统的舒适度较高，但其使用自由度依赖于悬挂系统，对悬挂系统的设置提出了较高要求。2016 年，克里斯蒂安·M. 希施（Christian M. Heesch）提出了一种带支撑构件的防辐射服（US10020083A），为在辐射环境下工作的医护人员提供辐射防护。当使用者穿着该防辐射服时，防辐射服由垂直支撑构件支承于地面，无须使用者承担重量，垂直支撑构件的下端处的滚动或滑动装置允许使用者在穿着防辐射服时不受限制地移动，使用者可通过控制机构操纵垂直支撑构件使其向下延伸或向上回缩。

4.3.1.4 透气性能技术发展脉络

核辐射防护服通常具有一定的厚度，且辐射屏蔽材料全覆盖紧密排布以保证屏蔽性能，因此，其透气性能通常较差，易导致热量和汗液在防护服内部积聚，影响穿着舒适性。因此，改进核辐射防护服的透气性能也成为专利申请中的一个重要技术主题。核辐射防护服透气性能技术发展脉络如图 4-12 所示。

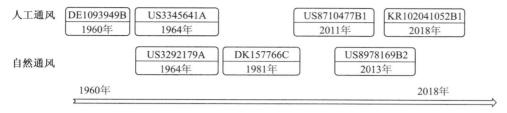

图 4-12　核辐射防护服透气性能技术发展脉络图

　　核辐射防护服的通风方式一般可分为自然通风和人工通风，自然通风设备可在没有机械辅助的情况下与外界进行空气交换，使防护服内的空气流通；人工通风则使用手动、电动泵或风扇将新鲜空气带入防护服内部。

　　早期的核辐射防护服材料大多质密、厚重，在当时的技术条件下，既要保证材料的辐射屏蔽性能又要提高其透气性是一件非常困难的事情。最早出现的防护服通风方式是人工通风，1960 年阿尔弗雷德·迈尔（Alfred Maier）提出了一种防辐射手套（DE1093949B），通过插入空气软管使防辐射手套与外界连接，空气软管一端插入内手套的内部，连接到指尖，另一端连接到风扇，由此实现手套内部的空气交换。这种通风方式对有空气出口的防护服是有效的，但在某些高暴露风险的环境中，人们不得不穿着全封闭式的防护服，且须避免与已被污染的外界环境直接进行气体交换，此种通风方式则不具备相应的适用条件。

　　1964 年，联合飞机公司提出了一种全封闭式防护服的人工通风方法（US3345641A），在防护服上设置进出气口，以形成空气流道，实现防护服内部与外界气体交换，并对排出的气体进行处理，处理后的气体与氧气供应设备产生的氧气混合，再次流入防护服内部，由此形成一个闭合的空气循环通路。该方法有效地保障了防护服整体的防辐射性能，同时也提高了使用者的穿着舒适度。

　　人工通风方式因其高效性、安全性，在此后经历了持续不断的发展。如 2011 年罗伯特·L. 马尔基奥内（Robert L. Marchione）提出的专利 US8710477B1、2018 年全州大学产学合作办公室提出的专利 KR102041052B1 也都涉及人工通风方式，专利 KR102041052B1 提出的防护服还具有一定的支撑结构以减轻肩部受力。

　　自然通风方式无需复杂的附加装置，使用自然方式通风的防护服质量相对较小，并具有较高活动自由度，但该项技术过多地依赖于材料技术，因此发展较为缓慢。1964 年，小文森特·D. 亚科诺（Vincent D. Iacono Jr.）提出了一种自然通风的辐射防护服（US3292179A），该防护服被设计成使穿着者与他的外部环境隔离，并提供一个穿着者可以安全舒适地工作的内部环境的结构。该防护服是多层构造，各层之间执行不同的功能，有两个独立的通道，以使空气流通，这两个空气通道基本上是平行的，并且完全覆盖了防护服所包围的身体部分，空气通道包括进气口和排气口，通道内设有有毒物质隔离材料以避免外界污染物质进入防护服内部。

1981 年，休伯特·冯·勃吕彻尔（Hubert Von Bluecher）提出了一种核辐射屏蔽织物（DK157766C），该织物包括外部不可燃纺织织物和透气性隔热内层，透气性隔热内层通过织物覆盖层覆盖在自由表面上，在织物外层和透气性隔热内层之间设置了同样透气的、柔性的、织物状的反射层，以保证织物的屏蔽与透气性能。

2013 年，拉里·伯格伦德（Larry Berglund）提出了一种可防核危害的防护服（US8978169B2），该防护服使用两级蒸发冷却过程来缓解穿着者的热应变。该防护服包括不可渗透的内层和芯吸外层，一个或多个贮存器设置在内层的内部，用于收集冷凝或未蒸发的汗液；一个或多个泵将汗液转移到不可渗透层的外部，以便汗液在芯吸层中分布并从防护服中蒸发，一个或多个泵由人体自然运动提供动力，也可采用电动泵。由此，提供了一种质量更小、更节能的设备，有助于减少穿着该防护服的人员的热负荷。

4.3.1.5 穿脱性能技术发展脉络

在极端情况发生时，能够自行穿脱核辐射防护服对生命保障具有重要意义。易穿脱的核辐射防护服不仅便于使用者的使用，还可以避免使用者在脱衣过程中接触防护服外侧沾染的有毒有害物质，因此，改进核辐射防护服的穿脱性能也成为专利申请中的一个重要技术主题。核辐射防护服穿脱性能技术发展脉络如图 4-13 所示。

图 4-13　核辐射防护服穿脱性能技术发展脉络图

1992 年，三菱重工业株式会社提出了一种自动脱衣装置（JP2560686Y2），通过外设的自动脱衣装置，实现了自动脱衣，使脱衣更便捷，也可避免使用者在脱衣过程中接触防护服外侧沾染的有毒有害物质。但是，这种装置无法随身携带，使用者无法在需要时随时随地获得，因此在实际应用中受到限制。

2010 年，北京市华仁益康科技发展有限公司提出了一种铅衣围腰锁紧装置（CN202102733U），该装置包括滑轮组、拉绳、支撑架，拉绳缠绕在滑轮组上形成动滑轮和定滑轮；滑轮组固定在支撑架上；拉绳的端部是尼龙黏扣，可以黏在铅衣腰部的不同位置，起到调节松紧的作用；支撑架固定在铅橡塑材料上。这样的设计让使用者在穿戴围腰时只用一只手即可完成，而且也无须担心围腰松紧带弹性会失效。

2012 年，日本核电株式会社（日本原子力発電株式会式）提出了一种易穿脱的放射性污染防护服（JP5729706B2），该防护服包括一个防护服主体和一个开关部分，防护服主体包括躯干部、手臂部及腿部，开关部分包括从腿部的上部区域到罩部分的开关紧固件，紧固件设置在保护性衣体的后部，通过紧固件实现该防护服的穿脱。

2016 年，日本濑仓株式会社提出了一种连体式防护服（JP3204406U），在防护服的腰部设有紧固件，紧固件可单独移动，易被打开和关闭以形成封闭部，打开紧固件时，防护服的上部与下部分隔开形成开口，供使用者穿脱防护服。

2019 年，昌乐县妇幼保健院提出了一种易穿脱的防辐射医用隔离衣（CN109830323A），该医用隔离衣主要包括隔离衣主体、气囊束腰带、气囊束颈带、气囊束手带、气囊束脚带、控气装置、卡条盘、连接条和对接条。其中，控气装置位于气囊束腰带前侧面左侧，控气装置的右侧设有电源仓，电源仓外表面设有控制钮，控制钮的右侧设有卡条控制钮；卡条盘位于隔离衣主体的头部后表面；隔离衣主体背部设有用于穿脱的开合卡条，开合卡条分为连接条和对接条，连接条和对接条分别通过滑块与气囊束腰带后表面上端的两个轨道槽连接，轨道槽内设有伸缩气囊，伸缩气囊与滑块固定连接。该医用隔离衣使用方便，可快速穿脱，并且抗辐射效果显著。

4.3.2　重点申请人分析

核辐射防护服领域全球专利申请量较小，且申请人较为分散，下面将对在核辐射防护服关键材料技术方面有重要影响力的东丽株式会社，以及对在核辐射防护服领域较为活跃的国内申请人南京航空航天大学、天津纺织工学院进行分析。

4.3.2.1　东丽株式会社

东丽株式会社成立于 1926 年，总部位于日本东京，是一家以有机合成化工、高分子化学和生物化学为核心技术的世界领先的综合性高科技企业，在全球 20 多个国家和地区设有 100 多家公司，是核辐射防护服领域的全球重点申请人。

1982 年，东丽株式会社率先采用中子吸收剂与高聚物熔融混合作为芯层，再以纯高聚物为皮层，通过复合纺丝法制得具有皮芯结构的防中子辐射纤维，并申请了专利 CA1186465A。20 世纪 80 年代起，东丽株式会社就开始活跃于辐射防护领域，致力于辐射屏蔽材料的研发，在其申请的相关专利中，除少量涉及防护服结构外，其余大多数均与辐射屏蔽用纤维、片材的制作技术有关。

图 4-14 列出了东丽株式会社在核辐射防护服领域的主要发明人，图 4-15 列出了东丽株式会社在核辐射防护服领域的重要发明人团队。从图 4-14 和图 4-15 可以看出，武田昌信、大内茂弘、中村猛利是东丽株式会社三位主要发明人，其中，大内茂弘在 20 世纪八九十年代取得了较为突出的研究成果，是 CA1186465A、JP1986044968B2 等核心专利的发明人；武田昌信和中村猛利在核辐射防护服领域有一定的合作。

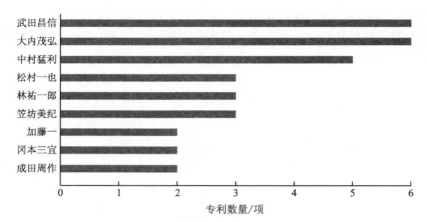

图 4-14　东丽株式会社在核辐射防护服领域的主要发明人

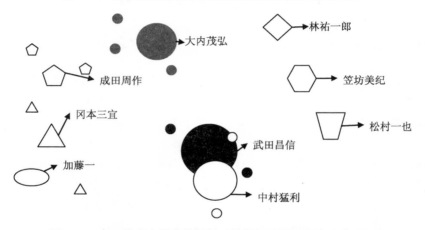

图 4-15　东丽株式会社在核辐射防护服领域的重要发明人团队

4.3.2.2　天津纺织工学院

天津纺织工学院（后并入天津工业大学）是我国较早投入核辐射防护服研究的院校之一，在 20 世纪 80 年代末 90 年代初申请了多件专利，主要专注于 γ 射线防护和中子防护的研究，且在该领域申请了多件发明专利并获得授权。天津纺织工学院率先在国内研发出了具备较高辐射屏蔽性能的皮芯型短纤维，该纤维的拉伸强度为 1.8~3.0 cm/dtex，拉伸度为 20%~38%，卷曲数为 3~8 个/cm，可制成机织布、针织布及无纺布，机织布、针织布与通常生活用的纤维织物手感、柔软性基本相同，机织布、针织布的面密度为 400~700 g/m²，无纺布的面密度可根据使用要求在 100~2 000 g/m² 内任意选择，使用该纤维无二次辐射及粒子产生，并且由该纤维织物制成的防护服在穿用及洗涤中屏蔽物质不发生脱落，对人体不产生毒害作用。该项技术当时在国内处于领先水平，但令人遗憾的是，天津纺织工学院在该领域的专利申请仅集中于 20 世纪 90 年代，此后并无新的专利申请。天津纺织工学院在核辐射防护服领域的重点专利如表 4-2 所示。

表4-2　天津纺织工学院在核辐射防护服领域的重点专利列表

公开（公告）号	发明名称	申请年	法律状态/事件	有效期（截止年）
CN1052968A	中子和γ射线辐射屏蔽材料	1989	撤回	1993
CN1061676A	中子和γ射线辐射屏蔽材料	1990	撤回	1994
CN1032833C	中子和γ射线辐射屏蔽材料	1992	未缴年费	1998
CN1032832C	中子辐射屏蔽透明材料及其制造方法	1992	未缴年费	1998
CN1037788C	中子和γ射线辐射屏蔽纤维及其制造方法	1992	未缴年费	2000
CN1030572C	防辐射柔性聚氨酯泡沫塑料及其制造方法	1992	未缴年费	2001
CN1048108C	高性能辐射屏蔽透明材料及其制造方法	1992	未缴年费	2001
CN1038953C	多功能电磁辐射屏蔽纤维及其制造方法	1992	未缴年费	2001
CN1084517C	宽温中子和γ射线辐射屏蔽材料	1996	未缴年费	2005

4.3.2.3　南京航空航天大学

近年来，南京航空航天大学在核技术的利用及辐射屏蔽方面进行了广泛的研究，将核科学与材料学、医学等其他学科的交叉领域研究作为发展方向，特别是自陈达院士2011年受聘南京航空航天大学后，由陈达院士作为学科带头人的核科学与工程系快速发展、壮大，拥有了完整的学科专业体系。南京航空航天大学也因此研发出了多种技术领先的辐射屏蔽材料。

2011年，南京航空航天大学提出了一种层压式中子辐射屏蔽复合材料及其制造方法（CN102529239B），该材料为三层复合结构，底层是聚乙烯纤维增强环氧树脂基体，中间层为硼纤维增强环氧树脂基体，上层是接枝了丙烯酸铅的聚乙烯纤维增强环氧树脂基体。环氧树脂基体原料的基本组成按质量分为：100份双酚A环氧树脂、8—15份咪唑固化剂和3—7份硅烷偶联剂。底层环氧树脂基体中另添加占环氧树脂总质量5%~20%的碳化硼；上层环氧树脂基体中另添加占环氧树脂总质量10%~30%的氧化铅。通过在环氧树脂中加入不同种类的粉末并分梯度制作，以提高材料的屏蔽效率。

2017年，南京航空航天大学提出了一种柔性氧化石墨烯水凝胶中子辐射屏蔽材料及其制造方法（CN107887046A），该材料由聚合物、氧化石墨烯、中子功能屏蔽组分和添加剂组成。聚合物由聚乙烯醇和丙烯酸交联而成；氧化石墨烯为单层氧化石墨烯、多层氧化石墨烯或二者不同比例的组合；中子功能屏蔽组分为硼酸；添加剂包括引发剂硫酸铵与交联剂N,N-亚甲基双丙烯酰胺。将原料依次经过各组分水溶液制备，然后将各组分水溶液依次混合，让其在恒温下密封反应、透析，完成后就能得到上述材料。该材料具有柔性、高的中子屏蔽性能、优秀的机械性能，且制备工艺简单，可以作为中子屏蔽防护服的材料。

南京航空航天大学在核辐射防护服领域的重点专利如表4-3所示。

表 4-3　南京航空航天大学在核辐射防护服领域的重点专利列表

公开（公告）号	发明名称	申请年	法律状态/事件	有效期（截止年）
CN102529239B	一种层压式中子辐射屏蔽复合材料及其制造方法	2011	授权/权利转移	2031
CN104217776B	一种防中子和 γ 射线的套装	2014	授权/权利转移	2034
CN105399925B	可快速固化聚氨酯基 γ 射线屏蔽复合材料及其制造方法	2015	授权	2035
CN106098127B	具有辐射警示与温度调节功能的柔性辐射防护材料及其制造方法	2016	授权	2036
CN106280501A	一种以泡沫金属为基体的中子屏蔽复合材料及其制造方法	2016	驳回	—
CN107778508A	一种梯度式柔性 n-γ 混合场辐射屏蔽材料及其制造方法	2017	实质审查	—
CN107887046A	一种柔性氧化石墨烯水凝胶中子辐射屏蔽材料及其制造方法	2017	实质审查	—
CN107698949A	一种聚乳酸基中子屏蔽复合材料及其制造方法	2017	实质审查	—
CN108484208A	一种莫来石/刚玉基乏燃料贮运用中子屏蔽泡沫陶瓷及其制造方法	2018	实质审查	—
CN108409307A	一种中子屏蔽泡沫陶瓷及其制造方法	2018	实质审查	—
CN108863442A	一种中子屏蔽复合材料及其制造方法	2018	实质审查	—
CN110519978A	一种 Co-CNTs/碳纤维复合电磁屏蔽材料及其制造方法	2019	实质审查	—

4.4　小结

通过前文分析发现，核辐射防护服技术创新是从材料和结构两个方向展开的。

（1）材料方面。

① 从核辐射防护材料构成来看，主要应当考虑功能元素（即功能填料）在基体材料中的分散程度、功能元素本身的结构特征等，功能元素在基体材料中分散地越均匀、空隙越小，射线与材料中功能元素产生相互作用的概率越大；② 从核辐射防护材料的电子密度来看，由于射线主要与防护材料中原子核外电子产生相互作用，若能

显著提高防护材料核外电子的密度，就能提高防护材料对射线的衰减能力，增加防护材料中的重金属元素含量，提高防护材料密度，可以增加防护材料核外电子密度；③ 从各功能元素的防护协同效应来看，各功能元素具有不同的射线能量范围吸收限，如果将不同的功能元素合理组合，使防护材料具有较宽的射线能量范围吸收限，那么，防护材料发生光电效应的作用截面将会显著增加，射线屏蔽性能也会明显增强。

（2）结构方面。

不同的应用环境对核辐射防护服的支撑性能、透气性能、穿脱性能的要求会有所差别，应根据应用环境的不同进行各性能的平衡。

随着经济的不断发展，当前消防安全面临的问题日益严峻。新型化工材料推广迅速，部分材料虽然能迎合市场需求，但具有易燃易爆的缺点，稍有使用不当就会严重威胁消防安全。建筑领域技术发展催生出不断刷新高度的地标建筑，但同时也给消防安全带来新的挑战，一旦发生火情将给救援带来较大困难，如 2010 年 11 月 15 日上海市静安区发生高层住宅火灾事故，有 58 人遇难，该住宅高度仅 28 层。大型易燃易爆材料的堆放场所出现险情，有的需要较长的灭火时间，这就对消防服材料提出了更高的要求，如天津港爆炸事故就有报道称部分消防人员的消防服被烧焦。因此，提高消防服面料领域技术创新能力，保护好人民群众生命和财产安全已成为经济社会发展的必然需求。

本章主要根据消防服面料领域的全球专利数据和中国专利数据，分别从专利申请的发展趋势、专利申请的区域分布、专利申请的技术主题分布及专利申请人这四个方面进行分析。结合产业发展状况绘制消防服面料技术中关键技术点的专利技术发展路线图，提取相关的重点专利或专利组合，并对重点专利的核心技术进行研究，分析相关技术的源头，确定核心技术及其主要申请人的竞争态势、研发思路和专利布局策略，以期为国内消防服面料技术的发展提供参考。

5.1 全球专利申请情况分析

表 5-1 列出了消防服面料领域的全球专利申请数量，截至 2020 年 6 月，消防服面料领域的全球专利申请数量为 7 972 项，每项专利申请已公开的同族申请总量合计 11 071 件。

表 5-1 消防服面料领域的全球专利申请数量

项目	全球总申请量 （按最早优先权，单位：项）	全球总申请量 （按同族公开号，单位：件）
消防服面料	7 972	11 071

5.1.1　全球专利申请的趋势分析

图 5-1 显示了近 30 年消防服面料领域全球专利申请量的变化趋势。从全球范围来看，1999 年之前消防服面料领域的全球专利申请量一直维持在低位，年申请量均在 60 项以下；2000—2009 年，全球专利申请量呈缓慢增长趋势，但年申请量仍处于 200 项以下；从 2010 年开始，全球专利申请量快速增长，到 2016 年达到顶峰 889 项，年增长率为 25.3%，这在一定程度上反映了人们越来越重视消防服面料领域的技术研发。

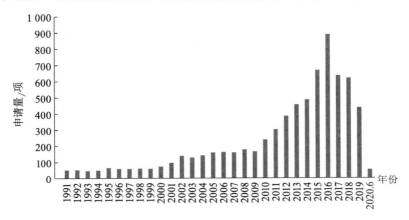

图 5-1　近 30 年消防服面料领域全球专利申请量变化趋势图

5.1.2　全球专利申请的区域分布分析

图 5-2 显示了消防服面料领域全球专利申请量排名前五的区域。从图 5-2 可以看出，中国专利申请量居全球首位，其次为美国，日本位列第三。除中国外，专利申请量居前五位的均为发达国家，这与其较强的科技创新能力是分不开的。

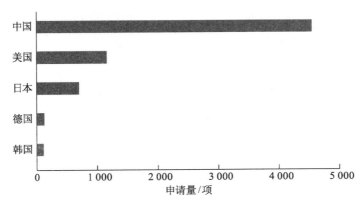

图 5-2　消防服面料领域全球专利申请量排名前五的区域

5.1.3　全球专利申请的申请人分析

图 5-3 显示了消防服面料领域全球专利申请量排名前十的申请人。从图 5-3 可以

看出，杜邦公司、帝人株式会社等跨国企业的专利申请量占有绝对优势。在全球专利申请量排名前十的申请人中，杜邦公司①、晨光荣耀制造有限责任公司（Morning Pride Manufacturing，LLC）、戈尔公司②、3M 公司③、霍尼韦尔国际股份有限公司、狮牌服装股份有限公司（Lion Apparel，Inc.）六家公司均为美国公司，说明了美国在该领域的优势地位，此外帝人株式会社、松下电工株式会社和东丽株式会社这三个重要申请人为日本公司，中国申请人只有东华大学。出现这种情况的原因在于，跨国企业在该领域具有较强的研发能力，并且具有较强的知识产权保护意识，新的研究成果能够及时转化为专利申请；由于该领域的特殊性，个人较难出研究成果，个人申请量较小。杜邦公司作为全球大型跨国企业，业务涉及食物与营养、服装、家居与建筑、电子、交通等多个生活行业领域，在新型纤维研发方面也颇具盛名，其专利申请量与其市场地位是匹配的。另外，帝人株式会社是著名的跨国企业，也是日本化纤纺织界的巨头之一，其专利申请量与其市场地位也是匹配的。

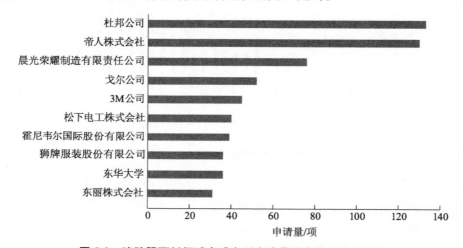

图 5-3　消防服面料领域全球专利申请量排名前十的申请人

5.1.4　全球专利申请的主要技术主题分析

图 5-4 显示了消防服面料领域全球专利申请的主要技术主题分布。在消防服面料的全球专利申请中，涉及外层改进技术的占 54.7%，涉及隔热层改进技术的占 27.5%，涉及舒适层和防水透气层改进技术的分别占 9.6% 和 8.2%，这与消防服面料各层所提供的防护性能密切相关。消防服面料一般有四层，各层具有不同的功能：外

---

① 杜邦公司包括：纳幕尔杜邦公司、杜邦公司加拿大分公司、杜邦安全与建筑公司、杜邦-东丽株式会社。本章进行数据统计和综合分析时，按照杜邦公司合并，并以杜邦公司名称进行描述。
② 戈尔公司包括：W. L. 戈尔有限公司、W. L. 戈尔及同仁股份有限公司、W. L. 戈尔及合伙人（英国）有限公司、戈尔企业控股股份有限公司。本章进行数据统计和综合分析时，按照戈尔公司合并，并以戈尔公司名称进行描述。
③ 3M 公司包括：3M 创新有限公司、明尼苏达矿业和制造公司、明尼苏达矿产制造公司、明尼苏达州采矿制造公司、3M 中国有限公司。本章进行数据统计和综合分析时，按照 3M 公司合并，并以 3M 公司名称进行描述。

层为耐火层，第二层为防水透气层，第三层为隔热层，内层为舒适层。四层织物相互协同作用，为消防员提供安全舒适的环境。消防服面料的外层作为阻燃的第一道屏障，需要具备阻燃、抗湿、防割裂撕破、热稳定等性能。改进消防服面料外层的性能对提高消防服的整体性能具有至关重要的作用。

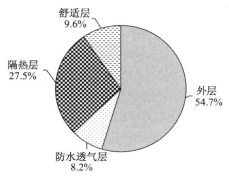

图 5-4 消防服面料领域全球专利申请主要技术主题分布图

5.2 中国专利申请情况分析

5.2.1 中国专利申请的趋势分析

图 5-5 显示了近 30 年消防服面料领域中国专利申请量的变化趋势。2001 年以前，中国专利申请量很少，年申请量均在 22 件以下，其中 1991 年只有 2 件；2002—2009 年，中国专利申请量缓慢增长，但年申请量仍处于 90 件以下；从 2010 年开始，中国专利申请量快速增长，到 2016 年达到顶峰 769 件，年增长率为 32.4%，这与全球专利申请量的变化趋势基本一致。

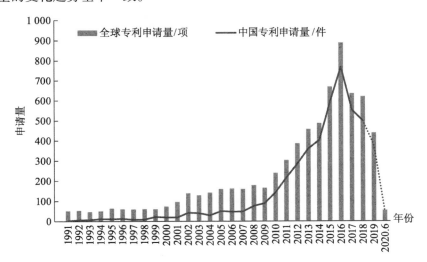

图 5-5 近 30 年消防服面料领域中国专利申请量变化趋势图

5.2.2 中国专利申请的申请人分析

1. 中国专利申请中国外和国内申请的总体情况分析

图5-6显示了消防服面料领域中国专利申请中国外和国内申请的总体情况。从图5-6可以看出，消防服面料领域中国专利申请总量为4 809件，其中，国外申请人在中国的专利申请量为359件，占比为7.5%，国内申请人在中国的专利申请量为4 450件，占比为92.5%。可见，在消防服面料领域中国专利申请中，国内申请人的专利申请数量明显占优势。

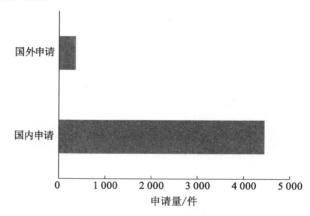

图5-6　消防服面料领域中国专利申请中国外和国内申请的总体情况

2. 中国专利申请的申请人分析

图5-7显示了消防服面料领域中国专利申请量排名前十的申请人。在这十位申请人中，杜邦公司的专利申请量占绝对优势，并且杜邦公司、戈尔公司、3M公司均为美国公司，说明美国公司十分重视中国市场，已经在中国进行专利布局。但这十位申请人中有七位是国内企业，说明国内申请人在消防服面料领域也占有一席之地，知识产权保护意识逐渐增强。其中，东华大学的专利申请量达到37件，位列第二，其具有较强的技术创新能力。

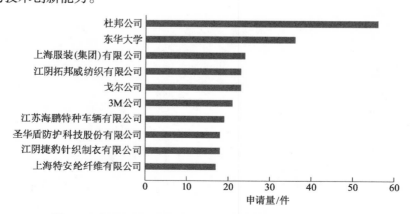

图5-7　消防服面料领域中国专利申请量排名前十的申请人

5.2.3　中国专利申请的主要技术主题分析

图 5-8 显示了消防服面料领域中国专利申请的主要技术主题分布。在消防服面料领域中国专利申请中，涉及外层改进技术的占 56.5%，涉及隔热层改进技术的占 23.6%，涉及舒适层和防水透气层改进技术的分别占 11.9% 和 8.0%。中国专利申请的技术主题分布与全球专利申请的技术主题分布基本相同，可见，中国和全球研发重点基本一致。

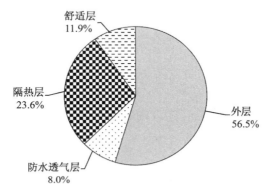

图 5-8　消防服面料领域中国专利申请主要技术主题分布图

5.2.4　中国专利申请的区域分布分析

图 5-9 是消防服面料领域中国专利申请区域分布图。从图 5-9 可以看出，消防服面料领域中国专利申请多集中在长三角地区及北京市、广东省等经济发达地区。江苏省的专利申请量位居榜首，这与中国专利申请量排名前十的申请人中有三位（江阴拓邦威纺织有限公司、江苏海鹏特种车辆有限公司、江阴捷豹针织制衣有限公司）是江苏的企业有关。

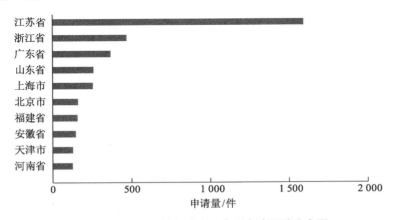

图 5-9　消防服面料领域中国专利申请区域分布图

5.3 重点专利技术分析

5.3.1 技术发展脉络

根据消防服面料各层具有的不同功能及各层的研发手段，下面将分别从外层、防水透气层、隔热层、舒适层四个方面，从织物材料、整理剂的开发和整理工艺的改进、外层结构角度进行技术发展脉络的梳理。

5.3.1.1 消防服面料外层技术发展脉络 （图 5-10）

1. 织物材料

消防服面料外层的阻燃性和耐热性的提升对消防服防护性能的提升具有重要作用。1968 年，尤尼罗亚尔股份有限公司 （Uniroyal Inc.） 提出了一种钢绞线（US3572397A），这种钢绞线即使在纯氧环境中也不支持燃烧，其包含至少 85% 质量比的不可氧化的无机纤维 （如玻璃石棉） 和小于 15% 质量比的有机纤维 （最优组合是 92% 质量比的无机纤维和 8% 质量比的有机纤维）。其中，有机纤维是一种尼龙，能抵抗高温下的氧化，如由间苯二胺和间苯二甲酰氯共聚形成的物质。有机纤维可以缠绕在用无机材料做的内芯的周围。当从热源中取出时，有机纤维是自熄的。

消防服面料外层的耐切割性也是必须要提升的性能之一。1978 年，贝特彻工业公司提出了一种耐切割纱线 （US4470251A），其由许多合成纤维如尼龙和芳族聚酰胺缠绕在不锈钢丝骨芯的周围制成，可以用于消防服面料的外层，以提高阻燃外层的耐切割性。1990 年，联合讯号公司提出了一种由耐切割线制成的保护性织物（US5119512A），该耐切割线包含两种不同的非金属纤维，其中至少有一种是柔性且耐切割的，而另外一种则具有 3 个 Mohs 以上的硬度水平。为实现外层防切割和阻燃，1991 年陶氏环球技术有限责任公司提出了一种由聚苯并恶唑或聚苯并噻唑聚合物或共聚物纤维制成的防护布 （CN1064512A）。

为提高外层的耐久性、耐磨性和耐切割性，可将无机长丝简单地合股到以前的合股线中，但用这种线难以编织出高质量的织物，纳幕尔杜邦公司于 2002 年提出了将聚苯并咪唑和聚纤维长丝用于织物来解决上述问题 （WO2004023909A3）。为解决现有技术中聚苯并咪唑不是刚性棒状聚合物、制备的纤维强度低的问题，纳幕尔杜邦公司于 2005 年提出聚吡啶并双咪唑纤维具有刚性棒状特性，同时具有优良的阻燃性，并且强度特别高，可将聚吡啶并双咪唑纤维应用到防护服外层面料中以提高其极端条件下的强度和耐用性 （CN101330842B）。其提出的面料由 5—50 质量份的聚吡啶并双咪唑纤维和 50—95 质量份的聚苯并咪唑纤维组成。

2009 年，日本毛织株式会社为解决对位芳纶纤维受到日照会发生分解、强度会降低的问题，提出了采用耐热性和耐光性强的聚醚酰亚胺纤维代替对位芳纶纤维与其他纤维混纺 （US20120042442A1）。2010 年，公安部四川消防研究所为了解决聚苯硫

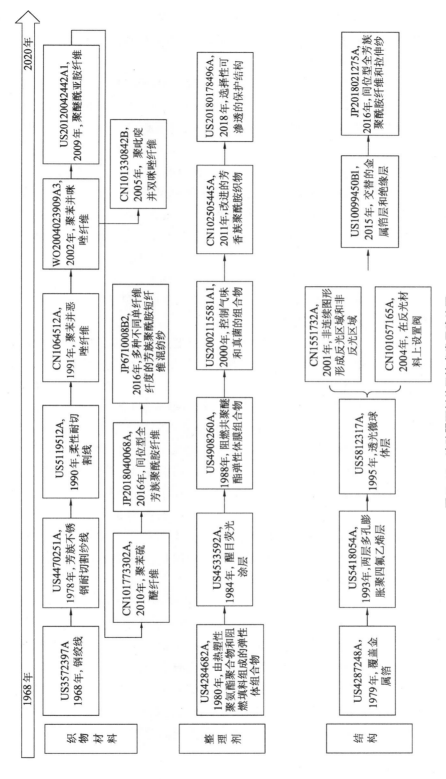

图 5-10　消防服面料外层技术发展脉络图

醚机织物虽然具有良好的阻燃性，但是易发生熔融现象，不能满足防护需求的问题，提出将其与其他阻燃纤维（如芳纶纤维）混纺，从而降低成本、提高消防服的耐热性能（CN101773302A）。

2016 年，帝人株式会社提出了一种织物（JP2018040068A），该织物含有间位型全芳族聚酰胺纤维，具有极佳的阻燃性和抗起球性，在 10 h 的 ICI 型 JIS L 1076—1992 织物抗起球性试验方法中测得布料起球为 3 级或更高级，并在 JIS L 1091—1992 A-4 纺织品可燃性试验方法中测得残余火焰为 2.0 s 或更短时间。

2016 年，杜邦-东丽株式会社公司提出了一种具有高剪切力和优异柔韧性的耐切割短纤纱（JP6710008B2），该短纤纱是通过将两种或更多种不同单纤维纤度的芳族聚酰胺短纤维混纺获得的纺纱，含有 20%～95% 质量比的单纤维纤度为 3.0～5.0 dtex 的对位芳族聚酰胺短纤维 A 和 5%～80% 质量比的单纤维纤度为 1.2～2.7 dtex 的芳族聚酰胺短纤维 B。当将短纤维 A 的混合比定义为 Y%（质量比），并且将短纤维 B 的混合比定义为（100-Y）%（质量比）时，耐切割纺纱优选满足下式：AF×Y≥BF×（100-Y）［AF：短纤维 A 的单纤维纤度（dtex），BF：短纤维 B 的单纤维纤度（dtex）］。

2. 整理剂的开发和整理工艺的改进

1980 年，美国国家宇航局提出了一种阻燃耐磨弹性体组合物（US4284682A），该弹性体组合物由热塑性聚氨酯聚合物和阻燃填料组成，该阻燃填料选自质量比为 3∶1 的十溴二苯醚和氧化锑，以及质量比为 3∶1∶3 的十溴二苯醚、氧化锑和多磷酸铵。使用这种弹性体组合物作为涂膜可以实现涂层织物的阻燃、耐磨和可热封性。

为了提高消防员在火灾现场的醒目性，3M 创新有限公司于 1984 年提出了一种新的装饰材料（US4533592A），其包括质量为至少 85 g/m² 的耐火织物、荧光涂层和覆盖荧光涂层一部分的具有柔性、可悬垂、可拉伸的回射片材。荧光涂层和回射片材的任何可燃部分的组合厚度为耐火织物厚度的 5%～60%。这种装饰材料可用于如消防员外套这样的制品，它具有如下性能：在 260 ℃ 的实验室烘箱试验中保持反射率 5 min，并在 204 ℃ 的实验室烘箱试验中保持荧光涂层的颜色 5 min。在复合装饰材料中能够保持强度、阻燃性和耐热性的织物性能，利用此装饰材料处理过的织物能够很好地解决醒目性和阻燃性问题。

1988 年，纳幕尔杜邦公司提出了一种阻燃共聚醚酯弹性体膜组合物（US4908260A），该组合物包含 60%～85% 质量比的亲水共聚醚酯弹性体膜（a），其厚度为 0.3～1.6 mil①，水蒸气透过率至少为 7 000 g/m²。亲水共聚醚酯弹性体膜基本上由多个长链酯单元和短链酯单元组成。亲水共聚醚酯弹性体膜含有 25%～80% 质量比的短链酯单元，这些短链酯单元通过酯键头尾相连 15%～40% 质量比的阻燃剂成分（b），37.5%～100% 质量比的阻燃剂为选自以下溴化芳族化合物中的至少一种：十四溴二苯氧基苯、亚乙基双四溴邻苯二甲酰亚胺和十溴二苯氧基苯。亲水共聚醚酯弹性

---

① 1 mil = 2.54×10⁻⁵ m。

体膜与溴化芳族化合物基于组分（a）和（b）质量比的比率小于 0.04。上述阻燃化合物可以进一步包含不超过 62.5% 质量比的至少一种选自金属氧化物、三甲苯三磷酸、三水合铝和硼酸锌的化合物。

2000 年，宝洁公司提出了一种用于防护服装的控制气味和真菌的组合物及其制备方法（US2002115581A1），该组合物包含环糊精和表面活性剂，作为小粒径液滴使用，能从喷射器中直接喷射到织物上，从而提高抑菌效果。2011 年，上海大学对芳香族聚酰胺织物进行改进（CN102505445A），在实现导湿排汗的同时保持了织物的耐热、阻燃、质轻、高强度等性能。

为了避免个人暴露于有害化学、生物试剂和霉菌中，纳幕尔杜邦公司于 2018 年提出了一种选择性可渗透的保护结构（US20180178496A），用于包裹或覆盖个人防护制品。该保护结构包括一种膜，该膜包含共聚物，该共聚物包含提供胺反应位点的乙烯共聚单元和共聚单体的共聚单元，该共聚单体与具有 5—50 个重复单元并含有一个伯胺活性胺位点的短链聚合物结合，具有至少 $200\ g/(m^2 \cdot 24\ h)$ 的水蒸气渗透值，并且对液态水具有阻挡作用，还可以选择支撑衬底。

3. 外层结构

1979 年，赫彻斯特股份公司提出了通过在一个面上覆盖金属箔来改进由增强羊毛、金属箔和沥青组成的沥青层压板（US4287248A），从而提供很好的阻燃性。同时，防止因伸长引起的应力导致金属箔起皱而破裂，由此获得的伸长率保持在 2%~35%。

为了避免阻燃成分在水洗过程中被洗掉而导致阻燃性变差，W. L. 戈尔及同仁股份有限公司于 1993 年提出了一种防水透气的阻燃层压材料（US5418054A），该材料由两层多孔膨胀聚四氟乙烯层、（含磷聚氨酯脲）聚合物阻燃黏合剂层构成，聚合物链中含有磷酸酯基团，在反复洗涤或干洗下，阻燃成分不会从黏合剂中脱落。

为了解决既保持外层醒目又可实现耐洗涤的技术问题，3M 创新有限公司于 1995 年提出了一种外层结构（US5812317A），其包含透光微球体层、黏合剂层、金属反射层和透光聚合物中间层。微球体层嵌入黏合剂层中，金属反射层位于微球体层和黏合剂层之间，而中间层位于微球体层和金属反射层之间。

为了解决反光材料吸收的热量积聚在服装内灼伤皮肤的问题，3M 创新有限公司于 2001 年提出将反光材料以非连续的图形形成反光区域和非反光区域（CN1551732A），在提供高水平反光亮度的同时，保持足够的渗透性，以防止穿着者暴露在吸收的热能和热的湿气中。非连续的图形包括反光区域和非反光区域，它们布置在对应于反光材料的区域内，通过防护服装的热衰减基本上不会降低，但蒸汽渗透性与不存在反光材料的情形相同，可提供较高的反光亮度和足够的渗透性，从而解决了在极端高温下积聚在反光材料中的湿气迅速膨胀而不能透过反光材料的问题。针对上述技术问题，2004 年 3M 创新有限公司又提出了新的解决方法（CN101057165A）：在反光材料上设置阀，该阀允许流体从制品的一个表面向另一个表面输送。

2015年，史蒂芬·D.米勒（Stephen D. Miller）提出了一种轻质多层阻燃层（US10099450B1），其包括交替的金属箔层和绝缘层。金属箔层可以黏附在阻燃层外表面和内表面上，阻燃层可以附接或耦合到支撑层。这种轻质多层阻燃层材料可以制作成便携式遮蔽物，由消防人员携带，因此要求其质量小且薄，以实现紧凑的存储和运输。轻质多层阻燃层可在薄的轻质复合材料中提供高对流曝光时间。

2016年，帝人株式会社提出了一种由两层或多层布组成的叠层织物（JP2018021275A），其具有极好的阻燃性和拉伸性。它是一种包含两层或更多层布的层压织物，其中至少一层含有间位型全芳族聚酰胺纤维和拉伸纱，并具有如下性质：可燃性测试中具有2.0 s或更短时间的残余火焰和按照JIS L 1096—1990 6.14.1方法测定具有至少一次拉伸8%或更多的延伸率。

5.3.1.2 消防服面料防水透气层技术发展脉络（图5-11）

图5-11 消防服面料防水透气层技术发展脉络图

1973年，美国海军部提出了一种用于消防服的蒸汽阻挡层（US3925823A），其由氯丁橡胶构成，但该蒸汽阻挡层只能防水，不能实现透气，会引起穿着者的不适。

1982年，狮牌服装股份有限公司提出了一种包括外壳和热衬里的消防服（US4502153A），热衬里连接到外壳并衬在外壳的内部。热衬里包括邻近外壳内表面的基本上不透水的第一蒸汽阻挡层和基本上不透水的第二蒸汽阻挡层。在第一和第二蒸汽阻挡层之间是一层纤维状隔热材料。蒸汽阻挡层防止隔热材料层被润湿，从而在使用期间保持其隔热特性。

2003年，狮牌服装股份有限公司提出将ePTFE防水透气膜用于消防服（US6845517B2），既可以实现防水也能够实现透气，能大大提高穿着的舒适性。该消防服包括连续的外壳和防潮层，防潮层位于外壳的内部。当穿着上述消防服时，防潮层位于外壳和穿着者之间。防潮层包括至少一个通风口，使位于防潮层内部的空气能够被排出到防潮层的外部。纳幕尔杜邦公司发现ePTFE不能暴露在热环境下，并于2005年提出用氟化离子交换聚合物构成可透气防潮薄膜（US2006019566A1）。

为了提升消防服的生化性能，肖马特公司（Shawmut Corporation）于2006年提出了一种用于防护服的防水、化学物质透气膜（US20110171864A1），该膜可以由PES制成，通过对防水膜的选择可增强消防服的生化性能。

5.3.1.3 消防服面料隔热层技术发展脉络（图5-12）

1. 织物材料

1991年，波罗马特股份有限公司（Prometed S. P. A.）提出了一种由三层网眼针织品或能够约束空气的毛毯构成的隔热材料（US5172426A），这种隔热材料制成的防

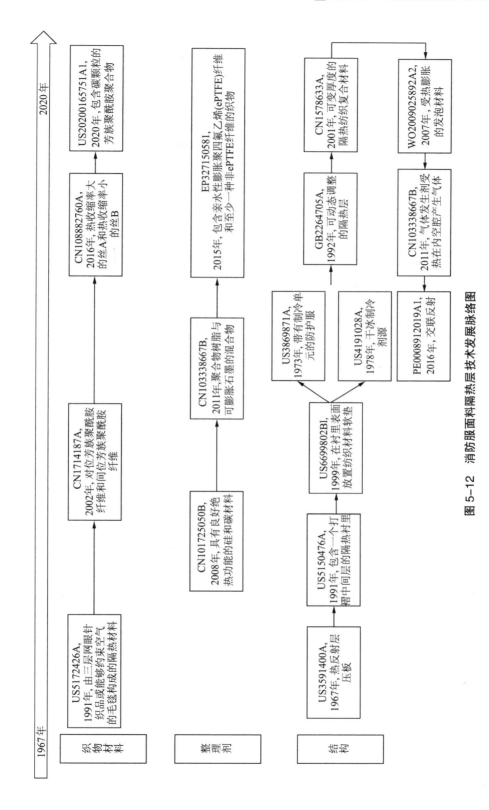

图 5-12　消防服面料隔热层技术发展脉络图

护服由几件衣服构成，这些衣服至少部分地重叠以对穿着者身体的不同区域提供不同程度的保护。该防护服具有与穿着者身体的至少一个或多个耐热区域相对应的最小保护区域，并且可以检测外部温度，从而使穿着者及时了解环境温度。在多件衣服的叠加作用下，防护效果最强的区域具有一层防火织物外层，该防火织物外层覆盖在至少一层由防火纱制成和至少一层由棉纱制成的网眼针织品上。

2002年，纳幕尔杜邦公司提出了一种采用两种不同梳理芳族聚酰胺纤维（即对位芳族聚酰胺纤维和间位芳族聚酰胺纤维）制成的均一垂直堆积的梳理芳族聚酰胺纤维网（CN1714187A），以实现隔热效果，垂直堆积的梳理芳族聚酰胺纤维网具有纵向矩形断面，该断面具有间距大致相等的连续且平行的波峰和波谷及延伸在每个波峰与波谷之间的垂直排列褶裥，以100质量份对位芳族聚酰胺纤维和间位芳族聚酰胺纤维为基准计，纤维网包含5—95质量份梳理对位芳族聚酰胺纤维和5—95质量份梳理间位芳族聚酰胺纤维。

2016年，帝人株式会社提出了一种在暴露于火焰或热时呈现凹凸结构的具有阻燃性和隔热性的布帛（CN108882760A），该布帛是通过在经向或纬向上交替配置热收缩率大的丝A和热收缩率小的丝B制成的。根据需要，可以将该布帛用于中间层得到多层结构布帛并制成纤维制品。

2020年，杜邦安全与建筑公司对上述纱线进行改进，提出了一种包含多根双组分长丝的纱线（US20200165751A1），双组分长丝具有包含第一聚合物组合物的第一区域和包含第二聚合物组合物的第二区域，它们在这些双组分长丝中是分离的。每根双组分长丝包含5%~60%质量比的第一聚合物组合物和40%~95%质量比的第二聚合物组合物。其中，第一聚合物组合物包含含有0.5%~20%质量比的离散状态均匀分散的碳颗粒的芳族聚酰胺聚合物；第二聚合物组合物包含不含离散碳颗粒的改性聚丙烯腈聚合物；该纱线具有0.1%~5%质量比的离散碳颗粒。

2. 整理剂的开发和整理工艺的改进

2008年，牌罗工业株式会社提出通过使用具有良好绝热功能的硅和碳材料来提高抗热衣服的隔热性和耐久性，并提出了一种用于抗热衣服的耐高温分层织物结构（CN101725050B）。该分层织物结构包括隔离外界热的高温隔离纤维织物，分散通过高温隔离纤维织物传递来的热的第一碳毡织物，隔离由第一碳毡织物分散的热的铝蒸汽沉积织物，分散通过铝蒸汽沉积织物传递来的热的第二碳毡织物，隔离和分散由第二碳毡织物分散的热的铝蒸汽沉积抗热织物，分散通过铝蒸汽沉积抗热织物传递来的热的芳纶毡织物，以及隔离由芳纶毡织物分散的热的芳纶织物。通过上述步骤热量被反复隔离和分散，可以有效避免热量从外部向内部传递，同时避免由高温辐射热引起的材料变形，抗热衣服的耐久性也得到提高。

2011年，W.L.戈尔有限公司提出了一种聚合物树脂与可膨胀石墨的混合物（CN103338667B），可在纺织品的一侧形成主动绝热体。其中，聚合物树脂在温度不低于可膨胀石墨开始膨胀的温度时可流动或可变形。2015年，W.L.戈尔及同仁股份有限公司提出了一种包含亲水性膨胀聚四氟乙烯（ePTFE）纤维和至少一种非 ePTFE 纤维的织物（EP3271505B1）。该织物兼具高透气性和可控的水分管理功能。该织物可以是机织、针织或者羊毛织物，包含基于最终织物的至少 15% 的 ePTFE 纤维。织物中的亲水性 ePTFE 纤维可以通过将水分存储在亲水性 ePTFE 纤维网中来控制织物中的水分，如水蒸气、液态水或汗水。几乎没有水分残留在亲水性 ePTFE 纤维的外部，即使在存在水分的情况下，也能让穿着者有干燥的感觉。另外，可以将 ePTFE 聚合物膜或纺织品层压到织物上以生产层压制品。

3. 隔热层结构

1967 年，明尼苏达矿产制造公司提出了一种热反射层压板及由其制成的便携式挠性热反射服装（US3591400A），该服装是通过将由亮片组成的转移片黏贴在织物上制成的，该转移片散布在自支撑的基片上，该基片至少外表面是弹性体，弹性体对亮片的附着力强且在 121℃ 的高温下也不会发生软化，另一面具有至少在最初加热软化并能渗透织物的外层。弹性体可以由环氧树脂和与环氧基反应的弹性体硬化剂组成。片材包括薄基片、弹性体薄片黏合层和织物黏合层，高温热反射薄片如铝薄片黏附在薄片的外表面上。

阻止热量的传递也是有效实现隔热的手段。1991 年，南磨房公司提出了一种消防员穿的隔热衬里（US5150476A），它包含一个打褶的中间层，其中褶裥之间包含一种空气袋阵列，从而起到隔热作用。由于波罗马特股份有限公司在 1991 年提出的由三层网眼针织品或能够约束空气的毛毯构成的隔热材料（US5172426A）难以排出汗水产生的水蒸气，增加了热应激现象，A. W. 海恩斯沃思及子有限公司（A. W. Hainsworth & Sons Ltd.）于 1999 年提出在衬里表面放置纺织材料软垫（US6699802B1），软垫在防火纺织层和衬里之间产生空气通道。

除了阻止热量的传递外，增加冷源也可以降低消防服内的温度。1973 年，雷巴尔科·A. 彼得罗维奇（Rybalko A. Petrovich）提出了一种带有制冷单元的防护服（US3869871A），该防护服包括用于循环冷却介质的管道的套管及容纳呼吸保护系统的冷藏箱和制冷单元，制冷单元包括气动泵和具有液体制冷剂的储存器。具有液体制冷剂的储存器中存在气垫，该气垫通过蒸汽管和气动泵连通，蒸汽管的一部分在液体制冷剂的水平面上方延伸并且可以移动地安装在储存器中，当姿势发生变化时可以适应性地移动以保持在垂直位置。由于这种结构布置，当穿着者倾斜时，蒸汽管总是在液体制冷剂的水平面上方延伸，由此仅允许制冷剂蒸汽进入气动泵。这改善了服装制冷单元的操作可靠性并扩大了服装的使用范围。

1978 年，美国海军部提出了一种在穿着者受到热应力时通过传导冷却来冷却衣服的 CO_2 供电系统（US4191028A）。这种冷却是通过干冰制冷剂源实现的，并且干冰升华期间释放的 CO_2 气体为隔膜式泵提供动力，隔膜式泵在热源和制冷剂或散热器之间传输传热液体。该系统可以与用于食品保存的盐水型冷却系统连接，以在紧急情况如由于非电能源导致的停电下维持食物温度。

增加织物厚度虽然能提升其隔热效果，但在隔热性能要求没有那么高的情况下，较厚的织物会影响穿着的舒适性，为了解决这一问题，出现了一系列可动态调整的隔热层。1992年，勃利德汽车技术股份有限公司提出了一种由两个平行层组成的纺织制品（GB2264705A），平行层由多根纱构成，每一层都与能让它们彼此相对移动的手动控制设备配合，当纱处于倾斜位置时，会引起连接纱的倾斜或者回直，使其与对应层靠近或分离，从而实现动态控制的隔热效果。

2001年，盖尔麦公司提出了一种隔热纺织复合材料（CN1578633A），该材料具有织造和针织结构，织造和针织结构之间具有至少两个由多根纱间隔连接的壁，多根纱倾斜设置，至少一层中使用热收缩材料，当达到足够高的温度时，纬纱会收缩，连接纱回直，复合材料的厚度增加，隔热效果增强。

2007年，攀高维度材料公司提出在织物外表面设置多个不连续的护板（WO2009025892A2），护板包含吸收足够热量后会显著膨胀的发泡材料，从而在活化时形成连续绝热且阻燃的外壳膜。

为了提高隔热性，W. L. 戈尔有限公司于2011年提出了一种隔热结构（CN103338667B），该结构具有由第一层和第二层形成的外空腔，外空腔内设有内空腔，内空腔设有气体发生剂，当温度升高时，气体发生剂将在内空腔产生气体，从而使内空腔厚度增大，第一层与第二层的间距也相应增大，以此来有效提高隔热性能。

2016年，3M创新有限公司提出了一种具有纵向和横向交联的反射制品（PE0008912019A1），该反射制品包括多个反射材料股线，多个反射材料股线在反射材料的桥接区域中结合在一起但在其他区域分离。反射材料包括反射主表面和非反射主表面。桥接件在反射材料中提供开口，开口可在至少一个方向上扩展以提供可变的扩展区域，每个开口具有纵向尺寸和横向尺寸，并且每个股线都具有一定厚度。在纵向上，交联的反射制品可以在至少一个方向上膨胀；在横向上，交联的反射制品可以在至少两个方向上膨胀。

5.3.1.4 消防服面料舒适层技术发展脉络 （图5-13）

图5-13　消防服面料舒适层技术发展脉络图

1. 织物材料

1992年，纳幕尔杜邦公司提出了一种具有改进舒适性的机织物（CN1032321C），其基本组成为未结晶的聚间苯二甲酸间苯二胺短纤维，每根丝的旦尼尔数为0.8~1.5 dpf。该机织物的单位质量为135.8~271.24 g/m^2。

为了提高舒适性，纳幕尔杜邦公司于1997年提出了一种芯吸水分的芳族聚酰胺织物（CN1177097C），该织物可以吸收人体新陈代谢产生的湿气和汗液，提高穿着舒适性。

为了解决阻燃、非卷曲长丝纱或短纤维无弹性且会起毛的技术问题，1999 年杜邦-东丽株式会社提出了一种卷曲耐热纤维及其制作方法（CN1340113A）。该耐热纤维复丝在最初加捻步骤中首次加捻，然后通过高温高压蒸汽或高温高压水进行处理，再通过热干处理进行定捻，最后以与最初加捻相反的方向再次加捻使其退捻，这样就可得到拉伸弹性高、受热不劣化且起毛和释放尘埃都很少的卷曲耐热纤维。

2. 整理剂的开发和整理工艺的改进

1981 年，纳幕尔杜邦公司提出了一种防护服（US4518650A），其至少部分是由复合织物制成，复合织物包含一层具有磺酸官能团的高度氟化的离子交换聚合物，复合织物的所有成分都是亲水的，允许水蒸气通过，可以提高穿着的舒适性。

5.3.2　重点申请人分析

美国杜邦公司成立于 1802 年，是一家以科研为基础的全球性企业，为人类提高食物与营养、服装、家居与建筑、电子、交通等生活领域的品质提供科学解决之道。2015 年，杜邦公司和陶氏化学公司合并，成为全球仅次于巴斯夫的第二大化工企业。杜邦公司为全球市场提供世界级的科学和工程能力，协助应对各种全球性挑战，包括为人类提供充足健康的食物、减少人类对化石燃料的依赖，以及保护生命与环境，让世界各地的人生活得更美好、更安全和更健康。杜邦公司的业务遍及全球 90 多个国家和地区，其广泛的创新产品和服务涉及农业与食品、楼宇与建筑、通信与交通、能源与生物应用科技等众多领域。

杜邦公司有 13 个业务部门：植物保护、先锋良种、营养与健康、高性能涂料、钛白科技、电子与通信、应用化学与氟产品、包装用塑料与工业用树脂、高性能聚合物、防护科技、可持续解决方案、建筑创新及应用生物科学。杜邦可丽耐（Corian）实体面材、特氟龙（Teflon）不黏涂层、耐力丝（Tynex）高级刷毛等高科技生活产品都为国内消费市场带来新的气息，它们将科学的奇迹转化为全新的生活概念和时尚，让人们生活得更美好、更舒适。毫无疑问，对于杜邦这样一家科技公司来说，科技上的不断突破是其成功发展的关键。

1. 杜邦公司全球专利申请量变化趋势分析

图 5-14 显示了近 30 年杜邦公司消防服面料领域全球专利申请量的变化趋势。从图 5-14 可以看出，1990—2001 年杜邦公司专利申请量一直维持在低位，除 1994 年、1999 年和 2001 年外，其余年份的专利申请量均不超过 2 项，其中 1994 年和 2001 年的专利申请量均为 4 项，1999 年的专利申请量为 3 项；2002—2011 年，杜邦公司专利申请量呈波动式增长，除 2007 年没有申请专利、2009 年专利申请量为 2 项外，其余年份的专利申请量均在 6 项及以上；2012—2020 年，杜邦公司专利申请量出现下滑，年均专利申请量在 2 项左右。

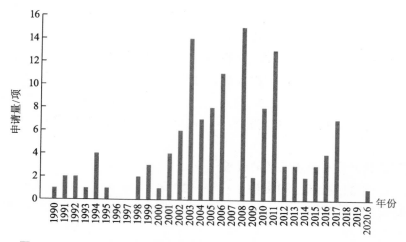

图5-14 近30年杜邦公司消防服面料领域全球专利申请量变化趋势图

2. 杜邦公司全球专利申请受理局分布分析

图5-15是杜邦公司消防服面料领域全球专利申请受理局分布图。从图5-15可以看出，杜邦公司消防服面料领域的专利申请主要集中在日本、美国、中国、加拿大等国家和地区，以及欧洲专利局和世界知识产权组织。在日本的专利申请量为91件，位居第一；在美国的专利申请量为79件，位居第二；尽管中国专利制度起步较晚，但是杜邦公司在中国的专利申请量仍有61件，位居第三，占其全球专利申请总量的13.6%，说明杜邦公司非常重视中国市场，并且1988年杜邦公司在深圳成立了杜邦中国集团有限公司，后又建立了多家子公司，由此更能说明这一点。

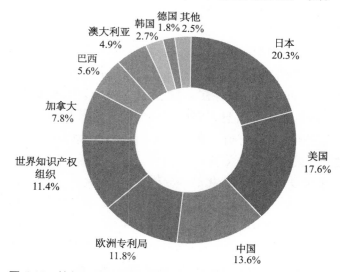

图5-15 杜邦公司消防服面料领域全球专利申请受理局分布图

3. 杜邦公司全球专利申请法律状态分析

图5-16显示了杜邦公司消防服面料领域全球专利申请的法律状态。从图5-16可

以看出，在杜邦公司现有的全球专利申请中，有 57.1% 的专利已经失效，有 21.9% 的专利处于有效状态，剩余专利申请在审中或未进入国家阶段。从专利的有效率来看，杜邦公司具有较多的专利保护期限届满的专利，这给消防服面料领域的相关厂商带来了较大的可以借鉴和采用相应技术的机会。

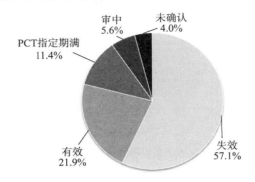

图 5-16　杜邦公司消防服面料领域全球专利申请法律状态分布图

4. 杜邦公司中国专利申请量变化趋势分析

图 5-17 显示了近 20 年杜邦公司消防服面料领域中国专利申请量的变化趋势。从图 5-17 可以看出，1998—2002 年杜邦公司中国专利申请量一直维持在低位，除 2001 年没有申请专利外，其余年份的专利申请量均为 1 件；2003—2011 年，杜邦公司中国专利申请量在波动中增长，年均专利申请量相对较多；2012—2017 年，杜邦公司中国专利申请量相对稳定，年均专利申请量为 2 件。由此可见，杜邦公司消防服面料领域中国专利申请量变化趋势与其全球专利申请量变化趋势保持一致。

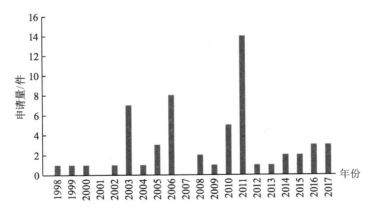

图 5-17　近 20 年杜邦公司消防服面料领域中国专利申请量变化趋势图

5. 杜邦公司中国专利申请法律状态分析

图 5-18 显示了杜邦公司消防服面料领域中国专利申请的法律状态。从图 5-18 可以看出，在杜邦公司现有的中国专利申请中，有 63.2% 的专利已经失效，有 28.1% 的专利处于有效状态，剩余专利申请在审中。从专利的有效率来看，杜邦公司具有较

多的专利保护期限届满的专利。鉴于杜邦公司注重对功能性纤维的研发和对知识产权的保护，28.1%的有效专利足以维持其在中国市场上的核心竞争力。

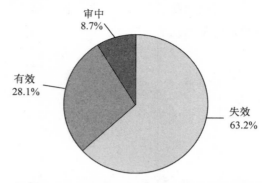

图 5-18　杜邦公司消防服面料领域中国专利申请法律状态分布图

6. 杜邦公司重点专利技术发展脉络

（1）消防服面料外层技术发展脉络（图 5-19）。

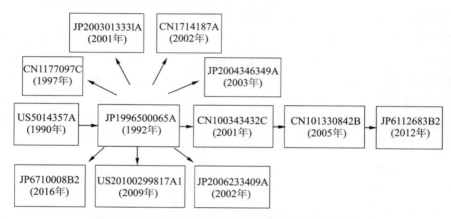

图 5-19　杜邦公司消防服面料外层技术发展脉络图

1990 年，纳幕尔杜邦公司提出了一种消防服外层织物（US5014357A），其包括质量为至少 230 g/m² 的聚对苯二甲酰对苯二胺连续长丝纱线织物外壳，外壳外表面层压有铝层，用于防止蒸汽喷射。

1992 年，纳幕尔杜邦公司提出了一种由合成纤维棒和与合成纤维棒至少一个表面接触的芳族聚酰胺纤维层组成的结构（JP1996500065A），芳族聚酰胺纤维是聚间苯二甲酰间苯二甲酰胺纤维、聚对苯二甲酰对苯二甲酰胺纤维或二者的混合物。

1997—2016 年，纳幕尔杜邦公司对芳纶纤维进行改进：1997 年提出了一种能持久芯吸的芳族聚酰胺织物（CN1177097C），用来提高舒适性；2001 年提出了一种尽可能地抑制由生产过程中的热处理引起的对位芳族聚酰胺纤维质量劣化的方法（JP2003013331A），并且保持了对位芳族聚酰胺纤维固有的优异性能，如耐热性、阻燃性和高强度性能；2002 年提出了一种垂直堆积的芳族聚酰胺装配体

（CN1714187A），其包含梳理对位芳族聚酰胺和间位芳族聚酰胺纤维，可用于消防服的内衬；为了保护环境、节省资源，2002 年提出了一种回收利用耐热性和高性能短纤纱产品的方法（JP2006233409A），特别是对全芳族聚酰胺纤维的再利用；为了提升芳纶纤维的耐热性和导电性，2003 年提出根据需要对由聚对亚苯基对苯二甲酰胺制成的芳纶纤维进行表面粗糙处理，然后用硅烷偶联剂进行处理并金属化（JP2004346349A）；为了适于电弧和火焰保护，2009 年提出了一种织物（US20100299817A1），其包括芳族聚酰胺纤维和改性聚丙烯腈纤维，改性聚丙烯腈纤维的锑含量低于 1.5%（优选不含锑）；为了提高芳纶织物的耐切割性，2016 年提出了一种具有高剪切力和优异柔韧性的耐切割短纤纱（JP6710008B2），以及一种在切割力与拉伸强度之间具有良好平衡性和优异柔韧性的耐切割短纤纱。

2001 年，纳幕尔杜邦公司提出了一种纱线（CN100343432C），该纱线的极限氧指数高于 21，且由两种具有不同收缩特性的长丝共混丝束组成；2005 年提出将聚吡啶并双咪唑纤维和 5—50 质量份聚苯并咪唑纤维用于阻燃服装（CN101330842B）；2012 年提出将磺化萘基聚二唑基短纤维作为阻燃纤维（JP6112683B2），并提出了一种阻燃短纤纱，其具有 50—95 质量份的磺化萘基聚二唑基短纤维，基于聚合物纤维和纱线中的纺织纤维的总量计，含有 5—50 质量份的纺织短纤维，其极限氧指数为 24 或更高，韧度为 2 g/den[①] 或更高。

从对上述技术的梳理可以发现，杜邦公司一直致力于新纤维的研发，并一直在为提高纤维性能做着不懈的努力。

（2）消防服面料防水透气层技术发展脉络（图 5-20）。

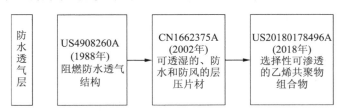

图 5-20　杜邦公司消防服面料防水透气层技术发展脉络图

1988 年，纳幕尔杜邦公司提出了一种阻燃共聚醚酯弹性体膜组合物（US4908260A），其具有阻燃和防水透气两种性能；2002 年，又提出通过将非织造织物黏合到无孔、防水、防风和可透湿的薄膜上来生产层压片材（CN1662375A），该薄膜用聚酯醚弹性体制成，该聚酯醚弹性体借助于具有一通式结构的长链酯重复单元和另一通式结构的短链酯重复单元之间的酯键合来制备。

2018 年，纳幕尔杜邦公司提出了一种选择性可渗透的保护结构（US20180178496A），用于包裹或覆盖个人防护制品，可避免提供屏障的制品损坏。

---

① 1 den $= \dfrac{1}{9}$ tex，1 g/den $=$ 9 g/tex，2 g/den $=$ 18 g/tex。

选择性可渗透的保护结构包括一种膜，该膜包含共聚物，该共聚物包含提供胺反应位点的乙烯共聚单元和共聚单体的共聚单元，该共聚单体与具有 5—50 个重复单元并含有一个伯胺活性胺位点的短链聚合物结合，具有至少 200 g/（m² · 24 h）的水蒸气渗透值，并且对液态水具有阻挡作用，还可以选择支撑衬底。

（3）消防服面料隔热层技术发展脉络（图 5-21）。

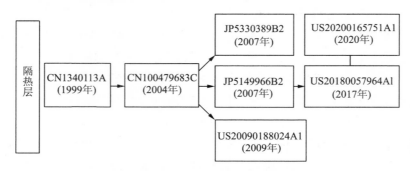

图 5-21　杜邦公司消防服面料隔热层技术发展脉络图

1999 年，杜邦－东丽株式会社提出了一种卷曲耐热纤维及其制作方法（CN1340113A），可以尽量防止生产过程中因加热导致耐热高性能纤维组分劣化，从而保持该耐热高性能纤维固有的优异耐热性和阻燃性，该卷曲耐热纤维具有良好的拉伸延伸率。

2004 年，纳幕尔杜邦公司从结构上对隔热层进行改进，以增强其隔热性能，提出内织物层和外织物层通过连接线阵列结合在一起（CN100479683C），并按照一定方式布置连接线阵列，以使外层受到外界施加的强热而收缩时，内层能够形成气泡状袋囊。

2007—2009 年，纳幕尔杜邦公司提出将含有衍生自 4，4′-二氨基二苯砜、3，3′-二氨基二苯砜及其混合物的单体结构的纤维用于耐热纤维中：2007 年提出通过从聚合溶液中纺丝得到含有衍生自 4，4′-二氨基二苯砜的胺单体和至少一种酸单体的多种胺单体的共聚物的纤维和包含该纤维的纱线（JP5149966B2），该纤维适用于耐热防护服和服装；2007 年提出了一种阻燃短纤纱和包含该纱线的织物及服装的制造方法（JP5330389B2），该纱线具有 25—90 质量份的聚合物短纤维和 10—75 质量份的纺织用短纤维，聚合物短纤维包含得自单体的结构体，单体选自 4，4′-二氨基二苯砜、3，3′-二氨基二苯砜及其混合物；纺织用短纤维具有 21 或更高的极限氧指数，质量份是按纱线中的聚合物短纤维和纺织用短纤维共 100 质量份计算的；2009 年提出了一种阻燃短纤纱和包含该纱线的织物及服装的制造方法（US20090188024A1），该纱线具有至少 25 质量份的聚合物短纤维，聚合物短纤维包含得自单体的聚合物或共聚物，单体选自 4，4′-二氨基二苯砜、3，3′-二氨基二苯砜及其混合物，2—15 质量份的具有低热收缩性的纤维，1—5 质量份的防静电纤维，以及其余的具有 21 或更大极限氧指数的阻燃纤维，质量份是按短纤纱中的聚合物短纤维、低热收缩性纤维、防静电纤维和阻燃纤维共 100 质量份计算的。

2017 年，纳幕尔杜邦公司提出了一种包含多根双组分长丝的纱线（US20180057964A1），这些双组分长丝具有包含第一聚合物组合物的第一区域和包含第二聚合物组合物的第二区域；这些区域是单独的且以皮芯结构或并排结构存在于双组分长丝中。其中，第一聚合物组合物包含含有 0.5%～20% 质量比均匀分散的离散碳颗粒的芳族聚酰胺聚合物，第二聚合物组合物包含不含离散碳颗粒并具有至少一种均匀分散的掩蔽颜料的芳族聚酰胺聚合物。该纱线具有 0.5%～5% 质量比的离散碳颗粒。

2020 年，杜邦安全与建筑公司对上述纱线进行改进，提出了一种包含多根双组分长丝的纱线（US20200165751A1），双组分长丝具有包含第一聚合物组合物的第一区域和包含第二聚合物组合物的第二区域，它们在这些双组分长丝中是分离的；每根双组分长丝包含 5%～60% 质量比的第一聚合物组合物和 40%～95% 质量比的第二聚合物组合物。其中，第一聚合物组合物包含含有 0.5%～20% 质量比的离散状态均匀分散的碳颗粒的芳族聚酰胺聚合物；第二聚合物组合物包含不含离散碳颗粒的改性聚丙烯腈聚合物。该纱线具有 0.1%～5% 质量比的离散碳颗粒。

7. 杜邦公司重点专利布局分析

图 5-22 是杜邦公司消防服面料领域专利布局示例图。从图 5-22 可以看出，围绕着核心专利（JP1996500065A，1992），杜邦公司进行后续研发和专利申请，提高重要技术主题下的专利申请数量，从而对核心创新成果形成持续完善的专利保护。

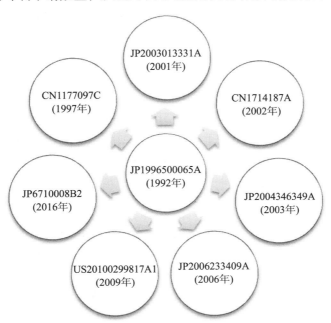

图 5-22　杜邦公司消防服面料领域专利布局示例图

1992 年，纳幕尔杜邦公司提出将芳族聚酰胺纤维层用于耐火材料（JP1996500065A），以提升合成纤维棉的耐火性，该耐火材料包括合成纤维棉和与合成纤维棉接触的芳族聚酰胺纤维层，并给出了合成纤维棉及芳族聚酰胺纤维层的选择可能性，合成纤维棉含有合成纤维，如聚酯、聚烯烃纤维或天然纤维；芳族聚酰胺纤维层包含聚对苯二甲酰对苯二胺、聚间苯二甲酰间苯二胺或这两种化合物的混合物。芳族聚酰胺纤维层包括织造织物或非织造织物。当芳族聚酰胺纤维层包括凯夫拉尔、诺梅克斯或诺梅克斯和凯夫拉尔的混合物时，非织造织物包括针刺织造织物；当芳族聚酰胺纤维层包括凯夫拉尔或诺梅克斯和凯夫拉尔的混合物时，非织造织物包括水力缠结织物。如果芳族聚酰胺纤维层包括凯夫拉尔或诺梅克斯的混合物，芳族聚酰胺纤维层通过水刺（水力缠结）或针刺在化学纤维棉絮垫中获得；如果芳族聚酰胺纤维层包括凯夫拉尔、诺梅克斯或诺梅克斯和凯夫拉尔的混合物，芳族聚酰胺纤维层被层压在化学纤维棉絮上。传统生产工艺中，用于制作防护服的芳族聚酰胺纤维及纱线在制造过程中会经过热拉伸处理，以使纤维机械性能得到充分发展，但是这些纤维及纱线基本结晶，难于染色。

人体新陈代谢产生的湿气和汗液积聚在皮肤上，如果不能通过长丝纱与皮肤的接触将其吸走，会导致穿着不舒服。为了解决这一技术问题，1997 年纳幕尔杜邦公司提出了一种由结晶纱线制成的芯吸性芳族聚酰胺织物（CN1177097C），用于消防服及其他防护服。该织物是一种包含结晶芳族聚酰胺纱线的芯吸织物，由75%质量比或更多结晶芳族聚酰胺纱线制成。制造芯吸织物的方法包括下列步骤：① 用含有 10~800 g/L极性溶剂的水溶液对织物进行浸轧；② 让水溶液在室温下与织物保持一段时间的接触，该段时间足以使织物的纤维润胀但不超过 36 h；③ 用芯吸整理剂溶液对织物进行浸轧；④ 在不超过 200 ℃的温度下对织物实施不超过 30 min 的干燥。

当使用对位芳族聚酰胺纤维制造诸如服装面料时，该纤维仅以长丝纱线或短纤纱的形式使用而没有卷曲，这就会带来服装产品弹性差、穿着不舒服且难以操作的问题，为了提高由非卷曲的对位芳族聚酰胺纤维制成的纤维产品的灵活性或可加工性，并且让纤维产品具有不起毛或不起尘的性能，2001 年杜邦-东丽株式会社提出了一种对位芳族聚酰胺卷曲纱及其制备工艺（JP2003013331A），该制备工艺尽可能地抑制了由生产过程中的热处理引起的对位芳族聚酰胺纤维质量的劣化，并且得到的对位芳族聚酰胺纤维具有优异的耐热性、阻燃性和高强度特性，且不易起毛和产生灰尘。其具体方案为：使用具有高含水量的对位芳族聚酰胺纤维获得比常规生产方法获得的卷曲纱具有更高的拉伸伸长率和可拉伸弹性模量的卷曲纱。制备该卷曲纱包括以下步骤：① 对水分含量在 15%以上并且没有干燥至水分含量不超过 15%历史的对位芳族聚酰胺纤维进行加捻后，在不高于纤维的分解温度下进行干式热处理，然后使捻度不加捻；② 对水分含量在 15%以上并且没有干燥至水分含量不超过 15%历史的对位芳族聚酰胺纤维进行加捻后，用 60 ℃~130 ℃的水蒸气进行湿热处理，然后使捻度不加捻。纤维产品可以仅由对位芳族聚酰胺卷曲纱线制成，或者可以是与其他纤维纱线的混合机织物或混合针织物。然而，当纤维产品是混合机织产品或混合针织产品时，对位芳族聚酰胺纤维组分约 5%或更高。

为了充分发挥芳族聚酰胺纤网耐热和防火性能，2002 年纳幕尔杜邦公司提出了一种可用于消防服隔热衬里的垂直堆积的梳理芳族聚酰胺纤网（CN1714187A），这种垂直堆积的梳理芳族聚酰胺纤网具有纵向矩形断面，该断面具有间距大致相等的连续且平行的波峰和波谷，以及大量平行排列的褶裥或垂直的堆积边，它们排列成手风琴样式并在每个波峰与波谷之间交替地沿不同方向延伸。其中，关键是采用两种不同梳理芳族聚酰胺纤维，即对位芳族聚酰胺纤维和间位芳族聚酰胺纤维。这两种纤维可以是杜邦公司以商品名凯夫拉尔销售的对位芳族聚酰胺纤维和杜邦公司以商品名诺梅克斯销售的间位芳族聚酰胺纤维。以对位芳族聚酰胺纤维和间位芳族聚酰胺纤维之和为 100 质量份计，该纤网包含 5—95 质量份梳理对位芳族聚酰胺纤维和 5—95 质量份梳理间位芳族聚酰胺纤维。

针对芳族聚酰胺纤维用于防火织物时存在导电性能不足的问题，2003 年杜邦-东丽株式会社对此进行改良，提出了一种耐热性、导电性优异的织物（JP2004346349A）。该织物包含金属电镀纱线，构成金属电镀纱线的有机聚合物纤维可以为芳族聚酰胺纤维、全芳族聚酯纤维，如聚对苯撑苯并二恶唑纤维。芳族聚酰胺纤维包括间位芳纶纤维和对位芳纶纤维，前者是间位型全芳族聚酰胺纤维，如聚间苯二甲酰胺纤维（杜邦公司制造，商品名为诺梅克斯），后者是对位型全芳族聚酰胺纤维，如聚对亚苯基对苯二甲酰胺（杜邦-东丽株式会社制造，商品名为凯夫拉尔）和共聚对亚苯基-3，4′-氧代二亚苯基对苯二甲酰胺纤维（帝人株式会社制造，商品名为泰克诺拉）。全芳族聚酰胺纤维是耐热的且具有优异的强度和耐切割性，因此它可用于工作手套、安全防护服或工业材料。

用过的细纱产品会产生大量废物，回收利用势在必行，但是使用与通用纤维相同的再利用方法时，公知的开口机存在纤维不能进行有效且充分打开的问题。对此，2006 年杜邦-东丽株式会社提出了一种回收利用耐热高性能短纤纱产品的方法（JP2006233409A）。耐热高性能短纤纱包括全芳族聚酰胺纤维，分为对位型全芳族聚酰胺纤维或间位型全芳族聚酰胺纤维。这些芳族聚酰胺纤维可以通过公知的方法或其改进方法制备。耐热高性能短纤纱优选对位芳族聚酰胺纤维，特别是聚对苯撑对苯二甲酰胺纤维。具体回收步骤如下：① 检查使用过的耐热高性能短纤纱产品是否可以重复使用，检查产品是否含有螺栓等各种机械零件和杂物；② 清洁使用过的耐热高性能短纤纱产品，在洗涤过程中，黏附于耐热高性能短纤纱产品的污垢如塑料或金属粉末被去除；③ 对使用过的耐热高性能短纤纱产品进行破碎处理，将其机械分解成纱、片段或棉絮状，以待分离。

当用防护服保护工人免受潜在闪火的伤害时，实际暴露于火焰的时间是一个重要的考虑因素，电弧和火焰保护涉及人的生命，因此需要在低基重下提供改进的闪火性能和高水平电弧保护性能，同时减少环境污染、材料浪费。2009 年，纳幕尔杜邦公司提出了一种用于电弧和火焰保护的纱线（US20100299817A1），其包含芳族聚酰胺和改性聚丙烯腈纤维的共混物，可以用来生产织物和衣服，能够提供优异的电弧保护性能。虽然传统上锑被用作改性聚丙烯腈纤维中附加的阻燃添加剂，但即使没有增加锑的量，由芳族聚酰胺和改性聚丙烯腈纤维共混物制成的纱线、织物和服装也具有优异的电弧保护性能。改性聚丙烯腈纤维具有小于1.5%的锑含量，甚至不含锑，这意味着制造纤维时没有有意添加任何锑基化合物。由这些低锑含量或无锑的纤维制成的织物仍然提供电弧和火焰保护性能，但可以减少对环境的影响。

芳纶纤维通常用于防火和耐高温服装产品，如消防服等，然而，在使用芳族聚酰胺纤维的细纱制造防护服时，由于纤维的高刚性，细纱的切割力或拉伸强度与柔韧性是相关的，即如果增加切割力或拉伸强度，则柔韧性变差；相反，如果增强柔韧性，则切割力或拉伸强度降低，因此很难达到平衡。杜邦-东丽株式会社对细纱的切割力、拉伸强度和柔韧性之间的关系进行了广泛研究，并于2016年提出通过使用以一定比例混合的对位芳族聚酰胺短纤维制成细纱（JP6710008B2），在提高耐切割性的同时，赋予其柔韧性，并且保持拉伸强度。这种耐切割细纱是通过将两种或更多种不同单纤维纤度的芳族聚酰胺短纤维混纺而得的纺纱，包括20%～95%质量比的单纤维纤度为3.0～5.0 dtex的对位芳族聚酰胺短纤维A和5%～80%质量比的单纤维纤度为1.2～2.7 dtex的芳族聚酰胺短纤维B。将短纤维A的混合比设定为20%～95%质量比范围，与不含短纤维A的细纱相比，其耐切割性高，具有挠性。如果短纤维A的混合比小于20%质量比，则耐切割纺纱的耐切割性不足；如果超过95%质量比，则难以确保耐切割纺纱的柔韧性。在耐切割纺纱中，重要的是，短纤维A的单纤维纤度在3.0～5.0 dtex范围内，如果单纤维纤度在5.0 dtex以下，则可以得到具有高切断强度和较好柔韧性的耐切割短纤纱。当短纤维A的混合比为Y%（质量比）和短纤维B的混合比为（100－Y）%（质量比）时，耐切割纺纱优选满足下式：$AF \times Y \geqslant BF \times (100-Y)$ [AF：短纤维A的单纤维纤度（dtex），BF：短纤维B的单纤维纤度（dtex）]。如果短纤维A的单纤维纤度AF和混合比Y的乘积大于等于短纤维B的单纤维纤度BF和混合比（100－Y）的乘积，则短纤维的数目成比例地提高了细纱的拉伸强度和切断强度，可以确保细纱的拉伸强度和耐切割性；相反，当不满足上式时，难以确保细纱的耐切割性。

综上可知，JP1996500065A（1992）提出将芳族聚酰胺纤维层用于耐火材料；CN1177097C（1997）针对芳族聚酰胺纱线不能吸湿且难于染色的问题进行改进；JP2003013331A（2001）针对对位芳族聚酰胺纤维弹性差的问题进行改进；CN1714187A（2002）利用芳族聚酰胺纤维进行结构上的堆积，以提升隔热性能；JP2004346349A（2003）利用金属对全芳族聚酯纤维进行镀覆，以提升导电性能；JP2006233409A（2006）解决全芳族聚酰胺纤维不易回收的问题；US20100299817A1（2009）对提升芳族聚酰胺纤维闪火性能和高水平电弧保护性能进行研究；JP6710008B2（2016）针对芳族聚酰胺纤维柔韧性、切割力、拉伸强度难于平衡的问题进行改进。可见，杜邦公司针对芳族聚酰胺纤维用于消防服时的性能缺陷进行了一系列的研究和改进，并先后进行专利申请，同时，利用纤维已有的性能，从织物结构上进行研发，产生了更优的技术效果，从而对核心创新成果形成持续完善的专利保护。

5.4　小结

本章通过对消防服面料相关专利申请情况进行分析，给出一些建议。

1. 重视热防护性能材料的研发

消防服作为防护性服装，其热防护性能始终是设计和开发过程中最主要的技术主题。杜邦公司之所以能在消防服面料领域占据绝对优势，主要是其集中精力对消防服面料纤维进行研发，并且对研发出的纤维进行了有效的专利保护。杜邦公司对研发成果进行有效的专利布局，如围绕着核心专利 JP1996500065A，在提高耐热性、提升舒适性、防止质量劣化、回收利用等方面进行后续研发和专利申请，提高重要技术主题下的专利申请数量，从而对核心创新成果形成持续完善的专利保护。杜邦公司对芳纶纤维进行了长达近 30 年的研究和改进，不断尝试对其添加不同的组分以提高纤维的性能。杜邦公司于 2007 年提出的纤维如衍生自二氨基二苯砜的低热收缩纤维，还未对其进行有效的专利布局，对于新纤维的改进也未有明显进展，国内申请人可以尝试对该纤维的性能进行研发和改进。

2. 减轻整体质量，增强舒适性

消防员在深入复杂多变的火灾现场进行火灾救援时，不仅要面对高温炽热的考验，还要穿戴整套笨重的消防服并背负灭火救援装备，这不仅增加了消防员的身体负担，也相应增加了其心理负担，加大了消防员在火灾现场进行火灾救援的难度。因此，实现消防服整体质量的轻质化，提高消防服穿着的舒适性十分重要，同时提高消防服的散热效果，保证消防服有效的隔热性能也是必不可少的。在对消防服面料专利技术进行梳理的过程中，发现有些材料受热会膨胀，膨胀后增加了面料的厚度，从而有效提升了隔热效果。笔者大胆预测相变材料在此方面具有优势，国内申请人可以对其进行研究。

3. 实现综合防护

消防服作为消防员在火灾现场面对无情大火可能带来危害的最后一道防护屏障，其防护作用无可替代。随着科技的进步和社会的快速发展，复杂、未知、多变的火灾情况，对消防服的性能及多功能化水平提出了更高要求。通信模块、智能分析仪、多种传感模块等的综合利用，使消防服不断向高性能化、智能化、全面化方向发展，逐渐实现了单一危害因素防护到多种危害因素综合防护的转变，同时更加注重人体工效学，兼顾智能温控等设备，实现了热防护性能和热湿舒适性能的提升。

第六章
防护手套技术专利分析

关于手套最早的历史记载是公元前六世纪的《荷马史诗》，历史上手套是用餐抓饭的工具，欧洲曾将手套作为君王权威和圣职的象征，之后手套逐渐变为贵妇人重要的装饰和馈赠物品，直到近代，手套才成为寒冷地区保温必备物品，或是医疗、工业防护用品。

手是人体最珍贵的、不可替代的组成部分，也是人们从事各种生产活动最重要的"工具"，大部分的生产劳动是由双手操作完成的，可以说是人类的双手创造了世界。但是，在生产劳动过程中，很多的因素都会对工作人员的手部造成伤害。根据相关机构的统计，在工业伤害事故中，按伤害部位统计，手部特别是手指部位受伤害事故占很大比例。手部的伤害因素有很多种，大致可分为以下几种：撞击、切割、针刺、挤压、振动等机械伤害；酸碱溶液等各类化学物质伤害；高压、静电等电伤害；火焰灼伤、高温烫伤等温度伤害。[①] 市场上预防这些伤害的防护手套主要有防机械伤害手套、防化学伤害手套、防电伤害手套和防温度伤害手套。手部伤害轻则是割伤、烫伤，重则是断指断臂，甚至可能直接危及生命，给劳动者的工作和生活带来沉重的负担，严重影响劳动者的身心健康。因此，对于手部的保护，应当引起我们的高度重视。在日常作业环境中，预防手部伤害的重要辅助措施，主要是针对生产过程中不同的伤害因素，选择使用具有不同防护功能的防护手套。

6.1 全球专利申请情况分析

表6-1列出了防护手套领域的全球专利申请数量，截至2020年6月，防护手套领域的全球专利申请数量为10 480项，每项专利申请已公开的同族申请总量合计13 342件。

表6-1 防护手套领域的全球专利申请数量

项目	全球总申请量 （按最早优先权，单位：项）	全球总申请量 （按同族公开号，单位：件）
防护手套	10 480	13 342

---

① 邢娟娟，陈江，姜秀慧，等. 劳动防护用品与应急防护装备实用手册［M］. 北京：航空工业出版社，2007：59-66.

6.1.1　全球专利申请的趋势分析

图 6-1 显示了近 30 年防护手套领域全球专利申请量的变化趋势。从全球范围来看，1991—1994 年全球专利申请量一直维持在低位，年专利申请量均不超过 50 项；1995—2007 年，全球专利申请量在波动中增长，年专利申请量在 200 项以下；2008—2012 年，全球专利申请量呈持续快速增长态势，从 2008 年的 247 项增长到 2012 年的 682 项，年均增长 109 项；2013 年和 2014 年，全球专利申请量稍有回落，分别为 634 项和 649 项；2015—2017 年，全球专利申请量又出现三年连续增长，并于 2017 年达到新的高峰值 973 项；2018—2020 年，全球专利申请量下降，主要原因是专利数据公开和数据库更新延迟，导致部分相关专利申请尚不能统计。

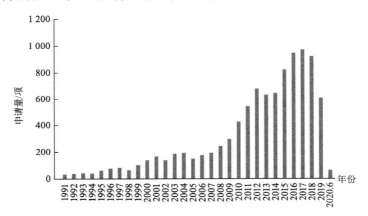

图 6-1　近 30 年防护手套领域全球专利申请量变化趋势图

6.1.2　全球专利申请的区域分布分析

图 6-2 显示了防护手套领域全球专利申请量排名前五的区域。从图 6-2 可以看出，

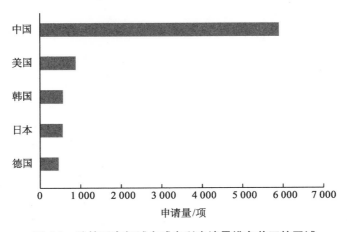

图 6-2　防护手套领域全球专利申请量排名前五的区域

防护手套领域的专利申请主要集中在中国、美国、韩国、日本、德国等国家和地区。尽管中国的专利制度起步较晚，但中国在防护手套领域的相关专利申请最多，共有5 901项，占防护手套领域全球专利申请总量的56.3%，排名第一。一方面，中国人口众多，防护手套的市场需求量庞大，生产制造防护手套的中小型企业多；另一方面，中国专利事业蓬勃发展，国内专利保护意识不断增强，越来越多的企业和个人进行专利申请。排名第二的是美国，其专利申请量为885项，这主要是因为美国有安塞尔和纳幕尔杜邦两大全球知名品牌，其研发实力雄厚。韩国、日本和德国的专利申请量相当，分别为565项、556项和450项。

6.1.3　全球专利申请的申请人分析

图6-3显示了防护手套领域全球专利申请量排名前十的申请人。从图6-3可以看出，有6位申请人来自国内，分别是国家电网有限公司、苏州龙鑫手套有限公司、镇江苏惠乳胶制品有限公司、山东星宇手套有限公司、湖州环球手套有限公司和蓝帆集团股份有限公司；有4位申请人来自国外，分别是美国的安塞尔有限公司①、美国的纳幕尔杜邦公司、韩国的张钟哲和日本的尚和手套株式会社。国家电网有限公司的专利申请量排名第一，共119项，在数量上处于绝对领先地位，国家电网有限公司以投资、建设、运营电网为核心业务，施工作业中使用防护手套较多；安塞尔有限公司的专利申请量排名第二，共58项，安塞尔有限公司是一家拥有悠久历史的全球知名企业，是全球领先的安全防护产品和服务提供商，各类防护手套是该公司的主要生产和研发项目；纳幕尔杜邦公司、尚和手套株式会社也都是防护手套领域的知名企业，在该领域也投入了较大的研发力量。

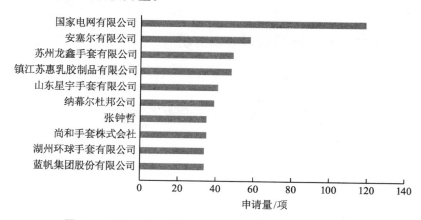

图6-3　防护手套领域全球专利申请量排名前十的申请人

---

①　安塞尔有限公司包括：安塞尔有限公司、韩国安塞尔有限公司、安塞尔保健产品有限责任公司、安塞尔埃德蒙顿工业股份有限公司（Ansell Endmont Industrial Inc.）。本章进行数据统计和综合分析时，按照安塞尔有限公司合并，并以安塞尔有限公司名称进行描述。

6.1.4　全球专利申请的主要技术主题分析

　　根据生产劳动过程中手部的伤害因素，可将防护手套领域专利申请分为防机械伤害、防化学伤害、防电伤害、防温度伤害四个主要的技术主题。图 6-4 显示了防护手套领域全球专利申请的主要技术主题分布。从图 6-4 可以看出，涉及防机械伤害的专利申请量为 3 411 项，占比 39.7%；涉及防温度伤害的专利申请量为 2 384 项，占比 27.7%；涉及防化学伤害和防电伤害的专利申请量分别为 1 422 项和 1 376 项，占比分别为 16.5% 和 16.1%。

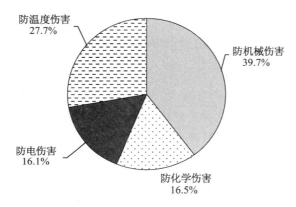

图 6-4　防护手套领域全球专利申请主要技术主题分布图

　　图 6-5 显示了近 30 年防护手套领域主要技术主题全球专利申请量的变化趋势。从图 6-5 可以看出，防机械伤害、防电伤害、防化学伤害、防温度伤害四个主要技术主题全球专利申请量变化趋势几乎相同，且与近 30 年防护手套领域全球专利申请量变化趋势一致。其中，涉及防机械伤害的专利申请量每年都是最多的，其主要包括防切割、防穿刺、防振、防挤压等防护手套，在生产实践中，撞击、挤压、刀片切割、

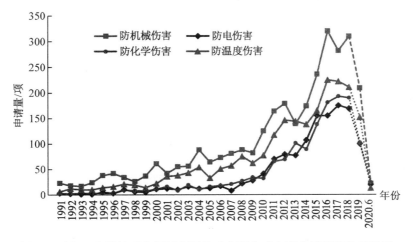

图 6-5　近 30 年防护手套领域主要技术主题全球专利申请量变化趋势图

刺穿、撕裂等均是最为常见的伤害，这是防机械伤害手套专利申请量最多的主要原因。2010 年以前，各技术主题每年的专利申请量相差不多，随着人们安全防护意识的增强，对防护手套的需求量增大，2010 年以后各技术主题的专利申请量均迅速增长，其中，涉及防机械伤害和防温度伤害的专利申请量在 2016 年达到峰值，分别为320 项和 225 项；涉及防化学伤害和防电伤害的专利申请量在 2017 年达到峰值，分别为 193 项和 175 项。

6.2 中国专利申请情况分析

6.2.1 中国专利申请的趋势分析

图 6-6 显示了近 30 年防护手套领域中国专利申请量的变化趋势。从图 6-6 可以看出，1991—1998 年中国专利申请量极少，仅为个位数，与全球专利申请量相比，中国专利技术发展相对滞后，专利保护意识较薄弱；随着人们专利保护意识的增强和中国专利事业的迅猛发展，从 2000 年开始，中国专利申请量开始缓慢增长，2000—2003 年中国专利申请量增长相对平稳，年均专利申请量不超过 30 件；2004—2012年，中国专利申请量出现持续快速增长，并于 2012 年达到第一个高峰值 521 件；2013 年和 2014 年，中国专利申请量稍有回落，分别为 479 件和 428 件；2015—2017年，中国专利申请量又持续增长，并于 2017 年达到新的高峰值 738 件。从整体上看，防护手套领域中国专利申请量变化趋势与全球专利申请量变化趋势一致，并且中国专利申请量占据了全球专利申请量的绝大部分。

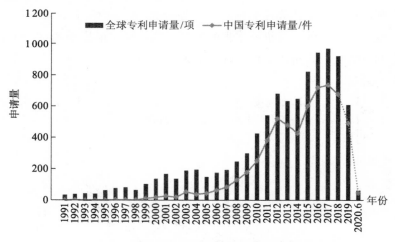

图 6-6 近 30 年防护手套领域中国专利申请量变化趋势图

6.2.2 中国专利申请的区域分布分析

图 6-7 显示了防护手套领域中国专利申请的区域分布。从图 6-7 可以看出，防护

手套领域专利申请量较多的省份有江苏省、浙江省、山东省和广东省，这是因为江苏省、浙江省、山东省和广东省都是防护手套产业集聚区，如江苏省南通市、浙江省台州市、山东省高密市及广东省高州市均是重要的防护手套研发和制造区。江苏省的专利申请量排名第一，高达 1 367 件；浙江省排名第二，为 734 件；山东省排名第三，为 711 件；广东省排名第四，为 491 件。湖北省、上海市、北京市、四川省、辽宁省、安徽省的专利申请量相当。可见，专利申请量与各地区经济活力密切相关。

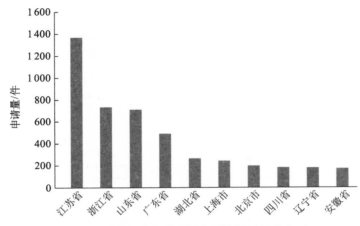

图 6-7　防护手套领域中国专利申请区域分布图

6.2.3　中国专利申请的申请人分析

图 6-8 显示了防护手套领域中国专利申请量排名前十的申请人。其中，国家电网有限公司排名第一，专利申请量为 119 件。在其余 9 家企业中，有 5 家来自江苏省，分别是苏州龙鑫手套有限公司、镇江苏惠乳胶制品有限公司、南通强生安全防护科技股份有限公司、无锡新亚安全用品有限公司和无锡市奇盛针织手套厂，专利申请量分别为 49 件、48 件、32 件、28 件和 27 件；有 2 家来自山东省，分别是山东星宇手套有限公司和蓝帆集团股份有限公司，专利申请量分别为 41 件和 34 件；有 2 家来自浙

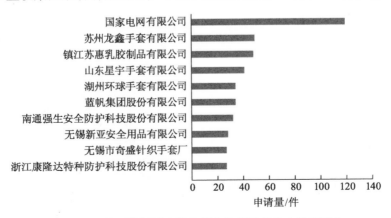

图 6-8　防护手套领域中国专利申请量排名前十的申请人

江省，分别是湖州环球手套有限公司和浙江康隆达特种防护科技股份有限公司，专利申请量分别为 34 件和 27 件。综上可知，防护手套领域中国专利申请量排名前十的申请人主要来自江苏省、山东省和浙江省，这与防护手套领域中国专利申请区域分布情况相吻合。

6.2.4 中国专利申请的主要技术主题分析

图 6-9 显示了防护手套领域中国专利申请的主要技术主题分布。其中，涉及防机械伤害的专利申请量为 1 558 件，占比 31.4%；涉及防温度伤害的专利申请量为 1 264 件，占比 25.4%；涉及防化学伤害和防电伤害的专利申请量分别为 1 163 件和 982 件，分别占比 23.4% 和 19.8%，这与防护手套领域全球专利申请主要技术主题分布情况基本一致。由此可见，机械性伤害是导致手部受伤的最主要因素。

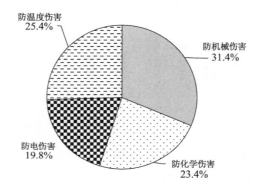

图 6-9 防护手套领域中国专利申请主要技术主题分布图

图 6-10 显示了近 30 年防护手套领域主要技术主题中国专利申请量的变化趋势。从图 6-10 可以看出，1991—1998 年四个主要技术主题中国专利申请量几乎为 0；1999—2005 年，四个主要技术主题中国专利申请量缓慢增长，每年的专利申请量均

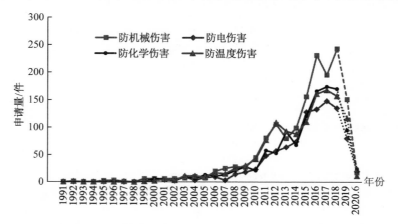

图 6-10 近 30 年防护手套领域主要技术主题中国专利申请量变化趋势图

不超过 10 件；2006—2010 年，四个主要技术主题中国专利申请量出现小幅增长，并且每年的专利申请量相差不多；2010 年以后，四个主要技术主题中国专利申请量开始出现差异，其中，涉及防机械伤害的中国专利申请量快速增长，这与防护手套领域主要技术主题全球专利申请量变化趋势是相同的，涉及防机械伤害的中国专利申请量在 2018 年达到峰值 243 件，涉及防电伤害、防温度伤害和防化学伤害的中国专利申请量均在 2017 年达到峰值，专利申请量分别为 148 件、168 件和 174 件。

6.3　重点专利技术分析

6.3.1　技术发展脉络

本节主要对防护手套领域关键技术的发展路线进行详细介绍，重点围绕防机械伤害中的防刺、防切割技术及防电伤害技术两个方面展开。

6.3.1.1　防刺、防切割技术发展脉络

切割和刺穿伤害是施工作业中常见的机械伤害，防刺、防切割的防护手套是服装加工、石油化工、冶炼采矿、食肉分割、金属加工、救灾抢险等行业从业人员的防身必备物品。

防护手套的材料和结构与它的耐刺穿性、耐切割性、耐撕裂性等防护性能紧密相关，提高手套的防护性能，以及赋予手套舒适性、灵活性、耐摩擦性等其他性能，通常需要从手套的结构和材料两个方面入手，而对防护手套的材料进行改进是提高手套防护性能的主要手段。

从图 6-11 可以看出，防刺、防切割技术发展路线大致可以分为金属防刺、防切割，涂层防刺、防切割和纤维防刺、防切割三个方向，而纤维防刺、防切割又包括Kelvar 纤维防刺、防切割，超高分子量聚乙烯纤维（UHMWPE）防刺、防切割及其他纤维防刺、防切割。

1. 金属防刺、防切割技术发展脉络

1914 年，马里昂·E. 黑尔（Marion E. Hale）提出将交织在一起的小钢环覆盖在手套上以防止尖锐武器刺穿手套（GB191423689A），交织的小钢环会降低手套的灵活性。1927 年，厄尔·R. 洛威（Earl R. Lowe）提出了采用软金属丝将多个金属元件固定连接形成屠夫用的手套，以防止屠夫在工作时割伤手部，金属丝连接金属元件能够提高手套的柔软性和佩戴舒适性（US1736928A）。1951 年，韦布伦·U. 鲁梅尔（Weiblen U. Ruemmelin）用细金属丝编织成金属布，并通过铆钉将金属布固定在手套的外侧，相对于金属链环和金属元件而言，金属丝编织成的金属布进一步提高了手套的柔软性和耐刺、耐切割性能，并能够减小手套的质量（DE836483C）。1957 年，费尔南多·J. 卡艾托尔（Fernanado J. Caetor）提出在手套的夹层内设置防切割金属链条（US2862208A），与通过铆钉将金属布固定在手套外侧相比，这种方法增加了手套

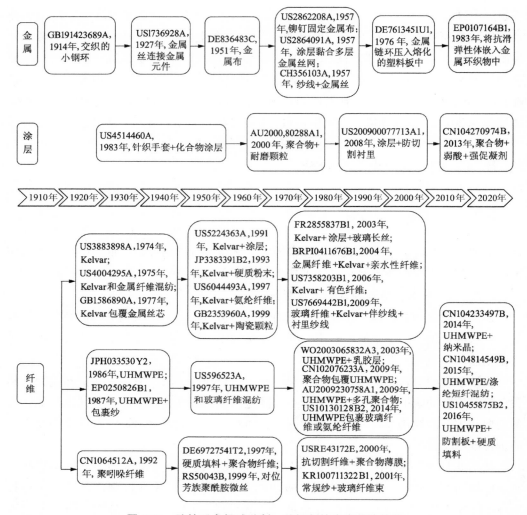

图 6-11　防护手套领域防刺、防切割技术发展脉络图

的美观性和佩戴舒适性。同年，马汀斯·费里手套公司（Martins Ferry Glove Company）提出通过橡胶涂层或合成材料涂层将几层金属丝网黏合在一起并黏合到织物上，多层金属丝网能够进一步提高手套的防刺、防切割性能（US2864091A）。使用金属链条或金属丝网会影响手套的佩戴舒适性，甚至会磨损皮肤，埃格伯特·M.洛斯（Egbert M. Lohs）提出采用纱线和金属丝一起编织成手套，使金属丝网位于手套外部，纱线位于手套内部以形成柔软的手套内表面，从而避免手部受金属丝网的摩擦（CH356103A）。无论是使用金属链环还是金属丝网，都会降低手套的抓握性和防滑性，为了提高手套的防滑性，1976 年威恩斯有限公司（Wiens GmbH）提出将防刺穿的柔性金属链环压入熔化的塑料板中，使金属链环与塑料板紧密连接，以增强防刺穿手套的防滑性能（DE7613451U1）。1983 年，慕尼黑·弗里德里希有限公司（Muench Friedrich GmbH & CO. KG）提出将抗滑弹性材料通过压力嵌入金属环织物中，使其穿过金属环织物并部分覆盖金属环织物的上侧和下侧，从而提高手套的抓握性（EP0107164B1）。

2. 涂层防刺、防切割技术发展脉络

1983 年，贝克顿-迪金森公司提出通过浸渍的方式将化合物涂覆在针织手套衬里上，以形成具有优异耐磨性和抗切割性的手套（US4514460A）。然而，人们对防护性能的要求越来越高，这种简单的涂层结构并不能完全满足人们的需求，2000 年华威米尔斯公司提出在由高强度性能纤维形成的织物表面连续覆盖聚合物材料涂层，且在聚合物材料涂层中分散一些耐磨颗粒材料，以改善织物的抗穿刺性、耐磨性、耐切割性和耐久性（AU200080288A1）。2008 年，安塞尔有限公司提出用聚合物涂层渗透防切割衬里形成整体防切割衬垫，将整体防切割衬垫通过低剪切强度的黏合剂黏附于不透液体的聚合物乳胶层上，制成具有抗切割性能的耐化学手套（US20090077713A1）。为了进一步提高防护性能，2013 年安塞尔有限公司提出在手套的聚合物涂层上涂覆弱酸，随后涂覆强促凝剂，由弱酸促进聚合物层的内部凝结，从而产生更强的、更耐用的、耐磨损且抗切割的涂层（CN104270974B）。

3. 纤维防刺、防切割技术发展脉络

（1）Kelvar 纤维防刺、防切割技术发展脉络。

1971 年，纳幕尔杜邦公司成功研制出聚对苯二甲酰对苯二胺纤维，并将该纤维注册商标为 Kelvar 纤维。Kelvar 纤维具有高模量、低质量、高耐磨、高抗撕裂等特点，是一种高强高模的高性能纤维，已被广泛应用于产业用纺织品和防护用纺织品中。最早的 Kelvar 纤维被纳幕尔杜邦公司用作环氧树脂的增强材料，直到 1974 年，美国人老罗伯特·M. 伯恩斯（Robert M. Byrnes Sr.）首次提出采用纳幕尔杜邦公司制造的 Kelvar 纤维编织制造防刺、防切割手套，其能够防止金属切割工具穿透，达到了一定的防刺、防切割的标准（US3883898A）。虽然采用 Kelvar 纤维编织的防护手套具有一定的防刺、防切割性能，但是在某些特殊场合需要更耐用、更坚固的手套，1975 年，老罗伯特·M. 伯恩斯又提出采用 Kelvar 纤维和柔韧的金属纤维混合编织成防刺、防切割手套（US4004295A），金属纤维的加入能够进一步提高手套的耐切割性能。然而，金属纤维和 Kelvar 纤维混合编织，仍然会有部分金属纤维裸露在外，容易刺激皮肤，带来不适感，1977 年老罗伯特·M. 伯恩斯提出采用 Kelvar 纤维缠绕包覆柔性金属丝芯形成的纱线织造手套，提供了更好的抗刺、抗切割性能（GB1586890A）。纱线织造的手套不具有防污、防液体渗透性，特别是在肉类加工环境中，血液或动物的脂肪会污染手套，甚至会渗入手套内部，基于此，1991 年安塞尔有限公司提出在 Kelvar 纤维上涂覆不可渗透涂层，以提高股线材料的抗切割性和抗变色性，之后在手套上直接涂覆硬聚氨酯涂层作为防刺穿层，以进一步提高手套的防切割性能（US5224363A）。通过添加金属纤维或者涂层增强抗切割性能，必然会影响手套的柔软性和舒适性，1993 年杜邦-东丽株式会社提出通过将硬度高于特定水平的粉末加入由 Kelvar 纤维制作的织物中，获得具有优异的耐切割性、柔软性和可操作性的耐切割布料（JP3383391B2）。为了使防护手套与佩戴者的手部更加贴合，1997年Rubotech股份有限公司（Rubotech，Inc.）提出采用Kelvar纤维和氨纶纤维混纺形成的可拉伸针织混纺物制作手套，并在手套的表面设置弹性体涂层，获得可拉伸的且具有防刺、防切割性能的防护手套，该手套能够很好地贴合佩戴者手部的轮廓（US6044493A）。为了在提高手套柔韧性的同时又能增强其防切割性能，1999年英国国防部提出将硬质陶瓷材料颗粒与有机载体混合，形成负载陶瓷的复合材料，将复合材料在压力下施加在Kelvar织物的表面，以形成抗刺穿的柔性材料（GB2353960A）。2003年，API塞浦拉斯特公司提出以包含多根玻璃连续长丝的复丝纱线作为芯线，用具有PVC涂层的Kelvar长丝包覆复丝纱线形成具有抗切割性能和良好柔韧性的纱线（FR2855837B1）。长时间佩戴防护手套，会比较潮湿闷热，为了解决该问题，2004年纳幕尔杜邦公司提出以金属纤维为芯，以Kelvar纤维为皮制作皮芯结构的股线，并用该皮芯结构的股线与亲水性纤维制作成织物的第一面，用亲水性纤维制作成织物的第二面，使织物具有抗切割、芯吸和体温调节性能（BRPI0411676B1）。Kelvar纤维的颜色是明亮的金黄色，容易显示污渍，用其制成的织物在使用几次后便会出现不可取的外观，2006年纳幕尔杜邦公司采用不同纤度的Kelvar短纤维和有色纤维共同形成紧密的纤维共混物，将紧密的纤维共混物投入针织设备制作针织手套，所制得的手套具有良好的防污性、耐切割性和舒适性（US7358203B1）。为了减少抗切割纱线对皮肤的刺激和磨损，2009年纳幕尔杜邦公司采用50～200 den的玻璃纤维长丝纱线和100～600 den的Kelvar纱线作为芯纱制作抗切割复合纱线，抗切割复合纱线与伴纱线、衬里纱线共编织，使衬里纱线形成手套内部，而抗切割复合纱线和伴纱线形成手套外部，从而将抗切割复合纱线与皮肤分离（US7669442B1）。

（2）超高分子量聚乙烯纤维防刺、防切割技术发展脉络。

超高分子量聚乙烯纤维又称高强高模聚乙烯纤维，是目前世界上比强度和比模量最高的纤维，与芳纶纤维相比，超高分子量聚乙烯纤维的比重更小，强度更高，柔韧度更高，化学稳定性更好，超高分子量聚乙烯纤维广泛应用于安全防护、兵器、建材、医疗等诸多领域。1986年，三井石油化学工业株式会社首次提出使用超高分子量聚乙烯纤维制作安全防护手套，手套很薄且具有足够的耐久性和耐切割性（JPH033530Y2）。为了进一步提高防护手套的耐切割性能，1987年联合讯号公司提出采用超高分子量聚乙烯纤维作为股线，用另一种纤维包裹超高分子量聚乙烯纤维股线形成具有至少两种非金属纤维的高度抗切割的纱线，采用该纱线编织成的防护手套在切割损伤测试中表现出优异的耐切割性能（EP0250826B1）。为了改善佩戴舒适性和灵活性，1997年世界纤维股份有限公司（World Fibers，Inc.）提出将超高分子量聚乙烯纤维与玻璃纤维等耐磨纤维混纺来制作高度抗切割的防护手套，其中玻璃纤维等耐磨纤维构成手套的外层，超高分子量聚乙烯纤维构成与皮肤接触的手套内层（US5965223A）。为了提高防切割手套的灵活性和触觉灵敏度，2003年安塞尔有限公司提出由超高分子量聚乙烯纤维制成网眼织物，并将网眼织物黏合在两个乳胶层之间，以生产具有良好的抗切割性能的防护手套（WO2003065832A3）。2009年，帝斯曼知识产权资产管理有限公司提出在超高分子量聚乙烯纤维外包覆含氟聚合物外皮，聚合物外皮的厚度至少为10 nm，以进一步增强织物的耐切割性能，同时能够提高手套的柔韧性和舒适性（CN102076233A）。为了减轻湿热等不适感，2009年迈达斯安全创新有限公司（Midas Safety Innovation Ltd.）提出了一种带有涂层的手套，其将聚合物分散体施加到超高分子量聚乙烯纤维制备的手套衬里上，并将泡沫溶液施加到手套衬里的至少一部分的聚合物涂层上，以在聚合物涂层上形成细孔，进而增加防切割手套的透气性（AU2009230758A1）。将超高分子量聚乙烯纤维与其他耐切割纤维、颗粒等结合，能够进一步提高抗刺、抗切割性能，2014年世界纤维股份有限公司提出采用超高分子量聚乙烯纤维缠绕包裹玻璃纤维或氨纶纤维芯线制作耐切割的纱线，用该耐切割纱线制作符合标准的耐切割防护手套（US10130128B2）。同年，江苏锵尼玛新材料股份有限公司将纳米晶超细颗粒引入超高分子量聚乙烯纤维中形成超高分子量聚乙烯/纳米晶超细颗粒复合纤维，该复合纤维具有极好的抗切割性能，用其制作的手 套 结 构 合 理、强 度 高、耐 切 割，手 套 防 护 等 级 可 达 国 际 认 证 5 级（CN104233497B）。2015年，江苏恒辉安防股份有限公司采用超高分子量聚乙烯/涤纶短纤混纺纱、涤纶氨纶包覆纱、PVC包覆玻纤、氨纶长丝纱线、橡筋线混合编织形成耐切割防护手套（CN104814549B）。2016年，攀高维度材料公司使用超高分子量聚乙烯制作编织手套，通过丝网印刷将防割板印刷在编织手套上，大大改善了手套的耐切割性和其他机械性能，通过向用于构成防割板的树脂中添加如陶瓷珠或玻璃珠之类的硬质填料，可以进一步提高手套的耐切割性（US10455875B2）。

（3）其他纤维防刺、防切割技术发展脉络。

1992年，陶氏化学公司提出采用含有聚吲哚纤维的织物制作防切割手套（CN1064512A）。1997年，霍尼韦尔国际股份有限公司提出将硬质填料均匀填充在聚合物纤维中形成耐切割纤维（DE69727541T2）。1999年，帝人芳纶有限公司提出采用纤度小于等于1.3 dtex、长度在38～100 nm的对位芳族聚酰胺微丝制作耐切割手套，与标准细丝手套相比，采用对位芳族聚酰胺微丝制作的手套更柔软（RS50043B）。2000年，阿克伦大学提出采用分散有多种抗切割性增强纤维的耐切割聚合物薄膜制作医用或工业用手套，其具有柔韧、轻质、触觉敏感等特点（USRE43172E）。2001年，高弹性材料公司（Superme Elastic Corporation）提出以100～1 200 den的玻璃纤维束作为芯线，常规纱线作为覆盖物包裹玻璃纤维芯，形成复合耐切割纱线，其能表现出与含有高性能纤维的纱线相当的抗切割性能，且价格相对便宜（KR100711322B1）。

从上述防刺、防切割技术发展路线可以看出，最早采用金属环、金属链制作防刺、防切割手套，之后为了减轻手部负担，慢慢发展为采用金属丝网、金属丝布及金属纤维与纱线混合编织制作防护手套。随着高性能纤维Kelvar和UHMWPE的出现和迅速发展，高性能纤维逐渐成为防刺、防切割手套的主要材料。由于高性能纤维具有高强度、高模量、耐化学试剂等优异的特性，只用高性能纤维编织的防护手套就已经具备一定的防刺、防切割性能，但是，纯高性能纤维编织的手套并不能满足人们在不同工作条件下的使用需求，通过将高性能纤维与金属纤维、玻璃纤维、聚合物纱线、陶瓷或其他填料结合使用，不仅能增强防护手套的防刺、防切割性，还能使防护手套具有其他一些优异特性。在高性能纤维防刺、防切割技术发展的同时，聚合物涂层防刺、防切割技术也在迅速发展，通过选择不同的聚合物涂层或者将聚合物涂层与增强材料结合能够满足人们不同的使用需求。

6.3.1.2 防电伤害技术发展脉络

带电作业中常见的电伤害有高压电伤害和静电伤害，高压电伤害轻则是电弧烧伤，重则是破坏人体内部组织，甚至导致死亡；静电积累有可能引发人身电击、火灾和爆炸、电子器件失效和损坏等各种危险。从图 6-12 可以看出，防电伤害的技术发展路线主要分为防高压电伤害和防静电伤害两个方向。

1. 防高压电伤害技术发展脉络

防高压电伤害的主要手段有佩戴绝缘手套以防触电和将高压电接地以消除电压。1917 年，哈特·艾伯特（Hartt Albert）提出了一种电工用手套，其包括手套本体和可拆卸连接到手套本体上的护罩，手套本体和护罩由橡胶、帆布或任何合适的绝缘材料制成（GB114517A）。以橡胶为绝缘材料制成的手套容易老化，且佩戴不舒适，1979 年马帕·哈钦森（Mapa Hutchinso）提出在橡胶手套的外层通过浸渍形成一层合成弹性体外层，合成弹性体外层由聚氯丁二烯、聚氨酯、聚丙烯腈、丁腈橡胶等弹性体或共混物构成，其对化学试剂、臭氧和紫外线具有高抗性，合成弹性体外层形成凸起以增强手套的防滑性，然后通过植绒在橡胶手套内施加一层天然或合成的纺织纤维以提高舒适性（FR2448307B1）。将高压电传导给大地也是防止触电的常用手段，1996 年保罗·K. 山本（Paul K. Yamamoto）提出用不锈钢丝网制作手套，通过细长的导线将手套接地，将高压电最小化，以降低电击危险（US5704066A）。为了提高绝缘手套的耐热性和机械稳定性，2009 年弗里德里希·塞兹有限公司提出了一种防护手套，其具有外层和至少一个由电绝缘材料形成的内层，外层由耐热的 Nomex 纤维制成的织物制作，指节区域由外侧具有硅树脂涂层的 Kelvar 针织物制作，外层能够提高手套的低导热性和抗刺穿、抗切割性能（DE202009009752U1）。虽然已有的绝缘防护手套能够保护使用者免受电压伤害，但是佩戴者不知道被手套接触的部件是否带电，2011 年奥迪股份公司提出了一种电绝缘手套，其包括一个电绝缘层、一个至少部分覆盖电绝缘层的导电外层、至少一个电连接点和一个信号装置，信号装置电连接到导电外层和电连接点，能够根据导电外层与电连接点之间的电位差产生警报信号（DE102011115289B4）。常见的绝缘手套，有的是仅由橡胶制成，绝缘性、耐久性较差；有的是采用复合层，加工工艺难度较大，成本较高；有的是在绝缘手套中加入添加剂，以提高绝缘性能，但存在使用和保存不便的缺陷。2013 年，无锡新亚安全用品有限公司提出了一种新的制作电绝缘手套的方法，其对硅橡胶和丁腈橡胶混合进行

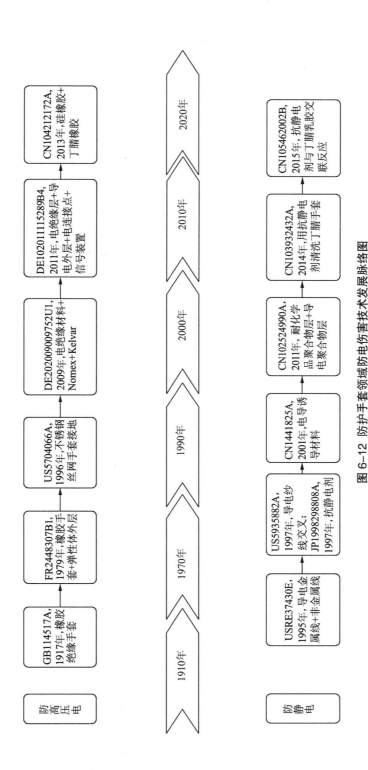

图 6-12 防护手套领域防电伤害技术发展脉络图

塑炼，综合利用两种不同橡胶的性能，制得性能优异的橡胶基质，在塑炼后的橡胶基质中添加特定的添加剂，按照特定的制备工艺步骤制备得到具有优异的电绝缘性能及耐磨性能的电绝缘手套（CN104212172A）。

2. 防静电伤害技术发展脉络

防止静电积累的主要原则是抑制静电的产生、加速静电的泄露和进行静电中和。1995 年，USF 过滤分离集团公司提出采用导电的连续长丝金属线作为芯线，两层非金属纤维以相反方向缠绕在金属芯线上形成耐切割、耐磨、导电的复合纱线，用该复合纱线制成的织物制作防护手套，通过将手套接地，可以消除静电荷（USRE37430E）。金属线作为导电材料必然会影响手部的灵活性，1997 年帝人株式会社提出了一种具有耐热、隔热、抗静电和优异的耐磨性、舒适性的防护手套，制作该防护手套的复合布包括表面织物、中间绝缘纤维层和导电纱线，导电纱线 A 沿着表面织物的长度方向以 2.54~12.7 cm 的密度排列，导电纱线 B 沿着与长度方向交叉的方向排列，并与导电纱线 A 形成接触点，使防护手套外表面上的摩擦电荷小于 0.6 $\mu C/m^2$，能够有效抑制静电的产生（US5935882A）。同年，木田博久提出在手套主体的表面上通过模制软质聚氯乙烯形成防滑凸起，防滑凸起材料中混合抗静电剂以抑制静电的产生（JP1998298808A）。2001 年，陶氏环球技术公司提出将手套模型浸泡在聚合分散体中以形成涂层模型，然后将涂层模型浸泡在包含电导诱导材料的溶液中制作薄的抗静电手套，其中电导诱导材料是非挥发性金属盐，其可离子化并接受静电荷（CN1441825A）。为了获得必要的耐化学性，通常是将各种不透化学试剂的膜层压或热封到一起以生产耐化学品手套，然后将金属线或金属网附接至手套从而提供防静电性能，这类手套会影响佩戴者手部的活动自由。2011 年，霍尼韦尔国际股份有限公司提出了一种具有抗化学性、抗静电性的手套，该手套由多层构成，包括至少一层耐化学品聚合物层和至少一层导电聚合物层，导电聚合物层包含阴离子聚合物和耐化学品聚合物的混合物（CN102524990A）。丁腈手套具有优越的抗穿刺性、抗化学性、抗摩擦性及持久穿戴力，为了使丁腈手套具有抗静电性，2014 年河北泰能鸿森医疗科技有限公司提出了一种制作抗静电丁腈手套的方法，先对丁腈手套进行氯洗、反渗透水清洗，然后用含有抗静电剂的常温去离子水清洗丁腈手套，使其具有抗静电性（CN103932432A）。但是，这种方法制作的抗静电手套的抗静电剂仅附着在手套表面，在使用过程中容易脱落，抗静电性难以持久，2015 年深圳市新纶科技股份有限公司提出了另一种制作抗静电丁腈手套的方法，用丁腈乳胶、去离子水、氢氧化钾、促进剂、硫化剂、催化剂和咪唑盐类离子液体抗静电剂等原料制作抗静电丁腈手套，在手套成型过程中，抗静电剂与丁腈乳胶发生交联反应，所制作的丁腈手套不仅具有防静电效果好、洁净度高的优点，而且具有耐洗性好，经过多次超净清洗后，电阻值仍可维持在 106~108 Ω 之间的特点（CN105462002B）。

从上述防高压电伤害和防静电伤害的技术发展路线可以看出，防高压电伤害的主要技术手段包括用各种绝缘材料制作防护手套、通过导线将高压电传输给大地；防静电伤害的主要技术手段包括用导电材料加速静电的泄露、添加抗静电剂以抑制静电的产生。

6.3.2　重点申请人分析

6.3.2.1　安塞尔有限公司

安塞尔有限公司是防护手套领域的龙头企业，从其近 20 年防护手套领域专利申请和授权情况（图 6-13）来看，其专利授权占比高，其中 2008 年和 2011 年的授权率均达 100%。由图 6-14 可知，安塞尔有限公司发明专利占比为 99.4%，实用新型专利占比为 0.6%，专利有效率为 40.8%，说明该公司专利申请质量较高，且专利保护意识较强。

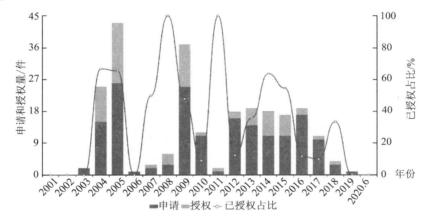

图 6-13　近 20 年安塞尔有限公司防护手套领域专利申请和授权情况

169 专利总数　　　**69** 有效专利数

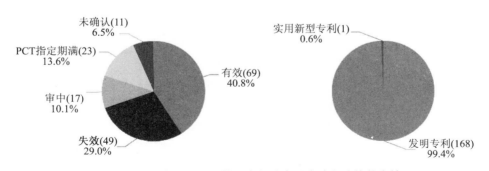

图 6-14　安塞尔有限公司防护手套领域专利申请和法律状态情况

从安塞尔有限公司的重点专利列表（表 6-2）可知，安塞尔有限公司在防护手套领域的专利申请主要涉及织物编织、纹理结构、涂层处理等方面，从而使防护手套具有耐磨、防穿刺、耐切割、耐腐蚀的优良性能。通过设置涂层以提高耐磨性和防穿刺性，以及通过不同的纹理结构设置以起到耐磨、防滑的作用是安塞尔有限公司技术研发的重点。

表 6-2　安塞尔有限公司的重点专利列表

公开（公告）号	发明名称	申请年	法律状态/事件	有效期（截止年）
EP2287376B1	具有可控针脚拉伸功能的针织手套	2005	授权	2025
CN104125784B	针织手套及其制作方法	2013	未缴年费	2020
ES2660578T3	制造乳胶手套的方法	2005	授权	2025
US20170000201A1	纹理表面制品及其制作方法	2016	撤回/权利转移	—
CN101410030B	具有对皮肤友好的涂层的手套及其制作方法	2005	授权	2025
EP2197302B1	具有轻质且坚固的薄柔性聚合物涂层的手套	2008	授权	2028
US20090077713A1	具有抗切割性能的耐化学手套	2008	授权/权利转移	2030
WO2010022024A1	柔韧且轻质的耐损伤、耐切割化学处理手套	2009	PCT 未进指定国	—
EP2866597B1	耐磨、耐切割涂层和具有该涂层的手套	2013	授权	2033

　　作为防护手套，其面料的选择和制备是非常重要的，关乎防护手套是否佩戴舒适且耐用，是否具有良好的灵活性，以及是否能够满足特殊防护需求。2005 年，安塞尔有限公司申请的专利 EP2287376B1 公开了一种针织手套，该针织手套通过在提供可变线圈尺寸的横织机上用分开的针织线圈横列生产手套的每个分段制成。每个分段都具有各自的线圈特点，以便手套紧密配合。可变线圈尺寸通过以下方法实现：① 在针织时，通过计算机程序改变织针穿透到织物中的深度；② 通过由计算机控制的机构调节纱线在压紧辊和针头之间的张力；③ 在线圈横列中脱圈或投梭额外的线圈。该针织手套包括多个手指部分、两个手掌部分和一个手腕部分，多个手指部分用至少 10 个分开针织的分段制成，两个手掌部分各由至少 2 个分开针织的分段制成，手腕部分由至少 1 个针织的分段制成。通过上述方法能够制造符合人手轮廓、改善抓握性能并且不需要后编织处理的手套。

　　针对防护手套不同部位采用不同的编织材料进行编织，能够提高手套的舒适度和灵活性。2013 年，安塞尔有限公司申请的专利 CN104125784B 公开了一种针织内衬。该针织内衬具有多个区域，这些区域具有针织线径，针织线径由至少一种纱线织成，并且至少一个区域中的针织线径沿着手套的纵向轴线竖直设置，以及至少一个区域中的针织线径沿着手套的横向轴线水平设置。其中，至少一个区域中的至少一种纱线为防切割纱线。该专利的示例性实施方式包括餐饮服务的雇员使用的手套。这些雇员经常使用锋利的刀具和需要长时间握住热锅的手柄。他们佩戴的手套包括设置在手套的一个区域中的防切割纱线，以及设置在手套的另一个区域（如手掌区域）中的耐热或耐火纱线，或者设置在手背上的耐化学或耐油纱线。此外，考虑到两只手具有不同的职能，每只手的手套可根据职能来定制。换句话说，可在持刀的手的手套的某些区域（如食指和中指区域）中设置防切割纱线；而另一只手用于持有要进行切割的物品，那么在该手套的不同区域（如拇指和食指的指尖区域，或者手腕区域）设置防切割纱线。另外，还可以使用具有不同颜色的纱线，从而提供特定保护类型（如防切割性、耐化学性、柔韧性等）的视觉标记，该特定保护类型是由手套内的不同功能区域带来的不同特性所决定的。通过这种方法使用者可以意识到，黄色纱线代表防切割性，而黑色纱线代表耐热性。这样，使用者就可以根据特定任务的需要来挑选具有所需特性的手套。

除面料外，防护手套的纹理结构也很重要，合理的纹理结构能够在使用过程中带来足够的摩擦力和舒适的手部触感。2005 年，安塞尔有限公司申请的专利 ES2660578T3 公开了一种制造乳胶手套的方法，该方法用于制造具有几何限定的表面纹理的乳胶手套。该方法具有以下操作步骤：① 在手套模具中提供水溶性黏附聚合物凝结剂涂层；② 将选定大小和分布的离散凝结剂颗粒施加到水溶性黏附聚合物凝结剂涂层上；③ 用集成的离散凝结剂颗粒干燥聚合物凝结剂涂层；④ 在聚合物凝结剂涂层上施加至少一层胶乳用于包封集成的离散凝结剂颗粒；⑤ 通过加热模具使胶乳层硫化或固化，胶乳层用于形成乳胶手套；⑥ 分离和翻转乳胶手套以暴露离散的凝结剂颗粒；⑦ 利用水或适当的溶剂，从手套乳胶中浸出或溶解离散的凝结剂颗粒，其中离散的凝结剂颗粒能够限定出手套表面的所需几何纹理的尺寸、形状和分布。

在手套内部形成纹理化的表面还有助于减少其与皮肤的接触面积和吸收一定的汗液。2016 年，安塞尔有限公司申请的专利 US20170000201A1 公开了一种纹理表面制品及其制作方法。该制作方法是通过将一层离散颗粒（如盐）嵌入预先形成的液体层中，将该层胶凝或固化并溶解离散颗粒，从而留下立体花纹或立体花纹发泡表面，能够提供更大的抓握力和更好的吸汗性。

在防护手套上设置涂层是目前防护手套中普遍采用的技术手段，根据实际使用要求设置不同类型的涂层不仅可以达到不同的防护目的，还能够实现亲肤的技术效果。2005 年，安塞尔有限公司申请的专利 CN101410030B 公开了一种具有对皮肤友好的涂层的手套及其制作方法。该手套具有袖口区域和整体手套区域，包括乳化的干燥涂层，该干燥涂层对手部皮肤友好，其包含至少一种水溶性保湿剂、至少一种不溶水性闭塞性保湿剂、至少一种水溶性润滑剂和至少一种水溶性表面活性剂。其中，不溶水性闭塞性保湿剂精细且均匀地分散在混合物中，由此，干燥涂层与手套材料相容并且保留了不溶水性闭塞性保湿剂。经皮肤所产生的水分活化后，对皮肤友好的涂层中的成分被转移到佩戴者手部的皮肤上。

涂层的使用使防护手套具有更加优良的耐久性。2008年，安塞尔有限公司申请的专利EP2197302B1公开了一种轻质且坚固的薄柔性聚合物涂层手套，该手套包括旦尼尔数为221或更小的第一纱线；针织衬里的多个指状元件；一个拇指部分和一个手掌部件；至少一个加强延伸部。聚合物胶乳涂层黏附到针织衬里的至少一部分，但聚合物胶乳涂层不是在针织衬里的整个厚度上渗透，从而能够增强柔韧性和提高完整性，以承受反复的弯曲。在高拉伸区域处设置针织衬里使该手套在工业使用中更加耐用。

通过对编织方式、涂层和纹理结构技术进行改进，能够实现防穿刺、防切割、防化学腐蚀和耐磨的技术效果。此外，还能使手套具有防火、防极端温度的功能。

2008年，安塞尔有限公司申请的专利US20090077713A1公开了一种柔软且轻质的抗切割化学处理手套。该手套包括固化的、不透液体的聚合物乳胶外壳，乳胶外壳可以用具有低剪切强度的黏性丙烯酸黏合剂制作。将抗切割的衬里黏到黏合剂涂层上并用聚合物胶乳涂层渗透并固化，从而将抗切割衬里与固化的聚合物涂层整体连接。当乳胶手套戴在手上，切割边缘（如刀刃）接触手套时，在黏合剂涂层内的抗切割衬里与聚合物胶乳涂层之间产生的变形会减少切割的压力，从而增加手套的抗切割性。

在增强耐化学腐蚀性上，2009年安塞尔有限公司申请的专利WO2010022024A1公开了一种柔韧且轻质的耐损伤、耐切割化学处理手套。该手套包括固化的、不透液体的聚合物乳胶外壳，由棉纱和至少一种抗切割纱线制成的针织抗切割衬里。该衬里渗有软腈或聚氨酯层，使衬里能够黏合到外壳上。软腈或聚氨酯层密封抗切割衬里的间隙，并在手套的外表面上复制衬里的粗糙纹理，提供良好的抓握性能。该手套通过将薄的腈胶乳层施加到聚氨酯层上并与聚氨酯层一起固化，以保护聚氨酯层免受油或化学腐蚀。在壳体和衬里之间为密封状态，能够防止在壳体和衬里之间积聚液体形成液体边界层而影响手套的抓握性能。

2013年，安塞尔有限公司申请的专利EP2866597B1公开了一种耐磨、耐切割涂层和具有该涂层的手套。该手套包括聚合物层、弹性体层、乳胶层和针织衬里。针织衬里包含18针数的尼龙纱；内部凝胶化涂层包括交联的内层、交联的中层和交联的外层，布置在针织衬里上；内部凝胶化涂层包括羧化腈-丁二烯的聚合物、弹性体组合物或乳胶组合物，厚度为0.1~0.3 mm。该手套具有4级EN 388耐磨损水平。其中，交联的内层通过以下方式形成：向包衬在手套形状模型上的针织衬里涂覆强促凝剂；向针织衬里涂覆羧化腈-丁二烯的聚合物、弹性体组合物或乳胶组合物。交联的中层通过以下方式形成：将具有交联的内层的手套连同手套形状模型一起浸入弱酸中。交联的外层通过以下方式形成：将具有交联的中层的手套连同手套形状模型一起浸入强促凝剂中。在允许内部聚合物层完全胶凝的情况下，丁腈橡胶之类的聚合物分子变得更近，锌、氧化锌或硫交联的数目的增加使交联密度和交联量出乎意料地提高，交联密度和交联量的提高使手套的耐磨性得到显著提升。此外，发明人还观察到手套的耐切割性也有惊人的提高。

6.3.2.2　纳幕尔杜邦公司

从近20年纳幕尔杜邦公司防护手套领域专利申请和授权情况（图6-15）来看，纳幕尔杜邦公司一直保持着较高的专利申请数量，原因是该公司在材料领域涉及面广，这为其在防护手套领域的研发带来了很深厚的技术积累，因此其在防护手套材料方面具有很强的技术优势。纳幕尔杜邦公司的专利授权量占比一直处于同领域较高水平，说明该公司专利申请质量较高。由图6-16可知，纳幕尔杜邦公司防护手套领域的专利申请全部为发明专利，专利申请有效率为36.3%。

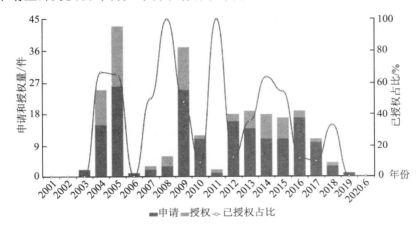

图6-15　近20年纳幕尔杜邦公司防护手套领域专利申请和授权情况

图6-16　纳幕尔杜邦公司防护手套领域专利申请和法律状态情况

从纳幕尔杜邦公司的重点专利列表（表6-3）可知，纳幕尔杜邦公司在防护手套领域的专利申请主要集中在防刺、防切割方面，其在防刺、防切割方面的技术积累丰富，竞争力强。

表 6-3　纳幕尔杜邦公司的重点专利列表

公开（公告）号	发明名称	申请年	法律状态/事件	有效期（截止年）
KR100415369B1	防切割织物	1996	未缴年费	2016
CN1545576A	耐切割纱	2002	授权	2022
BRPI0411676B1	耐切割、芯吸和体温调节的织物及由其制成的物品	2004	授权	2024
US20080086790A1	高度耐切割的纱线及由其制成的防护制品	2007	撤回	—
KR101394876B1	包括不同纤度芳族聚酰胺纤维的耐切割织物及由其制成的制品	2007	授权	2027
CN102292484B	包含玻璃纤维和对位芳族聚酰胺纤维的耐切割手套	2010	授权	2030

以前用于抗切割服装的织物是由高模量的高强度纱线制成的，该高强度纱线一般刚性大且笨重，由其制成的织物硬，穿着不舒适且手感粗糙。如果仅对纱线的耐切割性做进一步改进，会使织物变得更硬和更不舒适。为了在保证较软手感的前提下，改进和提升纱线的抗切割性，1996 年纳幕尔杜邦公司申请的专利 KR100415369B1 公开了一种防切割织物。该织物是用对位型芳族聚酰胺纱制成的，能在提升抗切割性的同时保持舒适性。其中，纱是低捻度的（纱的捻度比较小，织物就会比较柔软），但纱中的短纤维具有高的线密度。用对位型芳族聚酰胺纱制成的织物的抗切割性与织物中纱的捻度大小无关，而是与纱所用的单纤维线密度有关，提高单纤维线密度会明显增强手套的抗切割性。

通过在手套、织物或者纱中结合提供耐切割性和触觉敏感性的组成部分，可以得到兼具耐切割性和触觉敏感性优点的手套。2002 年，纳幕尔杜邦公司申请的专利 CN1545576A 公开了一种耐切割纱，该耐切割纱包含许多的耐切割长丝和至少一根弹性长丝，由该耐切割纱制成的手套，包含至少一根连续的合成弹性长丝和许多膨化的连续耐切割长丝。膨化的连续耐切割长丝具有随机缠结的线圈结构。连续的合成弹性长丝选自聚氨酯长丝、橡胶或者二者的混合物；膨化的连续耐切割长丝选自芳香族聚酰胺、高分子量聚乙烯、高分子量聚烯烃、高分子量聚乙烯醇、高分子量聚丙烯腈、液晶聚酯或者它们的混合物。

在低温环境下操作锋利工具的工人，需要佩戴具有耐切割性、保暖、水分控制、灵活性等多种功能特性的防护手套，因为在这类环境中大多数工人的风险主要是来自机械的切割伤害和锋利工具的磨蚀伤害。人们使用的普通耐切割手套不能满足他们其他方面的需求。人体循环系统在低温环境下运行会变慢，导致其丧失感觉、抓力、灵活性和总活动效率。2004 年，纳幕尔杜邦公司申请的专利 BRPI0411676B1 公开了一种耐切割、芯吸和体温调节的织物及由其制造的物品。该织物具有耐热性、水分输送性和耐切割性。该织物包括以下两个相反面的针织物：第一面包含具有耐切割纤维皮和金属芯的皮芯构造的纱线及亲水性纤维；第二面包含亲水性纤维，上述皮芯构造的纱线不存在于第二面上，且亲水性纤维从第二面延伸到第一面。用该织物制作的手套能够在第一外面上提供对刀刃的防护。此外，该织物在与人手接触的第二内面上能使汗液透过第二内面芯吸到外侧。该针织手套由于热传递慢，也具有防寒功能。

提高耐切割纤维的柔韧性、舒适性和易洗涤性是行业内研发的重点。这样的纤维适合用于制造保护性服装，尤其是高度挠性的耐切割手套。2007 年，纳幕尔杜邦公司申请的专利 US20080086790A1 公开了一种高度耐切割的纱线及由其制成的防护制品。该高度耐切割的纱线包括韧度大于 15 g/den 的高强度有机纤维和填充硬质颗粒的热塑性纤维，有机纤维由对芳族聚酰胺、聚吲哚、聚苯并唑、聚苯并噻唑、聚苯并咪唑、聚丙烯酸酯和它们的共聚物构成。对位芳族聚酰胺纤维制品具有优异的抗切割性能，并在市场中具有较高的价值。然而，这样的制品可能比由传统纺织纤维制成的制品更硬，并且在一些应用中，对位芳族聚酰胺纤维制品可能磨损得更快。因此，需要对制品中满足适当切割性能的芳族聚酰胺材料在舒适性、耐久性或数量上进行改进。同年，纳幕尔杜邦公司申请的专利 KR101394876B1 公开了一种包括不同纤度芳族聚酰胺纤维的耐切割织物及由其制成的制品。该织物包括短纤维紧密混合物的纱，混合物包括 20—50 质量份的脂族聚酰胺纤维、聚烯烃纤维、聚酯纤维及其混合物 A；50—80 质量份的芳族聚酰胺纤维混合物 B。芳族聚酰胺纤维混合物包括至少第一芳族聚酰胺纤维和第二芳族聚酰胺纤维。第一芳族聚酰胺纤维具有每长丝 3.6~6 den（每长丝 3.7~6.7 dtex）的线密度，第二芳族聚酰胺纤维具有每长丝 0.5~4.5 den（每长丝 0.56~5.0 dtex）的线密度。第一芳族聚酰胺纤维与第二芳族聚酰胺纤维的长丝线密度的差值是每长丝 1 den（每长丝 1.1 dtex）。该织物具有大于等于用常用的 100% 每长丝 1.5 den（每长丝 1.7 dtex）对位芳族聚酰胺纤维纱制成的织物的耐切割性。也就是说，100% 对位芳族聚酰胺纤维织物的耐切割性能可以与具有最多 80 质量份对位芳族聚酰胺纤维的织物的耐切割性能相同。该耐切割织物还包括润滑纤维，润滑纤维、高单丝纤度芳族聚酰胺纤维和低单丝纤度芳族聚酰胺纤维共同起作用，不仅保障了织物的耐切割性，也增强了织物的耐磨性和柔韧性，从而提高了手套制品的耐用性和舒适性。

手套制品中经常会用到含有玻璃纤维的复合纤维。对于含有玻璃纤维的复合纤维，只要复合纤维保持完好，通常是能够防止皮肤受到刺激的。遗憾的是，在正常使用过程中，这种手套会产生切口和磨损从而露出玻璃纤维，该玻璃纤维即使在手套仍然可用的情况下也会刺激皮肤。因此，需要改进手套构造以便改善正常使用过程中的舒适度和耐磨性。2010 年，纳幕尔杜邦公司申请的专利 CN102292484B 公开了一种包含玻璃纤维和对位芳族聚酰胺纤维的耐切割手套。该手套包括：耐切割复合纱 A，该耐切割复合纱包括具有至少两种芯纱的芯和螺旋包缠在该芯周围的至少一种第一包缠纱，该芯纱包括至少一种 50~600 den（56~680 dtex）的玻璃纤维长丝纱和至少一种 100~600 den（110~600 dtex）的对位芳族聚酰胺纱，第一包缠纱包括对位芳族聚酰胺纤维、脂族聚酰胺纤维、聚酯纤维及它们的混合物的至少一种 100~600 den（110~

680 dtex）的纱；副纱 B，该副纱具有 100~1 800 den（110~2 000 dtex）的线密度，包含对位芳族聚酰胺；衬里纱 C，该衬里纱包括以下任意一种：① 100~500 den（110~560 dtex）的复合纱，该复合纱具有包括至少一种弹性体纱的纱芯和螺旋包缠在该纱芯周围的至少一种第二包缠纱，该第二包缠纱包括脂族聚酰胺纤维、聚酯纤维、天然纤维、纤维素纤维及它们的混合物的至少一种 20~300 den（22~340 dtex）的纱；② 100~1 200 den（110~1 300 dtex）的纱，该纱包括脂族聚酰胺纤维、聚酯纤维、天然纤维、纤维素纤维及它们的混合物。将耐切割复合纱 A、副纱 B 和衬里纱 C 共针织到手套内，其中衬里纱形成手套的内部，耐切割复合纱和副纱形成手套的外部，从而使该手套具有良好的舒适度和耐磨性。

6.3.2.3　曼努莱特简化股份有限公司

曼努莱特简化股份有限公司（MANULATEX FRANCE）是一家专业制造防护手套和防护用品的法国企业。其核心产品为金属网链式结构的手套，应用场景主要是在肉类制品的加工和处理上。从图 6-17 可以看出，曼努莱特简化股份有限公司的专利授权量占比一直处于同领域非常高的水平，其中 2006 年、2007 年和 2015 年的专利申请量和已授权占比均实现双高，表明该公司的专利创新性较高，在金属网链式结构的手套中技术专业性很强。由图 6-18 可知，曼努莱特简化股份有限公司防护手套领域的专利申请全部为发明专利，专利申请的有效率为 33.9%。

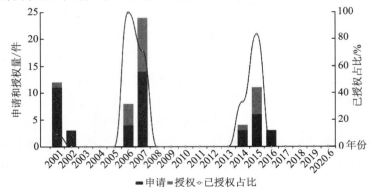

图 6-17　近 20 年曼努莱特简化股份有限公司防护手套领域专利申请和授权情况

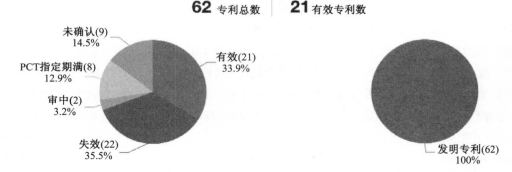

图 6-18　曼努莱特简化股份有限公司防护手套领域专利申请和法律状态情况

曼努莱特简化股份有限公司一直致力于金属链式手套的研发和制造，其专利申请均是围绕这一技术主题展开的。由曼努莱特简化股份有限公司的重点专利列表（表6-4）可知，其产品主要应用在切割领域，如肉类加工工业，特别是肉类切割站。该公司生产的手套能够控制甚至避免与使用切割工具相关的伤害风险。

表6-4 曼努莱特简化股份有限公司的重点专利列表

公开（公告）号	发明名称	申请年	法律状态/事件	有效期（截止年）
FR2748908B1	针织棉链式防护手套	1996	放弃	—
FR2753883B1	由一系列互锁金属环制成的链式防护手套	1996	放弃	—
FR2771260B1	由交错的金属环制成的防护手套	1997	放弃	—
FR2798563B1	具有加强结构的防护手套	1999	放弃	—
AU2002317227A1	灵活的防护手套	2002	撤回	2004
BRPI0706072B1	具有弹性构件的防护手套	2007	授权	2027

1996年，曼努莱特简化股份有限公司申请的专利FR2748908B1公开了一种针织棉链式防护手套，该链式防护手套由相互连接的金属环制成。在手腕处具有紧固带或延伸的袖口。该紧固带也是链式的，并且包括第一部分和第二部分。第一部分在手腕处固定到手套的边缘并且在与手套相同的方向上延伸。紧固带的第一部分可以直接连接到手套的边缘，形成其表面的简单延续，或者在连接紧固带之前，手套边缘可以在手腕处打褶。手套的袖口延长部分具有额外的腕带和包覆成型的塑料条。这样，能够将该具有金属环的防护手套方便紧固地戴在使用者的手上。

在链式金属手套覆盖佩戴者手臂袖口部分，通常具有一根或多根带子，一根或多根带子通过合适的锁定装置确保将手套紧固在佩戴者手上。链式金属手套对紧固方式要求较高，在穿脱时需要大量的手动操作，并且这些防护手套的制造和修理也非常复杂。为了简化结构、降低制造和修理的难度，1996年曼努莱特简化股份有限公司申请的专利FR2753883B1公开了一种由一系列互锁金属环制成的链式防护手套。该手套具有平坦的袖口，该袖口通过打褶和夹紧装置紧固在佩戴者手腕上。该手套具有位于佩戴者手腕侧端部的连续性的金属网状延伸部分，延伸部分包括围绕佩戴者手腕和前臂的夹紧装置及用于保持夹紧的锁定构件，手套的套筒通过绕在手腕或前臂的夹紧装置与锁定构件可拆卸地固定。为了提高舒适度，曼努莱特简化股份有限公司于1997年申请的专利FR2771260B1公开了一种防护手套。该防护手套由交错的金属环制成，包括延伸部分，以保护手腕和手臂下部，并且延伸部分与手套的轴线成45°角。延伸部分在其底部处具有第一钩，在其上边缘处具有第二钩，以围绕手臂闭合。由此，提高了防护手套在使用过程中的易弯曲性，从而增强了佩戴舒适性。

在日常肉类切割作业中，最容易受伤的部位是手指端部。1999年，曼努莱特简化股份有限公司申请的专利FR2798563B1公开了一种具有加强结构的防护手套。该手套的手指端部包括刚性材料的加强结构。该加强结构至少覆盖手指的末端和第一指骨的顶部和底部。

为了满足左右手都能牢固佩戴金属网链式手套的需要，固定方式均是依据左右手的特点设计的，这就导致了金属网链式手套在实际使用中不太容易实现左右手互换使用的问题。针对这一问题，2002 年曼努莱特简化股份有限公司申请的专利 AU2002317227A1 公开了一种灵活的防护手套，其包括至少一个可移动的固定装置。该固定装置设置在锁链织物的外表面上，与设置在束紧带第一端的互补装置配合，至少在手套的外表面上对称设置两个第二可移除的固定装置，根据使用手套来保护左手或右手的需要，与设置在束紧带第二端的互补装置配合，以确保锁定时束紧带是拉紧的。由于锁定是可调节的，通过调整束紧带的位置，使锁定装置能够基于实际需要调整到合适的位置。因此，该手套既可以用于左手，也可以用于右手。

金属网链式手套还具有弹性不足的技术问题，不能保证一定的舒适度。2007 年，曼努莱特简化股份有限公司申请的专利 BRPI0706072B1 公开了一种防护手套，该防护手套包括至少一个固定在锁链织物上的弹性构件。该弹性构件设置成沿纵轴方向或基本沿手腕方向提供弹性拉伸力。弹性构件在静止或部分活动状态下会在锁链织物的某些区域上产生预应力。戴上手套之后，当手指在伸展状态时，弹性构件处于静止或中间张紧状态，该锁链织物能够限制或消除指尖多余材料的存在；在手指弯曲运动期间，弹性构件的张紧状态增加，从而使锁链织物的涂层延伸；当手指回到伸展状态时，弹性构件自然地返回到前述的静止或中间张紧状态。根据人们所期望的最终效果来调整弹性构件的数量、位置和延伸特性，从而能够最大限度地减轻手套佩戴者的不适感。

6.3.2.4　尚和手套株式会社

尚和手套株式会社是一家专业制作防护手套和防护用品的日本企业。从近 20 年尚和手套株式会社防护手套领域专利申请和授权情况（图 6-19）来看，到 2017 年尚和手套株式会社专利申请量总体呈上升趋势，表明该公司一直重视防护手套的研发和知识产权的保护，在防护手套领域具有较强的竞争力。由图 6-20 可知，尚和手套株式会社防护手套领域的专利申请全部为发明专利，专利申请的有效率为 56.7%，体现了该公司良好的专利保护意识。

从尚和手套株式会社的重点专利列表（表 6-5）可知，尚和手套株式会社的专利申请以在手套外施加防护涂层为主，从而实现耐磨、耐腐蚀、抗冲击和耐切割的技术效果。2005 年，尚和手套株式会社申请的专利 AT520322T 公开了一种劳保手套，其包括由纤维制成的手套基材和设置在手套基材上的由热塑性树脂或橡胶构成的泡沫层。通过热压在该泡沫层的表面形成不规则形状。热压引起泡沫的塌陷和热熔合，在泡沫材料的表面留下泡沫痕迹。通过该技术生产的泡沫层具有高强度和耐磨性，且不会降低泡沫层通常具有的防滑性能。

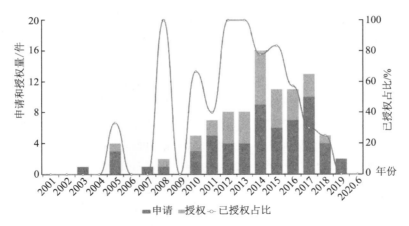

图 6-19　近 20 年尚和手套株式会社防护手套领域专利申请和授权情况

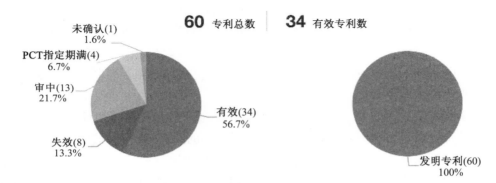

图 6-20　尚和手套株式会社防护手套领域专利申请和法律状态情况

表 6-5　尚和手套株式会社的重点专利列表

公开（公告）号	发明名称	申请年	法律状态/事件	有效期（截止年）
AT520322T	具有泡沫层的劳保手套	2005	放弃	2025
EP2022355B1	防滑手套	2008	授权	2028
KR101682429B1	防导电性纤维脱落的工作手套	2010	授权	2030
JP5957206B2	在手掌侧区域上固定了凸起的防滑手套	2011	授权	2031
JP5638567B2	防切割手套	2012	授权	2032
JP6068094B2	防化学渗透手套	2012	授权	2032

　　在湿性环境或者油性环境中，一般涂层的防滑性能会显著降低。2008 年，尚和手套株式会社申请的专利 EP2022355B1 公开了一种手套，该手套由树脂或橡胶制成，或者由涂有树脂或橡胶的手套基布制成。该手套的手掌区域的一部分表面上具有防滑层。防滑层包含发泡三聚氰胺树脂的粉碎碎片、发泡三聚氰胺树脂和 NBR（丁腈橡胶）颗粒，发泡三聚氰胺树脂的粉碎碎片是通过粉碎获得的颗粒性亚碎片。发泡三

聚氰胺树脂具有三维晶格结构，通过粉碎获得的发泡三聚氰胺树脂的粉碎碎片具有切断晶格部分，该切断晶格部分使三聚氰胺树脂的粉碎碎片获得大三维延伸的切边，从而在涉及水、洗涤剂或油润湿时具有优异的防滑效果。

在半导体制造工序、涂饰工序或无尘室内作业中，需要使用能够消除静电的工作手套。2010 年，尚和手套株式会社申请的专利 KR101682429B1 公开了一种工作手套，该工作手套应用在半导体制造工序、涂饰工序或无尘室内作业等有导电性和低生尘性要求的领域。为了防止作业中摩擦和磨损导致导电性纤维脱落，即使在包缠后或者在手套的制造后消除了张力，也必须抑制恢复程度小的导电性纤维向外侧鼓出。方法是将长丝作为复合的包缠丝使用，该长丝纤度为每根 2~5 den 或 1.3~2.9 den，长丝以使其密度为 0.2~0.3 g/cm³ 的方式松弛地卷绕在筒管上，在 70 ℃~100 ℃进行 0.17~1 h 的热水洗涤；接下来，脱水 1~30 min，在 60 ℃~100 ℃进行 40~300 min 的干燥。通过这样的热处理，可以使长丝的伸缩复原率降低。作为包缠所使用的包缠丝，可以使用导电性纤维、聚酯纤维、强化聚乙烯纤维、芳族聚酰胺纤维、尼龙、丙烯酸制纤维的生丝或者进行了卷曲加工后的卷曲加工丝等。包缠丝包缠圈数为每 1 m 的芯 50~700 圈、100~500 圈或 200~400 圈。通过上述方式，能有效抑制导电性纤维在长期使用过程中发生脱落。

手套的防滑处理大多是施加涂层，通常是将 NBR 胶乳和聚氯乙烯糊剂等涂层层压在由纤维制成的手套上。为了改善这种涂层手套的耐磨性，需要层压较厚的涂层。然而，较厚的涂层使手套整体变硬，在佩戴时手指难以弯曲，从而导致工作效率降低。2011 年，尚和手套株式会社申请的专利 JP5957206B2 公开了一种手套，该手套的主体由纤维制成。在手套主体外表面的手掌侧区域上固定了多个凸起，凸起包括由橡胶或树脂制成的基底材料，以及包含在基底材料中的填料。该手套由于有包含填料的凸起，其耐磨性得到改善，在长时间使用中抓握力也几乎不会降低。另外，由于凸起中包含填料，制造过程中在硬化之前具有较好的形状保持特性，从而可以精确地形成具有期望形状的凸起。此外，基材还具有优异的板剥离性。在通过丝网印刷形成凸起时，用含有填料的基材填充板的孔之后，在释放板时，基材不随板移动，这样凸起就不太可能变形，从而可以容易地形成所需的形状。手套主体包括用于覆盖手的主体部分和用于覆盖手指的从主体部分引出的延伸部分及无凸起区域。无凸起区域设置在与延伸部分的手掌侧表面和近端指间关节相对应的位置处。因此，提高了无凸起区域的柔韧性，使手指可以容易地弯曲。佩戴者在伸出手指时不需要使用较大的力，从而可以减轻手部疲劳感，提高工作效率。

在提高防切割手套的舒适性方面，2012 年尚和手套株式会社申请的专利 JP5638567B2 公开了一种防切割手套，其由复合纱线制成。复合纱线包括芯和覆盖层，覆盖纤维在芯部周围缠绕形成覆盖层。芯由金属细线和长丝纱线组成，表面涂有橡胶或树脂。该防切割手套不仅具有优异的吸湿性、良好的佩戴舒适性和工作便利性，而且还具有防滑性、防水性、高强度和耐切割性。

传统使用的聚氯乙烯、聚氨酯、天然橡胶、合成橡胶（NBR 系、SBR 系、氯丁二烯、有机硅）在纤维制手套上形成涂层，使具有这些涂层的手套具有优异的防水性、可加工性、耐化学腐蚀性等，广泛应用于日常生活、食品工业、电子零件制造等行业。近年来，对硫酸等高风险化学品具有优异抗渗透性的高规格手套的需求不断增长。2012 年，尚和手套株式会社申请的专利 JP6068094B2 公开了一种手套，该手套通过抑制裂缝的产生，特别是凹槽裂缝的产生，以及提供厚度均匀的涂层膜可以获得优异的防化学渗透性。通过添加 1.0 质量份的裂纹防止剂，使用有机羧酸类凝聚剂作为凝结剂，使合成橡胶或树脂通过酸凝固在纤维手套上形成涂层，能够防止裂缝的产生。即使形成多层也没有层间剥离的问题，涂层膜厚度均匀，抗化学渗透性优异。

6.3.2.5　国家电网有限公司

国家电网有限公司在防护手套领域的专利申请绝大部分与"电"相关，主要涉及绝缘防高压电和防静电等方面的技术。其中，发明专利申请量占比为 40.3%，实用新型专利申请量占比为 59.7%（图 6-21）；专利申请的有效率为 47.1%，在有效专利中，发明专利占比为 17.9%，实用新型专利占比为 82.1%（图 6-22），说明该公司以实用新型专利申请为主。

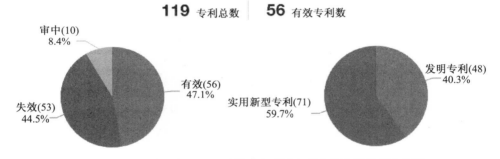

图 6-21　国家电网有限公司防护手套领域专利申请和法律状态情况

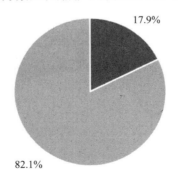

图 6-22　国家电网有限公司防护手套领域有效专利情况

从国家电网有限公司的重点专利列表（表 6-6）可知，国家电网有限公司主要以实用新型专利的形式进行专利申请和保护，其专利主要为职务发明，所涉及的技术方向集中于解决输电作业中所遇到的绝缘防高压电、防静电等技术问题，技术领域特点鲜明，更注重实际输电作业中所遇到的特殊问题，并不是为了生产制造防护手套。例如，2014年国家电网有限公司申请的专利CN104569561B公开了一种具有高压警示功能的绝缘手套。该绝缘手套包括手套本体和手镯式高压探测器，手镯式高压探测器包括手镯状树脂外壳、探测线圈和音频报警电路。探测线圈绕在环状的线圈骨架上并与线圈骨架一起同轴封装在手镯状树脂外壳内。树脂外壳套装在绝缘手套本体的腕部，其一侧设置了报警电路安装盒。音频报警电路的电路板安装在报警电路安装盒内，探测线圈的一端接地，另一端接音频报警电路的触发信号输入端。该专利将高压报警装置与绝缘手套结合在一起，可快速探测到危险电压并及时发出音频报警信号，有效防止因工作人员疏忽、错觉或失误造成的触电伤亡事故发生，特别适合电力施工和检修人员使用。

表6-6　国家电网有限公司的重点专利列表

公开（公告）号	发明名称	申请年	法律状态/事件	有效期（截止年）
CN103211330A	智能型绝缘手套辅助装置及预警方法	2013	撤回	—
CN203058417U	绝缘手套	2012	授权	2022
CN203182085U	智能型绝缘手套辅助装置	2013	授权	2023
CN202919093U	静电防护手指套	2012	未缴年费	2022
CN103549683B	高压带电作业安全报警手套	2013	授权	2033
CN203986245U	带验电装置的低压绝缘手套	2013	未缴年费	2023
CN204132490U	防静电感应电手套	2014	授权	2024
CN104569561B	具有高压警示功能的绝缘手套	2014	授权	2034

6.3.2.6　镇江苏惠乳胶制品有限公司

镇江苏惠乳胶制品有限公司是国内制造乳胶手套的龙头企业，主要涉及医用乳胶手套，此外，还提供兼具杀菌、护肤功能的手套，其专利申请也以乳胶等聚合物材料制作的手套为主。其中，发明专利申请量占比为63.3%，实用新型专利申请量占比为36.7%（图6-23）；专利申请的有效率为26.5%，在有效专利中，发明专利占比为46.2%，实用新型专利占比为53.8%（图6-24），说明该公司较为注重发明专利申请，具有较强的研发能力和知识产权保护意识。

镇江苏惠乳胶制品有限公司注重于医疗防护橡胶手套的研发和生产，2012年申请的专利WO2014063415A1公开了一种多层复合手套。该手套包括手套本体，手套本体由内层、中间层和外层组成。内层黏附在中间层内表面上，外层黏附在中间层外表面上。该手套的主要原料是天然胶乳和丁腈橡胶，通过在胶乳中加入硫化剂、促进剂、抗氧剂、着色剂等化学材料配制成配合胶乳，并通过凝固剂浸渍成型的工艺方法进行生产。

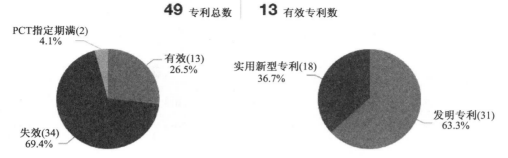

49 专利总数　　**13** 有效专利数

图 6-23　镇江苏惠乳胶制品有限公司防护手套领域专利申请和法律状态情况

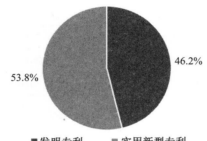

■ 发明专利　　■ 实用新型专利

图 6-24　镇江苏惠乳胶制品有限公司防护手套领域有效专利情况

　　2013 年，镇江苏惠乳胶制品有限公司申请的多项专利 CN103555179B、CN103549686B、CN103554565B、CN103554566B、CN103564891B、CN103535938B、CN103613802B、CN103554541B、CN103549688B 均获得了授权（表 6-7），主要涉及以天然胶乳和丁腈橡胶为主要原料的手套的制作方法，通过不同的添加剂配比及特定的工艺方法得到具有抗过敏、舒适且具有一定抗菌防护功能的手套。

表 6-7　镇江苏惠乳胶制品有限公司的重点专利列表

公开（公告）号	发明名称	申请年	法律状态/事件	有效期（截止年）
WO2014063415A1	多层复合手套	2012	PCT 未进指定国	—
WO2014063416A1	橡胶手套	2012	PCT 未进指定国	—
CN202950049U	多层复合手套	2012	未缴年费	2016
CN103555179B	乳胶手套用的无粉处理剂	2013	授权	2031
CN103549686B	柔软的乳胶手套的制备方法	2013	授权/权利转移	2033
CN103554565B	天然胶乳和丁腈橡胶共混的医用手套及其制备方法	2013	授权/权利转移	2033
CN103554566B	天然胶乳医用手套及其制备方法	2013	授权	2033

续表

公开（公告）号	发明名称	申请年	法律状态/ 事件	有效期 （截止年）
CN103564891B	耐高温手套及其制备方法	2013	授权/权利转移	2033
CN103535938B	抗菌手套及其制备方法	2013	授权	2033
CN103613802B	医用橡胶手套及其制备方法	2013	授权	2033
CN103554541B	具有变色功能的手套及其制备方法	2013	授权	2033
CN103549688B	具有治疗冻疮功能的手套	2013	授权/权利转移	2033
CN204048168U	具有预防及治疗汗疱疹功效的橡胶手套	2014	授权	2024
CN204048169U	具有护肤功能的乳胶手套	2014	授权	2024
CN205321307U	新型防滑乳胶手套	2015	授权/权利转移	2025
CN206333420U	医用乳胶手套	2016	授权	2026
CN206333419U	新型医用乳胶手套	2016	授权	2026
CN206006058U	双层橡胶手套	2016	授权	2026
CN205456285U	具有护肤功效的羊毛脂橡胶手套	2016	授权/权利转移	2026
CN105622994B	具有护肤功效的羊毛脂橡胶手套	2016	授权	2036
CN207870347U	双层橡胶手套	2017	授权	2027

6.3.3 重点专利分析

6.3.3.1 防刺、防切割技术的重点专利分析 （表6-8）

1983年，贝克顿—迪金森公司申请的专利US4514460A公开了一种耐磨和耐切割手套的制备方法。首先，制备浸渍化合物：加入足量的水使制备的化合物的总固体含量约为15%，通过连接在空气混合器上的金属丝将空气加入化合物中，得到包含约70%空气和30%化合物体积的最终化合物。其次，将由棉和聚酯纤维共混物制成的针织手套衬垫以常规方式装载在模板上，并将装载了手套的模板浸入如上制备的浸渍化合物中并取出，掺入化合物中的空气导致细胞"破裂"，在大约3 min的停留时间内，多余的化合物会从手套衬垫上滴落。接着，将模板上的涂覆衬垫转位到直立位置，并在生产线上移动通过烘箱，在约280℉的温度下暴露约30 min。最后，等固化后，将手套从模板上剥离，化合物堆积量为4 oz/yd²，且手套具有透气性。在常规的耐磨性测试程序下，有涂层的手套比没有涂层的手套具有更长的磨损寿命，且具有优异的耐磨性和耐切割性。

1984年，贝特彻工业公司申请的专利EP0118898B1公开了一种防护手套，该防护手套由纱线12制成，纱线12包括由在长度上延伸的多个平行的退火不锈钢线股24和平行的聚酯纤维线股26构成的芯22，两根聚酰胺包覆线28和30以相反的方向螺旋缠绕芯22，包覆线28直接缠绕在芯22上，包覆线30以相反的方向围绕包覆线28

缠绕，手套外以浸渍的方式施加连续的丁腈橡胶涂层，丁腈橡胶涂层使手套不透液体且提供良好的耐磨性，还能增加手套的耐切割性能。

1991 年，梅姆泰克美国有限公司申请的专利 US5248548A 公开了一种防护手套，该防护手套由抗切割、耐磨和导电的复合纱线编织而成，复合纱线包括芯和施加在芯上的包裹物，芯为基本上没有扭曲的多根连续长丝金属纱线，金属纱线的每根纤维的直径不大于 25 μm，两层聚酰胺纤维以相反方向缠绕在金属纱线形成的芯上，由于没有扭矩，可以轻松地编织成抗切割、耐磨和导电的防护手套。当编织成手套时，如果手套的手掌、手指尖涂有或浸渍有弹性体或类似物，则可以提供额外的穿刺伤害保护。

1991 年，联合讯号公司申请的专利 EP0510093B1 公开了一种由包含至少一种高分子量聚乙烯纤维的非金属织物制成的柔性无涂层手套。该手套的特征在于质量不超过 30 g 或者厚度不超过 1.25 mm，在其某些部分上进行至少 5 个冲击凸轮切割循环测试，结果显示其具有持久的抗切割性。该手套还具有顺应性，使佩戴者具有高度的触感。在用次氯酸钠消毒处理后，该手套具有至少耐受 5 个循环的冲击凸轮切割试验的耐切割性。在一个替代实施例中，将乳胶手术手套从里向外翻转并浸入柔性黏合剂中，然后浸入抗切割纤维的流体中，在黏合剂固化后，将手套翻转，纤维衬里为手套提供优异的抗切割性。

1993 年，贝特彻工业公司提出的专利申请 EP0595320B1 公开了一种适合于机织的耐切割复合纱线及用这种纱线编织成的防切割手套，利用正常强度（韧度不超过 10 g/den）的液晶聚合物纱线或纤维束或类似成分的复合纱线，提供与使用高强度合成纱线或纤维的具有类似结构的复合纱线相当的高耐切割性。具体来说，复合纱线由韧度不超过 10 g/den 的液晶聚合物纤维和柔性金属股线作为芯线，具有不超过 10 g/den 的韧度的液晶聚合物纤维作为包裹物，第二包裹物围绕着第一包裹物沿相反方向缠绕，编织成的手套具有高耐化学性和耐切割性。

1995 年，马蒙控股公司申请的专利 US5598582A 公开了一种耐热、耐切割和耐穿刺防护手套，其具有手背部分和手掌部分，用于保护佩戴者的手不因与尖锐物体接触而被刺伤，不因与热物体接触而被烫伤，防止手与液体接触，并且在手掌侧提供增强的抓握表面。该手套包括一种手覆盖衬里，该手覆盖衬里的手背部分和手掌部分由至少两层织物形成，第一内层由坚固、耐高温、耐切割、耐穿刺和耐磨的织物制成，第二外层由天然纤维织物制成，手背部分和手掌部分的第一内层和第二外层彼此固定，第二外层涂有选自腈化合物、丁腈橡胶合成橡胶、氯丁橡胶和聚氨酯的材料，以便在手覆盖衬里上提供防液外层；一种外部覆盖物，该外部覆盖物的手背部分和手掌部分由坚固、耐高温、耐切割、耐穿刺和耐磨的织物制成，手掌部分设有硅树脂材料的薄涂层，在硅树脂材料薄涂层上提供凸起的硅树脂图案，以便提供增强的抓握表面和改进的热保护。手覆盖衬里被容纳在外部覆盖物中。

1996 年，纳幕尔杜邦公司申请的专利 US5853885A 公开了一种防切割纱线及由其制成的织物，该纱线的线密度为 150~5 900 dtex 且捻系数小于 26，该纱线包括线密度为 3~6 dtex 和长度为 2.5~15.2 cm 的对位芳族聚酰胺短纤维，可以制成高耐切割的织物，该织物可制成舒适且耐切割的手套。

1996 年，Whizard 防护服公司申请的专利 US5822791A 公开了一种抗液体渗透的抗切割手套，该手套包括耐切割纱线编织成的基层、天然纤维材料编织成的中间层和不透液体的柔性弹性体涂层。弹性体涂层通过将安装在基层外部的中间层浸入合适的液体弹性体材料中来施加，液体弹性体材料固化，黏合到中间层并形成不透液体的外层，中间层的外表面上施加了凝结剂，凝结剂能够防止液体弹性体材料穿透中间层接触基层的抗切割纱线，包含抗切割纱线的基层基本上不与弹性体材料接触，从而改善了手套的耐切割性、柔韧性和舒适性。

1997 年，世界纤维股份有限公司申请的专利 US6155084A 公开了一种由复合织物制成的防护手套。该复合织物包含两种或更多种不同的纱线或材料，如热塑性塑料、弹性体、金属和其他通常不被视为纺织品的材料，每种材料具有不同的机械性能和特性，以针对特定应用的伤害风险提供最佳的保护。防护手套由复合织物制成，在无缝手套编织机上制造。手套的指尖区域（或手指和拇指档的整个长度上）包括质量大的织物以提供最大的切割阻力，实现最佳的抗切割水平，同时，在手套的其他不需要优异的抗切割性的区域中提供灵活性、移动性和触觉灵敏度。

1997 年，赫希斯特人造丝公司申请的专利 CN1091806C 公开了一种包括抗切割纤维的手套。该抗切割纤维包括成纤聚合物和均匀分散在纤维中的硬质填料，纤维的纤度为 1~50 den，填料的莫氏硬度大于 3 Mohs，填料含量为 0.05%~20% 质量比，填料选自平均直径不大于 20 μm 的粉末、平均长度不大于 20 μm 的伸长颗粒及其混合物。与包含成纤聚合物但不包含填料的纤维相比，按照 Ashland 防切割性能测试法测定，添加填料可以使无纺织物的抗切割性至少提高 20%。成纤聚合物选自分子量适合用于制造长链聚乙烯的聚乙烯或芳族聚酰胺，聚酰胺包括对苯二甲酸衍生的单体单元和两种或多种芳族二胺。该抗切割纤维可制成具有改进抗切割性的防护手套，手套非常柔韧且易于清洗。

1997 年，Rubotech 股份有限公司申请的专利 US6044493A 公开了一种可拉伸的防护材料，特别适合用于制造防护手套，以保护佩戴者免受割伤、穿刺、擦伤等伤害。该防护材料由 Kelvar TM 纤维和可拉伸的 Spandex 纤维的混纺针织物组成，Kelvar TM 纤维为材料提供防撕裂性，而 Spandex 纤维为材料提供弹性，使材料成形。由该防护材料制成的手套的手掌表面设有弹性体涂层，优选纺织品印刷聚氯乙烯增塑溶胶涂层，其通过新颖的固化方法与手套黏合，这种涂层为佩戴者提供了额外的保护，使其免受尖锐物体的伤害，并且还提供防滑抓握和高水平的触觉灵敏度。

2000 年，阿克伦大学申请的专利 USRE43172E 公开了一种具有改进抗切割性的医用手套。由至少三个浸渍形成的弹性体层结合形成整个手套，至少三个弹性体层包括最内层、中间层和最外层。其中，中间层包含随机分散在各处的三维纤维网络，以增强手套的抗切割性。用于增强手套抗切割性的纤维选自玻璃纤维、钢纤维、芳族聚酰胺纤维、聚乙烯纤维、填充颗粒的聚合物纤维及其混合物，通过加入 2%～20% 质量比的上述纤维，手套的抗切割性增加至少 20%。

2001 年，华威米尔斯公司申请的专利 US6668868B2 公开了一种由两种或更多种不同类型纤维的紧密混纺纤维制成的保护性织物。该紧密混纺纤维具有至少一种第一类纤维和至少一种不同于第一类纤维的第二类纤维，第一类纤维是具有至少 10 g/den 拉伸断裂强度的高韧度纤维，第二类纤维是拉伸断裂强度小于 10 g/den 的低韧度纤维。这种紧密混纺纤维可以结合构成紧密混纺纤维的每根纤维的有益特性来生产具有增强的抗穿刺、抗切割和抗撕裂的紧密混纺织物。

2002 年，纳幕尔杜邦公司申请的专利 CN100436675C 公开了一种耐切割纱及由其制造的织物和手套。制造手套的方法包括以下步骤：① 由耐切割纱针织或者编织手套，所述耐切割纱具有强度和恢复能力并且包含至少一根连续的合成弹性长丝和许多膨化的连续耐切割长丝，其中许多膨化的连续耐切割长丝具有随机缠结的线圈结构；② 将手套的至少一根连续的合成弹性长丝热定形；③ 涂覆手套；④ 将涂覆在手套上的涂层固化。通过将提供耐切割性和触觉敏感性的组成部分与织物、手套或者纱结合来为其提供耐切割性和触觉敏感性。

2004 年，纳幕尔杜邦公司申请的专利 CN100399957C 公开了一种耐切割、芯吸和体温调节的织物及由其制造的防护手套。该织物包括两面，第一面包含具有耐切割纤维皮和金属芯的皮芯构造的纱线和亲水性纤维；第二面包含亲水性纤维，上述皮芯构造的纱线不存在于第二面上，且亲水性纤维从第二面延伸到第一面。用该织物制作的手套能够在第一外面上提供对刀刃的防护。此外，该织物在与人手接触的第二内面上能使汗液透过第二内面芯吸到外侧。该防护手套由于热传递慢，也具有防寒功能。

2008 年，安塞尔有限公司申请的专利 US20090077713A1 公开了一种柔软轻质且抗切割和耐化学腐蚀的手套及其制作方法。该手套包括固化的、不透液体的聚合物乳胶外层，聚合物乳胶外层的表面涂有黏合剂涂层；整体抗切割衬里，其与黏合剂涂层接触并由黏合剂涂层固定，整体抗切割衬里包括聚合物涂层和抗切割衬里，通过聚合物涂层渗透抗切割衬里形成整体抗切割衬里。当将手套佩戴在手上并从切割边缘向手套施加载荷时，整体抗切割衬里在黏合剂涂层上滑动，从而减少切割边缘处的切割应力。

2009 年，安塞尔有限公司申请的专利 CN101977523B 公开了一种柔性、抗割、抗油、抗火、不导电的手套。该手套包括抗割针织衬里，抗割针织衬里具有由总纤度在 900～1 800 den 的复合抗火纱线制成的多个缝线，复合抗火纱线包括玻璃纤维芯和单纤维纤度在 0.5～2.5 den 的人造抗割微纤维环锭纺成的衬垫芯套，人造抗割微纤维主要由对位芳纶和变性腈纶组成；由对位芳纶、聚酯或这两者的混合物制成的一个或多个下包覆物和上包覆物；附着于抗割针织衬里的聚氯丁烯聚合物乳胶涂层。抗割针织衬里与聚氯丁烯聚合物乳胶涂层的组合不仅可以提供用于油性环境的抗烃闪燃性，还可以提供抗电短路性。

2010年，纳幕尔杜邦公司申请的专利CN102292484B公布了一种包含玻璃纤维和对位芳族聚酰胺纤维的改进的耐切割手套。该手套包括耐切割复合纱、副纱和衬里纱。耐切割复合纱包括具有至少两种芯纱的芯和螺旋包缠在芯周围的至少一种第一包缠纱。芯纱包括至少一种50～600 den的玻璃纤维长丝纱和至少一种100～600 den的对位芳族聚酰胺纱；第一包缠纱包括选自对位芳族聚酰胺纤维、脂族聚酰胺纤维、聚酯纤维及它们的混合物的至少一种100～600 den的纱。副纱包含对位芳族聚酰胺。衬里纱包括以下任意一种：① 具有弹性体纱芯和螺旋包缠在纱芯周围的至少一种第二包缠纱的复合纱；② 包括脂族聚酰胺纤维、聚酯纤维、天然纤维、纤维素纤维及它们的混合物的纱线。耐切割复合纱、副纱和衬里纱共针织到手套内，衬里纱形成手套的内部，耐切割复合纱和副纱形成手套的外部。

2013年，安塞尔有限公司申请的专利CN104125784B公开了一种针织手套及其制作方法。该针织手套包括针织内衬，针织内衬具有多个区域，针织内衬的多个区域具有针织线径，针织线径由至少一种纱线针织而成，并且至少一个区域中的针织线径沿着手套的纵向轴线竖直地设置，至少一个区域中的针织线径沿着手套的横向轴线水平地设置。其中，至少一个区域中的至少一种纱线为抗切割纱线。

2013年，安塞尔有限公司申请的专利CN104270974B公开了一种薄的柔韧的耐磨损且抗切割的手套及其制作方法。该薄的柔韧的手套具有4级EN 388耐磨损水平。该手套包括含有尼龙纱的18针数的针织衬里、布置在针织衬里上的内部凝胶化涂层。内部凝胶化涂层包括羧化腈-丁二烯的聚合物组合物、弹性体组合物或乳胶组合物。内部凝胶化涂层的厚度为0.1～0.3 mm，包括交联的内层、交联的中层和交联的外层。其中，交联的内层形成方法如下：向包衬在手套形模型上的针织衬里涂覆强促凝剂，并且向针织衬里涂覆聚合物组合物、弹性体组合物或乳胶组合物，由此在针织衬里上设置涂层；交联的中层形成方法如下：将设置了涂层的针织衬里连同手套形模型一起浸入弱酸中；交联的外层形成方法如下：将上述涂层浸入强促凝剂中。该手套具有改善的物理性质，尤其具有耐磨损性和抗切割性，并且非常薄且柔韧，以便在使用期间具有改善的灵活性。

表6-8 防刺、防切割技术的重点专利列表

公开（公告）号	申请（专利权）人	申请年	发明名称	简单法律状态	有效期（截止年）
US4514460A	贝克顿-迪金森公司	1983	耐磨和耐切割手套的制备方法	失效	2002
EP0118898B1	贝特彻工业公司	1984	防护手套	失效	2004
US5248548A	梅姆泰克美国有限公司	1991	抗切割、耐磨和导电的防护手套	失效	2011

公开（公告）号	申请（专利权）人	申请年	发明名称	简单法律状态	有效期（截止年）
EP0510093B1	联合讯号公司	1991	包含至少一种高分子量聚乙烯纤维的非金属织物制成的柔性无涂层手套	失效	2011
EP0595320B1	贝特彻工业公司	1993	适合于机织的耐切割复合纱线和防切割手套	失效	2013
US5598582A	马蒙控股公司	1995	耐热、耐切割和耐穿刺防护手套	失效	2015
US5853885A	纳幕尔杜邦公司	1996	防切割纱线及由其制成的织物	失效	2016
US5822791A	Whizard 防护服公司（Whizard Protective Wear Corp.）	1996	抗液体渗透的抗切割手套	失效	2016
US6155084A	世界纤维股份有限公司	1997	由复合织物制成的防护手套	失效	2017
CN1091806C	赫希斯特人造丝公司	1997	包括抗切割纤维的手套	失效	2017
US6044493A	Rubotech 股份有限公司	1997	可拉伸防护手套及其制造方法	失效	2017
USRE43172E	阿克伦大学	2000	改进抗切割性的医用手套	失效	2017
US6668868B2	华威米尔斯公司	2001	由两种或更多种不同类型纤维的紧密混纺纤维制成的保护性织物	有效	2021
CN100436675C	纳幕尔杜邦公司	2002	耐切割纱及由其制造的织物和手套	有效	2022
CN100399957C	纳幕尔杜邦公司	2004	耐切割、芯吸和体温调节的织物及由其制造的防护手套	有效	2024
US20090077713A1	安塞尔有限公司	2008	柔软轻质且抗切割和耐化学腐蚀的手套及其制作方法	有效	2030
CN101977523B	安塞尔有限公司	2009	柔性、抗割、抗油、抗火、不导电的手套及其制作方法	有效	2029
CN102292484B	纳幕尔杜邦公司	2010	包含玻璃纤维和对位芳族聚酰胺纤维的改进的耐切割手套	有效	2030

续表

公开（公告）号	申请（专利权）人	申请年	发明名称	简单法律状态	有效期（截止年）
CN104125784B	安塞尔有限公司	2013	针织手套及其制作方法	失效	2019
CN104270974B	安塞尔有限公司	2013	薄的柔韧的耐磨损且抗切割的手套及其制作方法	有效	2033

6.3.3.2 防电伤害技术的重点专利分析（表6-9）

1996年，保罗·K.山本申请的专利US5704066A公开了一种防护手套装置。该防护手套装置包括由导电材料制成的手套，以及用于使手套接地的装置，使工人可以操纵机动车辆发动机中的火花塞线而没有电击危险，并且通过将汽车发动机线圈中的高压接地来最小化高压对点火模块或分配器部件的损坏。上述接地装置包括：① 一根细长电线，该电线包括对电流具有低电阻的多股实心圆柱导体及在该多股实心圆柱导体上的绝缘套管；② 用于以可移除的方式将细长电线的第一端电附接到机动车辆的金属框架的装置；③ 用于将细长电线的第二端永久地电附接到手套的装置。

1997年，帝人株式会社申请的专利CA2238431A1公开了一种由多层复合布制成的防护手套。该多层复合布包括表面织物、中间纤维隔热材料和衬里织物，分别主要由芳族聚酰胺纤维组成。其中，表面织物和衬里织物，包含50%~100%质量比的间位芳族聚酰胺纤维、0~10%质量比的对位芳族聚酰胺纤维和0~40%质量比的其他阻燃纤维，并规定间位芳纶纤维、对位芳纶纤维和其他阻燃纤维的质量比之和为100%；中间纤维隔热材料包括由芳族聚酰胺纤维制成的多层毡；导电纱线A沿着表面织物的长度方向以1~5 in的密度排列，导电纱线B沿着与长度方向交叉的方向排列，并与导电纱线A形成接触点，使防护手套外表面上的摩擦电荷小于0.6 μC/m²。该防护手套具有优异的灵活性、隔热性和抗静电性，甚至是在-250 ℃~-100 ℃的极端低温环境中都不会变硬或发脆。

1999年，金伯利-克拉克环球有限公司申请的专利US7582343B1公开了一种表面改性的手套。该手套包括手套形状的弹性体基质，用于容纳人手，基质具有内表面，与人手接触。多个胶体二氧化硅颗粒黏附在基质的外表面上，并部分嵌入其中而不延伸穿过基质；没有使用单独的黏合剂材料将胶体二氧化硅颗粒固定在外表面上，而是将二氧化硅颗粒混合到涂料组合物中，再将涂料组合物施加到模具表面上，并使可流动的弹性体组合物固化在涂覆的涂料组合物表面上来施加二氧化硅颗粒。涂料组合物可包括凝结剂或脱模剂。二氧化硅细颗粒可以增加制品表面的摩擦系数，二氧化硅细颗粒也可以制成导电的，从而消散制品表面的静电荷。

2000年，高级手套厂有限公司申请的专利US6338162B1公开了一种静电接地手套。该手套包括用于容纳人手并具有外表面和内表面的空腔，内表面固定有第一导电部分，与人手接触；外表面固定有第二导电部分，第二导电部分与第一导电部分电性连接。因此，当第二导电部分与具有比地的基本电位高的物体接触时，静电电荷从物体通过第二导电部分流到第一导电部分并通过手流到地面。

2000年，东和株式会社申请的专利JP4620257B2公开了一种作业用手套。该手套的主体部分包括小指部分、无名指部分、中指部分、食指部分、拇指部分和躯干部分。对于拇指部分和至少一个其他手指部分，镀覆编织形成指尖形成部分；指尖形成部分以预捻线为主要纱线，以抗静电纱线为辅助纱线进行镀覆编织，从而将抗静电纱线全部镀覆编织在指尖形成部分的表面上，这样可以增强指尖的抗静电效果。除了指尖形成部分之外，抗静电纱线被单层或多层主纱镀覆，因此，抗静电纱线的使用量少，可以降低成本。此外，由于表面具有抗静电纱线，可以获得足够的抗静电效果。

2001年，陶氏环球技术公司申请的专利NZ522322A公开了一种抗静电薄膜手套的制作方法，将导电性诱导材料溶解在多元醇中形成预聚物，使导电性诱导材料溶解在预聚物混合物中，将该预聚物分散于水中以形成聚氨酯分散体，或者在形成分散体之后将导电性诱导材料添加到聚氨酯分散体中，然后将表面具有凝结剂的手套成型体浸入包含导电性诱导材料的溶液中浸泡5~30 s。导电性诱导材料是非挥发性金属盐，其赋予聚氨酯表面导电性，从而能将静电消散。

2011年，霍尼韦尔国际股份有限公司申请的专利EP2441337B1公开了一种耐化学性、耐机械性的抗静电手套及其制作方法。该抗静电手套包括至少一层耐化学品的聚合物层和至少一层导电聚合物层的多层。首先，将手套成型件浸渍到丁腈胶乳和聚（3，4-亚乙二氧基噻吩）-聚（苯乙烯磺酸酯）的混合物中，从而在成型件上沉积该混合物的连续层，将涂层后的成型件从混合物中移走；其次，将涂层后的成型件浸渍到丁腈胶乳中，从而在涂层后的成型件上沉积丁腈胶乳的连续层，将成型件从丁腈胶乳浸渍溶液中移走；接着，将成型件浸渍到丁腈泡沫中，从而在成型件上沉积丁腈泡沫的连续层，将成型件从丁腈泡沫浸渍溶液中移走；最后，将手套从成型件上剥离。根据需求，可以独立地重复多次成对的浸渍和移除步骤以形成多层，可以另外增加穿着层。手套具有改善的耐机械性、耐化学渗透性、抗静电放电性（在23℃和50%的相对湿度下小于1.0×10^8 Ω垂直抗性）。

2011年，奥迪股份公司申请的专利DE102011115289B4公开了一种电绝缘救援手套。该手套包括至少一层电绝缘层；至少一层部分覆盖电绝缘层的导电外层；至少一个电连接点；至少一个信号装置，其电连接到导电外层和每个电连接点。信号装置被设计为根据导电外层与至少一个电连接点之间的电位差产生警报信号。

2013年，国家电网有限公司申请的专利CN103211330A公开了一种智能型绝缘手套辅助装置及预警方法，应用于电力系统的带电场所和高压试验领域。辅助装置与绝缘手套采用分体结构，辅助装置设置在传统高压绝缘手套外面，且在手指根部处设有感应式高压传感器探片，通过探片与绝缘体相连，实时感应所在位置处电压电荷量大小，将检测的电压电荷值与处理器设定好的危险电压电荷阈值做比较，实时计算，当检测的电压电荷值大于阈值时就驱动蜂鸣器进行报警，并实时显示在手背面的LED

显示屏上。在不改变原绝缘手套正常使用的基础上，通过设置辅助装置，实时提醒使用者，以防止事故发生，达到防护效果，同时操作简单、携带方便、实用性较强。

2013 年，格里普斯电力有限责任公司申请的专利 CA2824813C 公开了一种线路工人用的手套，当处理不低于 500 V 的电压时，该手套能为线路工人提供电绝缘性。该手套包括外手套和内手套，外手套包括用于覆盖线路工人手的手部部分，手部部分包括手掌部分、手背部分和手指部分，手部部分由天然皮革材料制成，用于保护内手套免受损坏；袖口部分用于覆盖线路工人的下臂，袖口部分连接到手部部分；至少一个固定在手掌部分上的垫子和至少一个固定在每个手指部分上的垫子，垫子包括一个基底和至少一个设置在基底上的阻燃聚合物肋条，阻燃聚合物肋条用于提高线路工人在佩戴手套时的抓握力，垫子不覆盖手指部分与手掌部分相交的位置。外手套通过了用于确定手部保护装置的电弧热性能的电弧暴露法测试。

表 6-9　防电伤害技术的重点专利列表

公开（公告）号	申请（专利权）人	申请年	发明名称	简单法律状态	有效期（截止年）
US5704066A	保罗·K. 山本	1996	防护手套装置	失效	2016
CA2238431A1	帝人株式会社	1997	由多层复合布制成的防护手套	失效	2000
US7582343B1	金伯利‐克拉克环球有限公司	1999	表面改性的手套	失效	2019
US6338162B1	高级手套厂有限公司（Superior Glove Works Ltd.）	2000	静电接地手套	失效	2020
JP4620257B2	东和株式会社	2000	作业用手套	失效	2020
NZ522322A	陶氏环球技术公司	2001	抗静电薄膜手套的制作方法	有效	2021
EP2441337B1	霍尼韦尔国际股份有限公司	2011	耐化学性、耐机械性的抗静电手套及其制作方法	有效	2031
DE102011115289B4	奥迪股份公司	2011	电绝缘救援手套	有效	2031
CN103211330A	国家电网有限公司	2013	智能型绝缘手套辅助装置及预警方法	失效	2014
CA2824813C	格里普斯电力有限责任公司（The Power Gripz LLC）	2013	线路工人用的手套	有效	2033

6.4　小结

本章通过对防护手套领域相关专利申请情况进行分析，得到以下主要结论。

1. 防护手套领域相关专利申请的总体趋势

防护手套领域中国专利申请量变化趋势与全球专利申请量变化趋势一致，在 2000 年以前一直维持在低位；2000 年开始，随着中国专利事业的发展，国内专利保护意识逐渐增强，中国相关专利申请量开始逐渐增加；到 2008 年，中国专利申请量在全球专利申请总量中的占比开始超过一半，2008 年为 52%，2012 年、2016 年和 2018 年均为 76%。从上述情况可知，防护手套领域中国专利申请量占据了全球专利申请总量的绝大部分。

2. 防护手套领域相关专利申请的技术含量

在防护手套领域全球专利申请量排名前十的申请人中，安塞尔有限公司、纳幕尔杜邦公司及尚和手套株式会社都是国际知名企业，致力于各种防护手套产品的创新和研发，其防护手套相关专利申请均以发明专利为主，且授权率和有效率都很高，这说明其专利的技术含量较高，且其具有良好的专利保护意识。在国内申请人中，国家电网有限公司、苏州龙鑫手套有限公司、镇江苏惠乳胶制品有限公司、山东星宇手套有限公司、湖州环球手套有限公司和蓝帆集团有限公司都是我国知名的防护手套生产企业，虽然国内申请人的相关专利申请数量较多，但实用新型专利申请量占比较高、有效专利占比较低，且大多数的专利申请都没有进行海外布局，可见，国内申请人的专利申请积极性高，但是专利保护意识相对薄弱。

防护鞋靴主要分为工业防护鞋靴和日常防护鞋靴两个部分。工业防护鞋靴通常分为劳保鞋、工作鞋、安全鞋、防护鞋等，主要为特殊工作环境下的作业人员提供一种或多种特定的防护功能，如野外工作环境下的防穿刺功能、搬运作业工作环境下的防砸功能、化学工作环境下的防酸碱腐蚀功能、静电工作环境下的防静电功能、电力工作环境下的电绝缘功能、消防工作环境下的防火功能等。针对鞋靴的工业防护，相应存在一系列国际标准和国家标准，如 GB 21146—2007《个体防护装备　职业鞋》、GB 21147—2007《个体防护装备　防护鞋》、GB 21148—2007《个体防护装备　安全鞋》等。受限于国际标准和国家标准，工业防护鞋靴在生产和制造过程中基本能够达到一个相对统一的标准，整体过程也相对固化，故而在知识产权方面，专利申请量也相对较少，材料上的更新和进步主要依赖于橡胶产品等材料自身的发展与完善，针对这一类鞋靴的改进主要集中在结构上的强化和优化。

鞋靴的日常防护功能是针对日常行走、运动或其他使用环境等的使用需要，出于舒适、辅助、安全等因素的考虑，增加或加强鞋靴的缓冲、支撑、稳定等辅助功能，从技术上优化日常使用的舒适、便捷性能和运动环境下的舒适、安全、辅助等性能。在经济飞速发展的社会环境下，着眼于追求舒适生活和健康生活的大趋势，日常防护鞋靴的技术发展也呈现出迅速增长的趋势和欣欣向荣的状态，在商业上有了耐克、阿迪达斯等一系列国际著名的运动休闲品牌，国内也有李宁、特步、361°等较有影响力的品牌。在知识产权方面，日常防护鞋靴的专利申请量在鞋类物品中占比较大，各种技术蓬勃发展，各创新主体在打响自己品牌特色的同时，也积极完善与自己品牌特色相关的核心技术的专利布局。

由于工业防护鞋靴和日常防护鞋靴在专利申请数量上存在明显差异，为了能够更客观全面地对两类鞋靴专利申请情况进行分析，本章将工业防护鞋靴和日常防护鞋靴分为两个独立的部分进行介绍。

7.1　工业防护鞋靴全球专利申请情况分析

表 7-1 列出了工业防护鞋靴领域的全球专利申请数量，截至 2020 年 6 月，工业

防护鞋靴领域的全球专利申请数量为 8 260 项，每项专利申请已公开的同族申请总量合计 10 009 件。

表 7-1　工业防护鞋靴领域的全球专利申请数量

项目	全球总申请量 （按最早优先权，单位：项）	全球总申请量 （按同族公开号，单位：件）
工业防护鞋靴	8 260	10 009

7.1.1　全球专利申请的趋势分析

图 7-1 显示了近 30 年工业防护鞋靴领域全球专利申请量的变化趋势。从全球范围来看，2007 年以前，全球专利申请量一直维持在低位，年专利申请量均不超过 200 项，尤其是在 2000 年以前，年专利申请量基本在 100 项以下。2007—2012 年，全球专利申请量连续五年快速增长，年增长率达 26.6%，主要原因是进入 21 世纪以后，各国对劳动生产过程中的各种危险因素引起的伤害越来越关注，在中国，随着国家对职业安全与健康工作的重视，作业人员的安全生产意识不断增强，特别是 2005 年 6 月 29 日国务院第 97 次常务会议通过了《中华人民共和国工业产品生产许可证管理条例》（国务院令第 440 号），2007 年新的职业鞋、防护鞋、安全鞋国家标准开始实施，这些因素极大地促进了我国工业防护鞋靴产业的发展。此外，我国还是生产和销售工业防护鞋靴的大国，据相关数据显示，2008 年我国生产和销售各类工业防护鞋靴共计 3 131 万双，2009 年销售 3 225 万双，2010 年销售 3 715 万双①，从上述数据可以看出，市场的需求，特别是中国市场的巨大吸引力，是促进工业防护鞋靴领域全球专

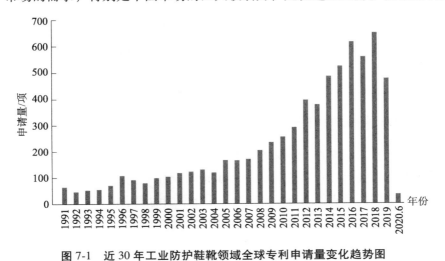

图 7-1　近 30 年工业防护鞋靴领域全球专利申请量变化趋势图

---

① 安全防护鞋行业发展现状［EB/OL］.（2012－02－29）［2020－12－20］. https://mbd. baidu. com/ma/s/lSx-VWcvq.

利申请量增长的关键因素之一。经过五年的持续增长，到 2013 年，工业防护鞋靴领域全球专利申请量有了短暂的回落，但随后又是连续三年的增长，虽然 2017 年全球专利申请量略有下降，但 2018 年全球专利申请量达到了历年最高。从整体上看，工业防护鞋靴领域全球专利申请量上升趋势明显，人们对自身安危及安全生产的高度重视是工业防护鞋靴领域全球专利申请量快速增长的直接动力。

7.1.2　全球专利申请的区域分布分析

图 7-2 显示了工业防护鞋靴领域全球专利申请量排名前五的区域。从图 7-2 可以看出，工业防护鞋靴领域全球专利申请主要集中在中国、韩国、美国、日本、德国等国家。其中，中国的专利申请量最多，超过 4 000 项，占全球专利申请总量的 54.5%，尽管中国目前还没有驰名全球的大品牌，但是拥有众多的中小型工业防护鞋靴产品生产企业，它们的知识产权保护意识在不断增强，也充分了解了专利布局的重要性，因此对专利申请的积极性非常高；美国拥有 3M 公司、霍尼韦尔国际股份有限公司、金伯利-克拉克环球有限公司等多家大型企业，因此在工业防护鞋靴领域也具有很大的优势；日本和韩国对工业防护鞋靴产品的重视程度也很高；德国拥有优维斯公司等大型安全防护产品生产企业，在工业防护鞋靴领域全球专利申请量中也占有一定比重。

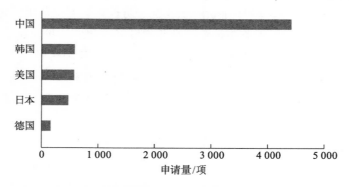

图 7-2　工业防护鞋靴领域全球专利申请量排名前五的区域

7.1.3　全球专利申请的申请人分析

图 7-3 显示了工业防护鞋靴领域全球专利申请量排名前十的申请人。从图 7-3 可以看出，苏州市景荣科技有限公司的专利申请量领先于其他公司，其在全球拥有 81 项专利申请。美国的耐克创新有限合伙公司[①]和中国的国家电网有限公司排名第二和第三，分别拥有 68 项和 65 项专利申请。中国的天津天星科生皮革制品有限公司排名

---

① 耐克创新有限合伙公司包括的专利申请人英文名称为：NIKE Inc.、NIKE Innovate C. V.、NIKE Innovation GmbH、NIKE International Ltd.、NIKE International Co.，Ltd.，在中国的申请人名称早期为耐克国际有限公司，后修改为耐克创新有限合伙公司。本章进行数据统计和综合分析时，按照耐克创新有限合伙公司进行合并，并以耐克创新有限合伙公司名称进行描述。

第四。接下来是际华集团股份有限公司旗下的际华三五三九制鞋有限公司和际华三五
一五皮革皮鞋有限公司，这两家公司的前身分别是中国人民解放军第 3539 工厂和中
国人民解放军第 3515 工厂，都是国内大型橡胶鞋靴制造企业，是军队军靴标准的起
草单位。与际华三五一五皮革皮鞋有限公司并列第六位的阿基里斯株式会社是日本工
业防护鞋靴的主要生产企业，有着 70 余年的制鞋历史。南京东亚高新材料有限公司
和茂泰（福建）鞋材有限公司也是工业防护鞋靴领域全球专利申请的主要申请人，
分别排在第八位和第九位。可见，不仅中国的专利申请量占据了全球专利申请总量的
半壁江山，在全球专利申请量排名前十的申请人中，中国申请人也占了绝大部分。而
在这十位申请人中，企业占了 9 席，没有高校和科研机构，这表明工业防护鞋靴领域
的市场化程度非常高。在中国企业专利申请量遥遥领先的同时，作为传统的工业防护
鞋靴领域的大型企业，如霍尼韦尔国际股份有限公司、代尔塔集团，并没有名列
榜中。

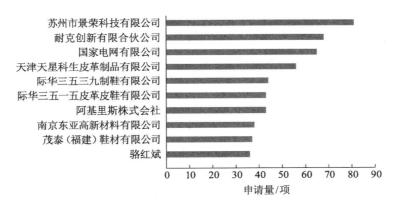

图 7-3　工业防护鞋靴领域全球专利申请量排名前十的申请人

7.1.4　全球专利申请的主要技术主题分析

图 7-4 显示了工业防护鞋靴领域全球专利申请的主要技术主题分布。从图 7-4 可
以看出，有 4 245 项专利申请涉及物理防护技术，有 2 704 项专利申请涉及电防护技

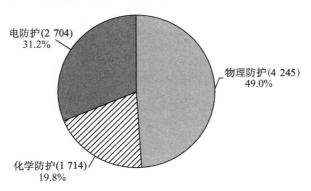

图 7-4　工业防护鞋靴领域全球专利申请主要技术主题分布图

术，有 1 714 项专利申请涉及化学防护技术。其中，部分专利申请涉及不止一个技术主题，数据有重复统计，但也体现出其具有多重防护效果。物理防护、电防护和化学防护三个主要技术主题全球专利申请量占比分别为 49.0%、31.2% 和 19.8%。可见，物理防护技术主题在工业防护鞋靴领域占据了近半壁江山，其主要包括防砸鞋、防穿刺鞋等；其次是电防护技术主题，主要包括防静电鞋、电绝缘鞋等；专利申请量相对较少的是化学防护技术主题，主要包括防火鞋、防油鞋、防酸碱鞋等。在实际应用中，防砸鞋、防穿刺鞋应用场合最多，防护作用也最明显，市场占有率最高，专利申请量也是最大的。自 2011 年开始，物理防护技术主题的全球专利申请增长量远超另外两个技术主题，在 2018 年达到最高点时，其全球专利申请量比化学防护技术主题和电防护技术主题全球专利申请量之和还要多，有 376 项（图 7-5）。

图 7-5 显示了近 30 年工业防护鞋靴领域主要技术主题全球专利申请量的变化趋势。从图 7-5 可以看出，与另外两个技术主题相比，化学防护技术主题的全球专利申请量一直偏低，在 2010 年以前，年申请量一直在 50 项以下，原因是在早期的专利申请中化学防护技术主题的专利申请会同时涉及物理防护或电防护技术主题，而物理防护、电防护技术主题的专利申请通常是单独的，不涉及化学防护技术主题，也正是因为技术主题的交叉，在 2006 年以前，物理防护、电防护、化学防护三个技术主题的全球专利申请量相差不大。2007 年以后，人们对物理防护的需求增大，新材料、新结构的引进，致使物理防护技术主题的全球专利申请量与另外两个技术主题的全球专利申请量的差距不断扩大。与物理防护技术主题不同，近 30 年化学防护技术主题和电防护技术主题的全球专利申请量一直难分伯仲，这是因为两者的应用场合相对专业和单一，不像物理防护技术应用广泛。

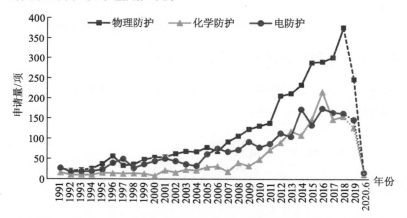

图 7-5　近 30 年工业防护鞋靴领域主要技术主题全球专利申请量变化趋势图

7.2　工业防护鞋靴中国专利申请情况分析

7.2.1　中国专利申请的趋势分析

图 7-6 显示了近 30 年工业防护鞋靴领域中国专利申请量的变化趋势。从图 7-6 可以看出，工业防护鞋靴领域中国专利申请量的变化趋势与全球专利申请量的变化趋势基本一致。2007 年以前，中国专利申请量在全球专利申请量中并没有占据太大的比重，特别是在 2003 年以前，中国专利申请量在全球专利申请量中占比很小；自 2007 年开始，中国企业对工业防护鞋靴领域的知识产权保护越来越重视，专利申请量急剧增长，到 2012 年，中国专利申请量达到 282 件，占据了全球专利申请量的绝大部分，此后几年也维持了大致相同的增长态势，2018 年中国专利申请量达到 552 件。随着中国专利申请量在全球专利申请量中的占比逐渐增加，其波动直接影响到全球专利申请量的整体变化趋势，2017 年中国专利申请量明显下滑，全球专利申请量也呈现同步下降趋势。

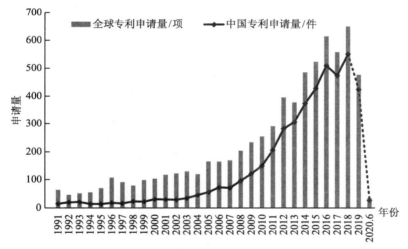

图 7-6　近 30 年工业防护鞋靴领域中国专利申请量变化趋势图

7.2.2　中国专利申请的申请人分析

图 7-7 显示了工业防护鞋靴领域中国专利申请量排名前十的申请人。从图 7-7 可以看出，工业防护鞋靴领域中国专利申请量排名前十的申请人均为国内申请人。其中，除 1 位是个人申请人外，其余 9 位均为企业申请人。在企业申请人中，有 4 家来自江苏省，其中 1 家来自南京市，3 家来自苏州市，分别是苏州市景荣科技有限公司、吴江市（区）董鑫塑料包装厂、吴江市（区）信许塑料鞋用配套有限公司；其余 5 家企业中，有 3 家是国有控股企业，分别是国家电网有限公司及际华集团股份有限公司旗下的际华三五三九制鞋有限公司和际华三五一五皮革皮鞋有限公司，天津天

星科生皮革制品有限公司和茂泰（福建）鞋材有限公司均为所在省（市）工业防护鞋靴领域专利申请的排头兵。可见，除国有控股企业外，其余专利申请量较大的企业均来自东部沿海地区。

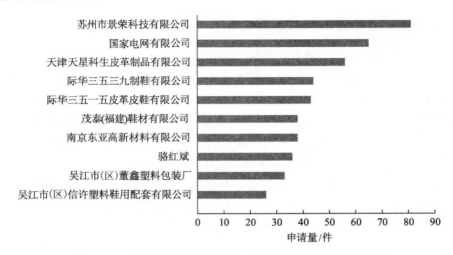

图 7-7　工业防护鞋靴领域中国专利申请量排名前十的申请人

7.2.3　中国专利申请的区域分布分析

图 7-8 是工业防护鞋靴领域中国专利申请区域分布图。从图 7-8 可以看出，浙江省、江苏省、广东省和福建省排名靠前，申请量分别为 760 件、605 件、563 件和 535件，之后依次是山东省、天津市、北京市、安徽省和中国台湾，河南省排名第十。江苏省是工业防护鞋靴领域专利申请大省，在中国专利申请量排名前十的申请人中，江苏省的企业占据 4 席。据有关数据显示，我国工业防护鞋靴领域的生产企业大部分集中在上海市、浙江温州市、浙江瑞安市、江苏扬州市、江苏扬中市、山东高密市、广东东莞市等地区，这些工业防护鞋靴产业集聚区虽然涌现出一批年产量在 100 万双以

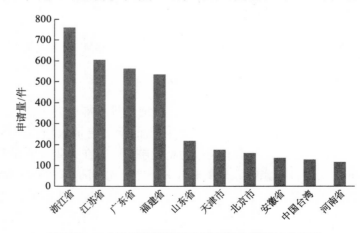

图 7-8　工业防护鞋靴领域中国专利申请区域分布图

上的企业，但大部分仍为中小型企业，这些中小型企业生产方式陈旧、资金薄弱、生产规模小、机械化和自动化程度低，多处于低效率的生产经营状态，它们在知识产权上的投入也不高，这也是造成山东等地区产量较高而专利申请量较低的原因。①

7.2.4　中国专利申请的主要技术主题分析

图 7-9 显示了工业防护鞋靴领域中国专利申请的主要技术主题分布。从图 7-9 可以看出，有 2 310 件专利申请涉及物理防护技术，有 1 342 件专利申请涉及化学防护技术，有 1 270 件专利申请涉及电防护技术。其中，部分专利申请涉及不止一个技术主题。物理防护、电防护和化学防护三个主要技术主题专利申请量占比分别为46.9%、25.8%、27.3%。可见，不管是全球专利申请还是中国专利申请，物理防护技术主题的专利申请量占比都是最大的，而与全球专利申请中化学防护技术主题的专利申请量占比最少不同，在中国专利申请中，化学防护技术主题的专利申请量占比明显较大，这是因为中国最大的几家工业防护鞋靴生产企业都是由生产橡塑制品的企业转型而来的，对化学防护的研究相对也比较多，在该技术主题的研发及专利申请上具有先天优势。

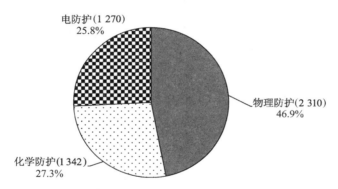

图 7-9　工业防护鞋靴领域中国专利申请主要技术主题分布图

图 7-10 显示了近 30 年工业防护鞋靴领域主要技术主题中国专利申请量的变化趋势。与全球专利申请量变化趋势相比，中国三个技术主题的专利申请量在 2006 年以前差距更小，特别是 2000 年以前三个技术主题的专利申请量都几乎为零；2007 年开始，中国物理防护技术主题的专利申请量快速增长，一直领先于另外两个技术主题的专利申请量，到 2018 年，中国物理防护技术主题的专利申请量达到 324 件。与全球专利申请量变化趋势的另一个区别在于，2016 年中国化学防护技术主题的专利申请量激增，是电防护技术主题专利申请量的 1.6 倍，这是由于当时苏州市景荣科技有限公司、南京东亚高新材料有限公司、骆红斌等多位专利申请人提交了大量化学防护技

---

①　安全防护鞋行业发展现状［EB/OL］.（2012－02－29）［2020－12－20］. https://mbd. baidu. com/ma/s/lSx-VWcvq.

术主题的专利申请，每位申请人的专利申请量都在 10 件以上。

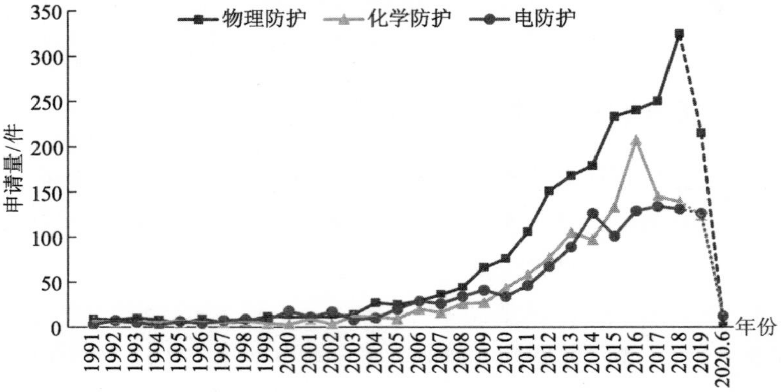

图 7-10　近 30 年工业防护鞋靴领域主要技术主题中国专利申请量变化趋势图

7.3　工业防护鞋靴重点专利技术分析

本节主要对工业防护鞋靴领域涉及的物理防护技术主题中的防穿刺技术和防砸技术，以及电防护技术主题中的防静电技术的发展路线和核心专利进行详细分析。

7.3.1　防穿刺技术主题分析

7.3.1.1　防穿刺技术发展脉络 （图 7-11 ）

鞋类的防穿刺技术主要用于足底防护，防止足底被各种尖硬物件刺伤，如公路养护现场情况复杂，鞋底需要具备防穿刺功能。在技术层面上，可将防穿刺技术划分为在鞋底附加额外的保护结构和对鞋底本身的材料进行改进两个方面。

鞋底附加的额外保护结构主要包括硬质保护结构和柔性保护结构。其中，硬质保护结构保护性强，但是行走不够舒适；柔性保护结构行走舒适，但是保护性相对较差。因此，往往需要在这两者之间寻求一个平衡，或者采用将两者结合的结构。对鞋底本身材料进行改进主要集中在添加物的使用和成型方式的改进上，这里将这些方法统一归纳为防穿刺鞋底的制备方法。

1. 在鞋底附加额外的保护结构方面

为了防止特殊工作环境下钉子等尖锐物体穿过鞋底对脚部造成伤害，早在 1940 年美国人乔治·H. 吉利斯（George H. Gillis） 就提出了在鞋底嵌入刚性的防穿刺板，以实现脚部的防穿刺保护 （US2235819A）。这样的结构虽然能带来良好的防穿刺性能，但也产生了较为明显的劣势，就是会严重影响脚部行走时的弯曲性能。

为了优化防穿刺结构的弯曲性能，1988 年美国人道格拉斯·W. 阿什顿 （Douglas W. Ashton） 提出了在鞋底设置铰接的金属板或者柔性的编织材料，以优化行走时的弯曲性能 （US4888888A）。1990 年，日本的力王株式会社提出了利用海绵弹性体形

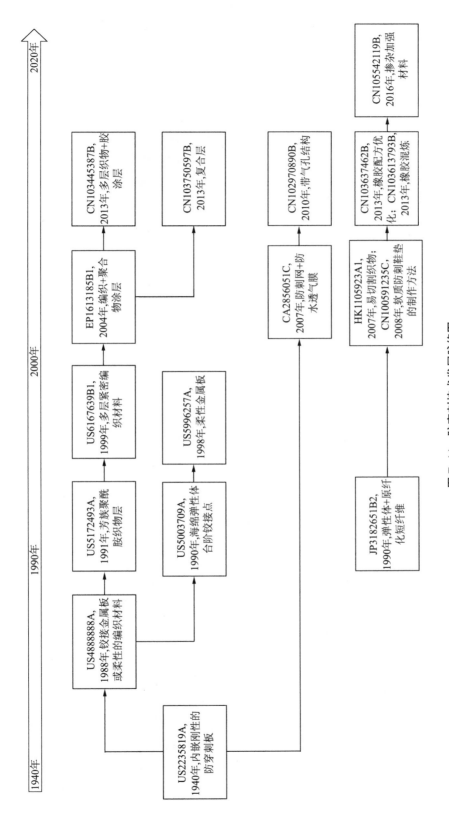

图7-11　防穿刺技术发展脉络图

成台阶，设置于相邻金属板之间的位置，以便行走时金属板在连接位置进行适应性弯曲（US5003709A）。1998年，加拿大的威廉·H.考夫曼股份有限公司（William H. Kaufman Inc.）提出了一种柔性金属板，弥补了硬质金属板柔性不足的缺陷（US5996257A）。

除了针对金属结构进行不断优化以外，具备防穿刺功能的柔性织物材料也凭借其优异的防穿刺性和舒适性逐步进入人们的视野。1991年，美国的AT&S专业股份有限公司（AT&S Specialties，Inc.）提出在内层和耐用织物外层之间设置织造或非织造的芳族聚酰胺织物衬里，以实现防穿刺功能，防穿刺织物凭借其良好的弯曲性能和抗穿刺性能，成为鞋靴物品防穿刺结构的新宠（US5172493A）。1999年，美国人乔治·文图拉（George Ventura）提出在鞋底增加多层紧密编织的抗穿刺织物，引入了凯夫拉（Kelvar）、聚芳酰胺等高拉伸强度的合成或聚合纤维（US6167639B1）。2004年，意大利的伦兹埃吉斯托股份公司提出对每个单独的织物层涂覆富含硬质和磨蚀性材料粉末的聚酯或丙烯酸树脂，进一步优化织物的抗穿刺性能（EP1613185B1）。2013年，中国人民解放军总后勤部军需装备研究所提出了一种防穿刺组合鞋底及其制造方法，在多层抗穿刺紧密织物之间设置EVA胶膜并热压贴合成一体，优化了防穿刺织物的整体性能（CN103445387B）。同年，东华大学提出了一种由机织物层、无纬布层和金属网格构成的复合防刺层，机织物层和无纬布层采用交叉铺层方式进行多层叠加，提高了鞋底的防穿刺性能（CN103750597B）。

此外，随着人们对舒适性的要求越来越高，结合了防水透气膜层的鞋底结构日益完善。基于防水透气的需要，网状或带有气孔的防穿刺结构也得到了较广泛的应用。例如，美国的W.L.戈尔及同仁股份有限公司（CA2856051C）和中国人林玉顺（CN102970890B），就分别在2007年和2010年提出过这类结构的专利申请。

2. 在鞋底的制备方法方面

虽然关于提升鞋类物品防穿刺性能的鞋底制备方法的专利申请数量相对较少，但是在橡胶选择、添加剂选择、织物功能优化等方面，仍然有一定数量的研发成果。1990年，日本皮拉工业株式会社提出在弹性体中设置3%~30%体积比的、长度为0.01~5 mm的原纤化短纤维，可以实现优异的耐磨性能和抗穿刺性能（JP3182651B2）。2007年，西班牙的主流风尚有限公司提出了一种易切割的高防刺阻力织物（HK1105923A1）。2008年，湖南中泰特种装备有限责任公司提出了一种由PE无纺布制作、PE机织物制作、PE无纺布涂层、PE机织物浸泡、复合压制和成品剪裁具体工艺构成的软质防刺鞋垫的制作方法（CN100591235C）。2013年，中国人民解放军总后勤部军需装备研究所提出了一种改进的橡胶配方，优化了防穿刺性能（CN103637462B）。同年，山西新华化工有限责任公司提出通过氯丁橡胶、天然橡胶和丁苯橡胶混炼，保证鞋底在遇到尖锐物时，鞋底材料不易发生分子链滑移、断裂的现象，大大提高了鞋底的防穿刺性能（CN103613793B）。2016年，苏州市景荣科技有限公司提出在鞋底材料成型过程中掺杂加强材料来实现防穿刺性能

（CN105542119B）。

7.3.1.2　防穿刺技术重点专利分析（表7-2）

1988年，道格拉斯·W.阿什顿在美国申请的专利US4888888A提出了一种鞋底保护器。该鞋底保护器由不可穿透的材料形成并且包裹在该材料的保护涂层中，形成不可穿透的鞋底保护器的材料可以是不可穿透的金属和织物或者其他相似的材料。鞋底形成两个铰接在一起的区域，并且鞋底保护器具有标准鞋靴的足弓高度。

1990年，力王株式会社在美国申请的专利US5003709A提出了一种防刺鞋。其中，夹在接地鞋底和内鞋底之间的防刺金属芯的形状与接地鞋底的形状相匹配，并且由许多彼此堆叠且相互之间可滑动的无定形金属片制成。该防刺鞋具有防刺性和柔韧性，彼此相容，因此有利于适应为了保证弯曲性而设置的海绵状台阶。同年，该公司还申请了专利US5001848A提出了一种鞋垫，包括金属芯和包裹金属芯的护套，金属芯至少部分由无定形金属板制成且与鞋底形状相匹配，以防止鞋被刺穿。这样制造的鞋垫具有高的防刺穿性和柔韧性，在使用时，鞋内底允许鞋很好地弯曲而不会使弹性劣化。

1990年，皮拉工业株式会社在日本申请的专利JP3182651B2提出了一种鞋底材料，通过在弹性体中设置3%～30%体积比的、长度为0.01～5mm的原纤化短纤维，使鞋子舒适并减少结露，同时具有优异的耐磨性和抗刺性，其组成包含以羧基丁腈橡胶为主要成分的化合物的弹性体。1991年，AT&S专业股份有限公司在美国申请的专利US5172493A提出了一种用于鞋靴等的保护罩，在内层和耐用织物外层之间设置织造或非织造的芳族聚酰胺织物衬里，可折叠保护罩从脚背延伸到脚踝，带子和紧固件连接到保护罩上，以允许保护罩方便快速地固定在鞋子上，保护罩通过裁剪用于外层、内层及芳族聚酰胺衬里的图样来组装，各个部件缝合在一起，使芳族聚酰胺衬里被结合到其中，从而防止锋利的边缘或刀片穿透保护罩。

1997年，约瑟夫·H.桑德斯（Joseph H. Sanders）在美国申请的专利US5926977A提出了一种防护鞋。该防护鞋由多层材料组成，可以形成传统外观的套鞋，或者将合适的多层片材切割和折叠成盒状结构并组装在普通鞋靴上，以保护脚和小腿免受地雷爆炸伤害。该防护鞋包括耐热层、不透水层和防刺穿层，采用易于制造、易于获得的材料制成，质量小，穿着其行走相当舒适，可重复使用和可修复，多层材料组合基本上可以消散爆炸地雷的冲击，从而有效防止了爆炸地雷引起的爆炸和弹片的伤害。

1998年，威廉·H.考夫曼股份有限公司在美国申请的专利US5996257A提出了一种保护性安全鞋插入件。该插入件包括无缝防刺穿鞋垫，其形状基本上与鞋底一致，鞋垫包括柔性钢板，柔性钢板与鞋垫的最大挠曲区域重合，一层防穿刺材料固定到柔性钢板的端部。鞋垫采用注塑成型，带有一体式安全鞋头、一体式足弓支撑和可选的整体鞋跟保护装置，跖骨护罩固定在安全脚趾上，为脚的跖骨区域增加了冲击保护。

1998 年，杰弗里·A. 库伯（Jeffrey A. Cooper）和雷·B. 汉森（Ray B. Hansen）在美国申请的专利 US5878512A 提出了一种防护套鞋，可以降低工业冲击、压缩、穿刺和电气危险造成伤害的风险。该套鞋包括保护性鞋底、保护性鞋面和鞋头盒。保护性鞋底由常规材料制成，如丁基橡胶、氯丁橡胶、聚氯乙烯、腈及其组合物。鞋底中的可选防刺护罩可防止穿刺。保护性鞋面足够大，基本上覆盖鞋的鞋面。保护性鞋面由与保护性鞋底中使用的材料相同或相似的材料制成。基本上覆盖并保护使用者脚趾的鞋头盒由传统的刚性材料制成，如钢、硬塑料或玻璃纤维。该套鞋还可以包括跖骨护罩、沿着使用者的小腿向上延伸的鞋面。

1999 年，纳撒尼尔·O. 查尔斯（Nathaniel O. Charles）在美国申请的专利 US6151803A 提出了一种抗穿刺鞋垫，其能够防止钉子和其他尖锐异物的穿透。该鞋垫由基本上柔韧的、防刺穿的材料制成，如聚合物纤维。鞋垫的周边向上弯曲，并且在鞋垫中包括多个类似 V 形的凹口，以增强鞋垫的柔韧性；鞋垫向下弯曲的部分嵌入鞋底，向下弯曲的部分镜像鞋垫周边向上弯曲的部分。1999 年，罗伯特·D. 扬特（Robert D. Yant）和理查德·I. 波利斯纳（Richard I. Polisner）在美国申请的专利 US6178664B1 提出了一种由多层柔性金属片形成的保护性鞋垫插入物，该插入物能够在脚的跖骨区域以高达 60 ft·lb[①] 的力量阻止尖锐物体穿透，并且在脚跟区域以高达 80 ft·lb 的力量阻止尖锐物体穿透。其中，脚跟区域的金属片数量多于跖骨区域。该插入物还可以包括缓冲或织物层，并且可以形成有凸起的拱形或其他矫正形状。该插入物优选由若干不锈钢层构成，每层的厚度为 0.015 in。1999 年，乔治·文图拉在美国申请的专利 US6167639B1 提出了一种抗穿刺鞋垫。该鞋垫包括多层紧密编织的抗穿刺织物，由高拉伸强度的合成或聚合纤维形成，如 Kelvar、聚芳酰胺，抗穿刺织物层通常不通过黏合剂等黏合在一起，而是沿着其外周固定在一起，或者也可以固定在由覆盖材料（如泡沫）形成的口袋内，或者固定在鞋靴的内外鞋底之间形成的口袋中。

2004 年，伦兹埃吉斯托股份公司在欧洲申请的专利 EP1613185B1 提出了一种用于鞋底的防穿刺纺织结构，特别是用于鞋底的织物结构，包括一层或多层芳族聚酰胺纤维织物层和一层或多层高韧性非织造织物层——芳纶纤维织物层，这些织物层通过热塑性薄膜黏合在一起，通过涂覆富含硬质和磨蚀性材料粉末（优选微粉化的陶瓷材料）的聚酯或丙烯酸树脂，对每个单独的织物层进行处理，并以硅酸铝的形式存在。2004 年，蒂莫西·J. 布伦南（Timothy J. Brennan）在美国申请的专利 US7401421B2 提出了一种鞋底结构，其具有由柔软且柔韧的天然或合成弹性材料制成的外鞋底，该弹性材料在整个外鞋底区域上具有基本均匀的厚度。外鞋底具有基本平坦的外表面（当松弛时）以接触地面，其中形成有切口以增强抓握力。由合成纤维编织成的防穿刺内层黏合到外鞋底的内表面上，内衬黏合到防穿刺内层上，可以在内

---

① 1 ft·lb≈1.36 Nm。

衬上设置可移除的软鞋垫。这样制作的鞋底质量小且柔韧度高，使穿鞋的脚能够以与赤脚行走时相同的方式弯曲，其中的防穿刺内片保护脚免受尖锐物体的意外伤害。

2006 年，创新技术股份有限公司在美国申请的专利 US8082685B2 提出了一种具有防穿刺性能的鞋垫。该鞋垫包括从鞋头区域延伸到跖骨区域的前部和从跖骨区域延伸到后跟区域的后部。前部由包括至少一层的基本上柔性的材料制成；后部由包括至少一层的基本上刚性的复合材料制成，该复合材料由纤维增强的聚合物基质形成。2006 年，添柏岚公司在美国申请的专利 US7730640B2 提出了一种高性能靴子，该靴子特别适合用于建筑项目，并且为穿着者提供保护、支撑，提供优异的牵引力和低重心以增强平衡。不同层材料提供耐穿刺性、耐磨性、保温性、防水性等性能。保护板或绝缘板可用于鞋类的穿刺保护或热绝缘保护。同年，添柏岚公司还申请了专利 US7762008B1，提出了一种适用于极端和危险环境的鞋类物品，可供军队成员、执法人员和需要鞋类有耐用功能的其他人员使用。该类鞋包括保护性覆盖物，其可以是防水、防穿刺及阻燃的。支撑鞍座可以与鞋床一起使用，以增强重载下的脚部支撑。

2007 年，W. L. 戈尔及同仁股份有限公司在加拿大申请的专利 CA2856051C 提出了一种具有上部的蒸汽可透过的复合鞋底。该复合鞋底包括至少一个延伸穿过鞋底深处的开口，具有上部的屏障单元形成鞋底的上部的至少一部分，并且具有蒸汽可透过的阻挡材料。该阻挡材料构造成对可穿透鞋底的异物的屏障，以蒸汽可渗透的方式封闭至少一个开口。加强元件与阻挡材料相关联，用于机械地加强复合鞋底，加强元件包括至少一个增强网，增强网设置在阻挡材料的至少一个表面上并且至少部分地桥接到上述的至少一个开口。至少一个外底部分布置在屏障单元下方。2008 年，主流风尚有限公司在香港申请的专利 HK1105923A1 提出了一种由多层聚酯或聚酰胺织物层彼此相互固定，并且与由胶乳、EVA 或聚氨酯制成的中间层共同形成的夹层结构，通过热和压力作用使各部分连接，使用这种方法得到了具有高防刺阻力的织物，其仍然保持良好的柔韧性并易于切割、缝纫和黏附，并且可以在其他诸如硫化、吹塑等过程中成为一个整体插入。2007 年，湖南中泰特种装备有限责任公司在中国申请的专利 CN100591235C 提出了一种由 PE 无纺布制作、PE 机织物制作、PE 无纺布涂层、PE 机织物浸泡、复合压制和成品剪裁具体工艺构成的软质防刺鞋垫的制作方法，克服了硬质鞋垫重、使用不方便和软质鞋垫抗穿刺性差且面密度大的弊端。

2008 年，金英锡和金永淑在韩国申请的专利 KR100909081B1 提出了一种配备有保护器的军用鞋，可以防止尖锐物体穿刺足底并通过空气循环增强脚部的舒适性。该鞋包括皮革的鞋面，安装在外底的顶部；保护器，安装在鞋底的上侧，以防止脚被穿刺；硬板，保持鞋底刚性；气垫鞋底，为足底提供缓冲并执行泵送功能；鞋垫，使空气可以在鞋内循环。

2010 年，林玉顺在中国申请的专利 CN102970890B 提出了一种具备防穿刺装置的鞋底可拆卸的鞋，在鞋底内侧面安装柔软并能防止钉子之类的尖锐物体穿刺的防穿刺件以保护脚底，在鞋底前后方形成软垫件槽并在软垫件槽中插入并安装形成气孔的软垫件，在减小鞋子质量的同时还能发挥软垫的良好作用。

2013 年，中国人民解放军总后勤部军需装备研究所申请的专利 CN103637462B 提出了一种工矿企业用的防护胶鞋。该防护胶鞋为低帮、软口系带；鞋面为涤纶长丝网眼织物和涤纶长丝帆布；鞋底由抗静电中底和黑色橡胶硫化成型大底组成；鞋头和鞋后跟处还设有防滑耐磨片。通过对鞋底及围条的橡胶配方进行改进和优化，获得了综合性能优异的鞋底及围条橡胶，采用该橡胶制备的防护胶鞋具备良好的抗穿刺性。同年，中国人民解放军总后勤部军需装备研究所还申请了专利 CN103445387B，提出了一种防穿刺组合鞋底及其制备方法，该鞋底包括一个发泡 EVA 中底和一个橡胶外底，发泡 EVA 中底与橡胶外底之间还设置了一层与橡胶外底顶部形状相吻合的抗穿刺中间布层，抗穿刺中间布层的顶部与发泡 EVA 中底的底部之间设置了一层 EVA 胶膜，且抗穿刺中间布层的底部与橡胶外底顶部之间也设置了一层 EVA 胶膜，发泡 EVA 中底、抗穿刺中间布层和橡胶外底通过热压贴合成一个整体。其中，抗穿刺中间布层包括三层以上的抗穿刺紧密织物层，且每相邻两层抗穿刺紧密织物层之间均设置了一层 EVA 胶膜，各层抗穿刺紧密织物层通过热压贴合成一体。

2013 年，山西新华化工有限责任公司申请的专利 CN103613793B 提出了一种抗穿刺靴底材料的制备方法，具体步骤如下：① 按配方比例称量各种橡胶及配合剂的用量；② 使用开炼机进行混炼；③ 使用平板硫化机或橡胶注射机进行硫化。通过氯丁橡胶加天然橡胶加丁苯橡胶三元并用设计方法，使靴底材料在遇到尖锐物时不易发生分子链滑移、断裂的现象，这大大提高靴底的抗穿刺性能。2013 年，东华大学申请的专利 CN103750597B 提出了一种柔性和高能量吸收的防刺扎鞋底。该鞋底包括内底、防刺复合层和外底，内底选用柔软可贴身的材料；防刺复合层由机织物层、无纬布层和限制层构成，通过金属网格制备的限制层实现由高性能纤维制备的机织物层和无纬布层的形态稳定，机织物层和无纬布层均采用交叉铺层方式进行多层叠加，提高鞋底各方向上的防穿刺性能，并且机织物层和无纬布层采用缝纫线进行固定，以提高鞋底的柔软性；外底选用高硬度和耐磨树脂，并在表面制备纹理以实现防滑性能。内底、防刺复合层和外底之间通过黏合剂进行黏结成型。

2016 年，苏州市景荣科技有限公司申请的专利 CN105542119B 提出了一种防穿刺聚氨酯鞋底材料的制备方法，具体步骤如下：① 将氯化铝、铝粉加入去离子水中加热，恒温水浴回流，过滤后加入硝酸铁，磁力搅拌，冷却后加入醋酸和 PVP，磁力搅拌，加热，旋蒸浓缩成溶胶；② 将溶胶离心纺丝，得到凝胶纤维，干燥，移至箱式炉中热处理，得到复合纤维；③ 将多元醇、催化剂、匀泡剂、发泡剂、发泡助剂、复合纤维混合，加热，真空脱水，超声分散，加入异氰酸酯后超声分散，反应，得到预聚体；④ 将预聚体预热，加入扩链剂混合后立即倒入模具中，放入平板硫化机硫化，脱模后放入烘箱中硫化，熟化，得到防穿刺聚氨酯鞋底材料。

表 7-2　防穿刺技术的重点专利列表

公开（公告）号	申请（专利权）人	申请年	发明名称	法律状态/事件	有效期（截止年）
US4888888A	道格拉斯·W. 阿什顿	1988	一种鞋底保护器	失效	1997
US5003709A	力王株式会社	1990	一种防刺鞋	失效	2008
US5001848A	力王株式会社	1990	一种鞋垫	失效	2010
JP3182651B2	皮拉工业株式会社	1990	一种鞋底材料	失效	2006
US5172493A	AT & S 专业股份有限公司	1991	一种用于鞋靴等的保护罩	失效	2011
US5926977A	约瑟夫·H. 桑德斯	1997	一种防护鞋	失效	2003
US5996257A	威廉·H. 考夫曼股份有限公司	1998	一种保护性安全鞋插入件	失效	2003
US5878512A	杰弗里·A. 库伯，雷·B. 汉森	1998	一种防护套鞋	失效	2011
US6151803A	纳撒尼尔·O. 查尔斯	1999	一种抗穿刺鞋垫	失效	2004
US6178664B1	罗伯特·D. 扬特，理查德·I. 波利斯纳	1999	一种由多层柔性金属片形成的保护性鞋垫插入物	失效	2005
US6167639B1	乔治·文图拉	1999	一种抗穿刺鞋垫	失效	2005
EP1613185B1	伦兹埃吉斯托股份公司	2004	一种用于鞋底的防穿刺纺织结构	失效	2009
US7401421B2	蒂莫西·J. 布伦南	2004	一种鞋底结构	有效	2026
US8082685B2	创新技术股份有限公司	2006	一种具有防穿刺性能的鞋垫	有效	2028
US7730640B2	添柏岚公司	2006	一种高性能靴子	有效	2029
US7762008B1	添柏岚公司	2006	一种极端环境作业鞋	有效	2029
CA2856051C	W.L. 戈尔及同仁股份有限公司	2007	一种具有上部的蒸汽可透过的复合鞋底	有效	2027
HK1105923A1	主流风尚有限公司	2007	一种夹层结构	失效	2013
CN100591235C	湖南中泰特种装备有限责任公司	2008	一种软质防刺鞋垫的制作方法	有效	2028
KR100909081B1	金英锡，金永淑	2008	一种配备有保护器的军用鞋	失效	2012
CN102970890B	林玉顺	2010	一种具备防穿刺装置的鞋底可拆卸的鞋	有效	2030

续表

公开（公告）号	申请（专利权）人	申请年	发明名称	法律状态/事件	有效期（截止年）
CN103637462B	中国人民解放军总后勤部军需装备研究所	2013	一种工矿企业用的防护胶鞋	有效	2033
CN103445387B	中国人民解放军总后勤部军需装备研究所	2013	一种防穿刺组合鞋底及其制备方法	有效	2033
CN103613793B	山西新华化工有限责任公司	2013	一种抗穿刺靴底材料的制备方法	有效	2033
CN103750597B	东华大学	2013	一种柔性和高能量吸收的防刺扎鞋底	有效	2033
CN105542119B	苏州市景荣科技有限公司	2016	一种防穿刺聚氨酯鞋底材料的制备方法	有效	2036

7.3.2　防砸技术主题分析

7.3.2.1　防砸技术发展脉络　（图7-12）

鞋类的防砸技术主要用于脚趾和脚背防护，防止脚趾和脚背被各种重物砸伤，如搬运作业等工作现场，鞋面需要具备防砸功能。在技术层面上，主要是在鞋面附加额外的保护结构。

鞋类的防砸技术主要是在鞋面的鞋头位置附加额外的保护结构，主要包括硬质保护结构和弹性缓冲结构。与防穿刺结构类似，硬质保护结构保护性强，但是行走和穿着都不够舒适；弹性缓冲结构行走和穿着舒适，但是保护性相对较差。因此，后期多采用两者结合的方式。此外，不同于防穿刺结构的整体式嵌入，防砸结构多设置于鞋头位置，因此，关于鞋头和鞋面之间的连接方式也是技术发展中的一个关注点。

针对在鞋面的鞋头位置附加额外的保护结构，以防止重物掉落砸伤脚趾和脚背，1900年美国人埃德加·H. 芬弗洛克（Edgar H. Finfrock）提出了一种金属包头（US0659519A）。1922年，英国人威廉·H. 塔里（William H. Tarry）进一步提出在金属包头上设置加强肋，强化了包头结构的防砸性能（GB202859A）。如同防穿刺结构一样，这样的硬质结构虽然可以防砸，但是在一定程度上影响了脚部行走时的弯曲性能。

在这样的基础结构之上，为了改善硬质保护结构的弯曲性能，分段式防护结构逐步发展。1956年，美国的Endicott Johnson Corporation提出在脚趾位置形成多节弯曲的包头结构，使鞋面在鞋头位置具备防砸功能的同时，还能够自由弯曲（US2842872A）。1964年，美国的国际鞋业公司（International Shoe Corp.）提出在鞋头及脚背位置对应形成多段能够适应性弯曲的防护结构，在不影响鞋头的弯曲性能的

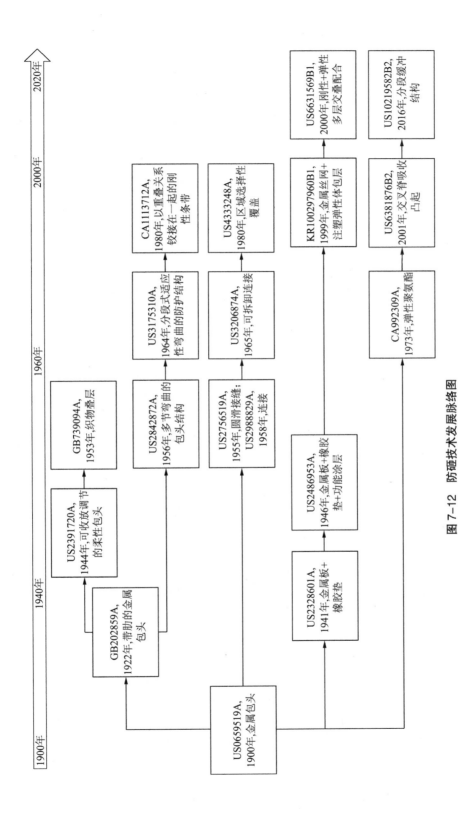

图 7-12　防砸技术发展脉络图

基础上，进一步加强了鞋头的防砸性能（US3175310A）。1980 年，美国人弗兰克·B. 格里斯伍德（Frank B. Griswold）提出了采用多个沿脚背横向延伸的细长拱形的刚性条带组成防护包头的技术方案，刚性条带以重叠关系铰接在一起，以实现足够的弯曲性能和足够的防砸性能（CA1113712A）。

与防穿刺技术相似，为了提升硬质保护结构的舒适度，柔性包头也有一定的应用，但是不同于防穿刺结构中柔性织物也能够实现优异的防穿刺性能，柔性包头的使用较明显地牺牲了鞋头的防砸性能，因此，相关的应用和专利申请并不多。加拿大人塞缪尔·路德维希（Samuel Ludwig）（US2391720A）和英国人约翰·K. 劳登（John K. Louden）（GB739094A）分别在 1944 年和 1953 年提出了柔性的织物包头结构。然而，防护性能的明显缺失导致这方面的技术没有进一步发展。

与柔性包头结构不同的是，橡胶制品凭借其优良的缓冲特性在鞋类防砸结构中得到了长足的发展。1973 年，美国的尤尼罗亚尔股份有限公司提出了用聚氨酯制成可压缩蜂窝状缓冲层，覆盖并黏合到鞋头的内表面，以优化的缓冲性能吸收鞋头受到的外力冲击。在以往大部分都是"硬碰硬"的防护结构中另辟蹊径，将弹性体的缓冲特性作为主角，实现了"以柔克刚"（CA992309A）。2001 年，加拿大人德兹·A. 克拉齐尔（Dezi A. Krajcir）提出了进一步结合交叉脊等结构来强化弹性体的缓冲特性（US6381876B2）。2016 年，美国的添柏岚许可有限责任公司提出配合脚部结构设置分段的缓冲结构，在保证防护性能的同时提升了舒适性（US10219582B2）。

在弹性体的应用中，结合弹性缓冲和刚性防护的复合包头技术蓬勃发展。1941 年，美国的 B. F. 古德里奇公司提出了金属板与橡胶垫组成的复合防砸结构，兼顾了防砸性和舒适性，同时还借橡胶垫的设计实现了一定的力缓冲性能，做到了"刚柔并济"，成为当时的一个热点技术（US2328601A）。1946 年，美国的米沙沃卡橡胶和羊毛制品公司（Mishawaka Rubber and Woolen Manufacturing Company）提出了在金属板与橡胶垫的复合防砸结构的基础上进一步增加适当的功能涂层（US2486953A）。1999 年，韩国鞋业研究所提出结合刚性防护和弹性缓冲，在金属丝网外部注塑弹性体包层，在兼顾外部缓冲和内部舒适的同时，保证了防砸性能（KR100297960B1）。2000 年，美国的 Weinbrenner 鞋业股份有限公司（Weinbrenner Shoe Company, Inc.）提出将弹性缓冲结构和刚性防护结构多层交替形成，以多级防护和多级缓冲的方式进一步加强防砸性能（US6631569B1）。

包头的连接方式和连接位置的过渡，是各申请人出于穿着的舒适性和使用的便捷性的考虑必然会关注的另一个改良点。例如，美国的 Hill Bros. Co.（US2756519A）和科特兰·W. 约翰森（Cortland W. Johnsen）（US2988829A）分别在 1955 年和 1958 年提出了借助缝纫、聚合物等适当的连接方式实现接缝位置的平滑过渡。1965 年，美国的 Endicott Johnson Corporation 提出了可拆卸的连接方式，以方便鞋子在不同场合的使用（US3206874A）。1980 年，美国人塞缪尔·塞缪尔斯（Samuel Samuels）提出了能够方便地进行选择性覆盖的连接结构，很好地满足了用户日益个性化的定制需求

（US4333248A）

7.3.2.2　防砸技术重点专利分析（表7-3）

1964年，国际鞋业公司在美国申请的专利US3175310A提出了一种防护鞋。该防护鞋包括鞋帮、外底及在外底上方的贴边，鞋帮具有与贴边相邻的侧面，贴边横向延伸超过鞋帮的侧面，相对刚性的防护罩至少在鞋的主要部分上延伸。防护罩的侧面向下延伸，靠近鞋帮的侧面，以提供位于贴边上方的防护罩的下边缘，还有一个柔软的相对无弹性的胶带，其端部连接到防护罩的侧面，胶带两端之间的中间部分与防护装置断开连接并搁在鞋面上时，胶带与防护装置的连接点之间的中间部分的长度小于连接点之间的防护罩的长度。因此，当没有向下的力施加到防护罩上时，胶带会搁在鞋帮上并使防护罩在鞋帮上方隔开，从而当向下的力施加到防护罩的顶部时，使胶带抑制防护罩的侧面横向分离导致其超出贴边的侧边缘。

1965年，Endicott Johnson Corporation在美国申请的专利US3206874A提出了一种改进的脚保护器，用于具有脚趾、跖骨和脚背部分的鞋帮的安全鞋，其中固定有鞋底组件的鞋帮组件的边缘部分凸出到鞋帮的前部和侧面之外。该脚保护器包括近似U形的平坦附接板，用于附接到鞋底组件的边缘部分的上表面，并围绕鞋的脚趾、跖骨部分的前部和侧面及由刚性材料制成的护翼，脚保护器的长度从鞋的前端延伸到鞋帮的脚趾部分、跖骨部分和脚背部分，并铰接到固定板的前部，这样折板可以向上枢转至无效位置，然后向下枢转至操作位置。

1973年，尤尼罗亚尔股份有限公司在加拿大申请的专利CA992309A提出了一种安全鞋及其制造方法，以及适用于制造这种鞋的安全鞋头组件。该安全鞋具有刚性的抗压脚趾帽，位于鞋头区域，外表面结合到鞋面的内部。安全鞋头盖包括两个表面上均涂覆有黏合剂的刚性壳体和衬里，衬里包括缓冲蜂窝层和通过黏合剂黏结到壳体内部弯曲表面的可拉伸的低摩擦织物。鞋类制品在模制后仍是温暖的或已被专门加热时，将鞋头压入到位，激活外表面上的黏合剂以将其黏合到位。缓冲蜂窝层可以是开孔的或闭孔的，可以是泡沫聚丙烯或海绵橡胶。

1978年，Management Operations Limited在美国申请的专利US4257177A提出了一种安全鞋。该安全鞋包括抗冲击的鞋头，鞋头可以由刚性材料如钢制成，并且具有合成塑料涂层，通过该涂层将鞋头固定到鞋上。包含基板的涂层具有缝合到鞋面的唇缘，涂层可以形成周边凸缘，以便结合在缝合的贴边中，该涂层保护穿着者免受鞋头的头部边缘的影响，同时保护钢制鞋头免受腐蚀。

1980年，弗兰克·B.格里斯伍德在加拿大申请的专利CA1113712A提出了一种安全鞋脚背防护装置，其复合曲率符合人体脚部的形状，构造为鞋的整体部分或至少邻近防护装置的下端固定到鞋上，从脚趾区域向上延伸，防护装置包括多个细长的近似拱形的刚性条带，沿脚背横向延伸并以重叠关系铰接在一起，以提供具有足够柔韧性的铠装保护器组件，允许鞋子的正常使用。同年，塞缪尔·塞缪尔斯在美国申请的专利US4333248A提出了一种改进的保护鞋。该保护鞋可以是工业鞋或运动鞋，保护罩覆盖在脚趾和脚背区域，并且可部分地从鞋上移除，保护罩具有外部柔性片和内部能量吸收层，特别的改进在于提供覆盖鞋带的翼片，在翼片的每一侧上具有一对可打开的翼片闭合装置，以便在鞋的非常脆弱的高点上提供完整的缓冲表面。

1985年，Roda Industries, Inc. 在美国申请的专利US4638574A提出了一种鞋保护器。该鞋保护器由脚趾保护器构成，脚趾保护器用于覆盖鞋的脚趾区域，并且半鞋底附接到脚趾保护器。脚背带连接到半鞋底以将半鞋底支撑在鞋上，鞋跟带的末端连接到脚背带，使脚背带保持就位，鞋跟带有可调节搭扣。

1999年，韩国鞋业研究所在韩国申请的专利KR100297960B1提出了一种高刚性安全鞋头，将高的防砸性能和质量小的属性相结合，通过将100质量份的工程塑料、5—50质量份的抗冲改性剂（如丙烯腈-丁二烯-苯乙烯共聚物或改性的聚对苯二甲酸丁二醇酯或改性尼龙）和5—50质量份的玻璃纤维混合来制备稳定的鞋头盖。

1999年，STC Footwear Inc. 在美国申请的专利US6161313A提出了一种用于鞋类的跖骨护罩，其包括拱形主体、覆盖脚部跖骨区域的背面。拱形主体具有侧向的底部边缘，用于与鞋底接合，以将载荷从拱形主体传递到鞋底。狭缝限定在拱形主体的后部，以便形成纵向延伸的中央T形榫舌和两个纵向延伸的侧舌，以增强跖骨防护装置的柔韧性。T形榫舌具有后边缘，该后边缘在鞋的横向上以凹曲线延伸，以防止负荷传递到穿着者的脚部。通过优化舌片数量和配置，以最大化舒适性和保护性。

1999年，大卫·米歇尔（David Mitchell）在美国申请的专利US6581304B2提出了一种安全鞋。该安全鞋具有保护脚趾的部分内底褶裥，用于防止保护性脚趾装置向后移动到穿着者的脚趾上。设置部分内底褶裥，不但不会降低鞋子的柔韧性，反而可以减小鞋子的质量，同时使鞋子的结构更加简单。

2000年，Weinbrenner鞋业股份有限公司在美国申请的专利US6631569B1提出了一种改进的安全鞋（靴），其包括带衬垫的跖骨护罩，以保护穿着者脚部的跖骨区域免受来自下落重物的伤害，跖骨护罩由连续层形式的不同材料段组装而成，在优选实施例中包括一段冲击缓冲材料、一段抗切割材料、一段力吸收材料及一段内台阶垫材料，这些材料黏结在一起以形成夹层，然后将夹层插入鞋面的内部和安全鞋（靴）的内衬之间，在优选实施例中还包括刚性脚趾，跖骨护板的一部分覆盖在刚性脚趾上。

2001年，德兹·A. 克拉齐尔在美国申请的专利US6381876B2提出了一种用于鞋类的跖骨保护器，其包括由弹性塑料材料模制的主体，弹性塑料材料具有足够的柔韧性，当它结合到靠近鞋面的鞋中时，可以模制成平面并弯曲成所需的鞍形。内表面材料所需的硬度范围相对较窄，因此它具有足够的柔韧性，通过硬度计测试得到的肖氏硬度范围为35~50。跖骨保护器包括从一个表面凸出的多个整体脊状凸起，在它们之间形成相应的多个凹口，每个凹口由单个凸起围绕，当冲击力施加到跖骨区域时，弹性塑料材料变形并吸收力，凸起可以在通常的撞击点处和周围更紧密地间隔开，在相对的表面上设置了第二凸起，每个第二凸起与第一表面处的相应凹槽对齐，并且具有相同的形状和相同（或略小）的尺寸，当受力变形时，第二凸起进入它们各自对应的凹槽，以增加对冲击力的吸收。

2002 年，贝特朗·拉辛（Bertrand Racine）在美国申请的专利 US6647576B2 提出了一种具有外部脚趾保护器的滑冰靴及其制造方法。该滑冰靴具有适于在鞋楦上拉伸和伸展的鞋头套，允许滑冰靴以与具有内部鞋头保护器的滑冰靴类似的方式对脚趾提供保护。外部脚趾保护器具有一对横向延伸部分，其与滑冰靴的横向支撑部分的前边缘重叠，并且一对切口区域围绕滑冰靴的横向支撑部分。

2003 年，韩国科学技术院等在韩国申请的专利 KR100581718B1 提出了一种保护操作者脚部以抵抗产业外部压力或冲击的安全鞋。该安全鞋具有复合缆线芯结构，还有一个固定在线芯顶端用于稳定鞋底的支座。线芯部分由热固性树脂和浸渍有玻璃纤维的复合材料形成，由于热固性树脂复合材料的质量为传统钢材料的 60%～70%，可减轻作业人员的负担。该发明还提出了一种热塑性树脂复合材料，由于该材料的浸渍率高，可以在更轻的情况下抵抗外部压力或冲击而更有效地保护脚部。此外，与传统的防黏板和固定单元分开设置的情况不同，防黏板和固定单元在模制后通过连接件或黏合剂整体形成或整体连接，线芯部分容易加宽而不会变形。

2007 年，范·T.沃尔沃思（Van T. Walworth）等在美国申请的专利 US7992325B2 提出了一种适用于工业、商业及休闲和运动的小腿、踝、脚和脚趾的个人防护装备。该个人防护装备包括底板、跗骨部件、趾部帽和胫骨-腓骨部件，这些部件可单独实施或在鞋靴内组合实施，根据实际应用需求提供各种保护等级。

2010 年，丹尼斯·陈（Denise Chen）在美国申请的专利 US8458925B2 提出了一种安全鞋。该安全鞋包括鞋底单元、上体、保护性鞋头和贴边单元。上体包括上开口端部、连接到鞋底单元的下开口端部，以及设置在上开口端部与下开口端部之间的鞋面部分。保护性鞋头设置在上体的鞋面部分中。贴边单元安装在鞋底单元上，围绕鞋面部分，有一叠具有不同颜色的贴边层。最下面的一个贴边层具有与鞋底单元接触的底表面；最上面的一个贴边层具有与最下面的一个贴边层相对的顶表面；顶表面和底表面之间的垂直距离不小于 6 mm。

2011 年，KEEN 股份有限公司（KEEN, Inc.）在美国申请的专利 US8533976B2 提出了一种具有封闭的铰接式脚趾部分的鞋类物品，其包括模制的鞋底夹层，鞋底夹层具有整体模制的鞋头帽，其形状适于在其中接收足部并包围足部的脚趾。脚趾帽终止于与脚趾基部相邻的位置。该鞋类物品另外包括固定到鞋底夹层底部的外底和鞋面，鞋面可以与鞋底夹层和鞋头帽共同模制。

2016 年，添柏岚许可有限责任公司在美国申请的专利 US10219582B2 提出了一种用于保护使用者脚部免受伤害的装置。该装置是用于鞋靴外部跗骨保护的装置，包括鞋底、固定到鞋底的鞋面及整体鞋头。该鞋底具有用于支撑穿着者的脚的第一表面和用于接触地面的第二表面，鞋帮的鞋面和第一表面的内表面限定了用于容纳穿着者的脚的容器，外部保护装置沿着鞋面的外表面结合并且定位成保护穿着者的脚的至少跗骨区域，外部保护装置具有注塑成型的第一和第二材料层，缓冲元件形成在第一材料层的表面上，多个凹槽限定在第二材料层的表面上。

表 7-3 防砸技术的重点专利列表

公开（公告）号	申请（专利权）人	申请年	发明名称	简单法律状态	有效期（截止年）
US3175310A	国际鞋业公司	1964	一种防护鞋	失效	1984
US3206874A	Endicott Johnson Corporation	1965	一种改进的脚保护器	失效	1985
CA992309A	尤尼罗亚尔股份有限公司	1973	一种安全鞋及其制造方法	失效	1993
US4257177A	Management Operations Limited	1978	一种安全鞋	失效	1998
CA1113712A	弗兰克·B. 格里斯伍德	1980	一种安全鞋脚背防护装置	失效	2000
US4333248A	塞缪尔·塞缪尔斯	1980	一种改进的保护鞋	失效	2000
US4638574A	Roda Industries，Inc.	1985	一种鞋保护器	失效	2005
KR100297960B1	韩国鞋业研究所	1999	一种高刚性安全鞋头	失效	2019
US6161313A	STC Footwear Inc.	1999	一种用于鞋类的跖骨护罩	失效	2019
US6581304B2	大卫·米歇尔	1999	一种安全鞋	失效	2019
US6631569B1	Weinbrenner 鞋业股份有限公司	2000	一种改进的安全鞋（靴）	失效	2020
US6381876B2	德兹·A. 克拉齐尔	2001	一种用于鞋类的跖骨保护器	失效	2021
US6647576B2	贝特朗·拉辛	2002	一种具有外部脚趾保护器的滑冰靴及其制造方法	有效	2022
KR100581718B1	韩国科学技术院等	2003	一种保护操作者脚部以抵抗产业外部压力或冲击的安全鞋	失效	2016
US7992325B2	范·T. 沃尔沃思等	2007	一种适用于工业、商业及休闲和运动的小腿、踝、脚和脚趾的个人防护装备	失效	2019
US8458925B2	丹尼斯·陈	2010	一种安全鞋	有效	2031

公开（公告）号	申请（专利权）人	申请年	发明名称	简单法律状态	有效期（截止年）
US8533976B2	KEEN 股份有限公司	2011	一种具有封闭的铰接式脚趾部分的鞋类物品	有效	2025
US10219582B2	添柏岚许可有限责任公司	2016	一种用于保护使用者脚部免受伤害的装置	有效	2036

7.3.3 防静电技术主题分析

7.3.3.1 防静电技术发展脉络 （图 7-13 ）

鞋类的防静电技术在于通过接地连接将人体的静电导通到地面，有效防止静电伤害，适用于很多的日常和工作场合。需要注意的是，具有防静电结构的鞋类不能用于电力操作等需要绝缘的环境中，否则会产生极大的安全隐患。在技术层面上，可将防静电技术划分为采用导电材料形成鞋体结构和在鞋体结构中附加额外的导电结构两个方面。

采用导电材料形成鞋体结构主要涉及改变鞋底的材料和结构，以便于完成接地导通，主要是在鞋底成型过程中添加导电材料，赋予鞋底导电功能。当然，也有不少专利涉及结构优化，但从整体上看，结构优化的专利申请相对较少。而在选择附加额外的导电结构时，则可以将接地端以外的一端连接到鞋底以外的位置，并不局限于鞋体上，不过考虑到鞋子整体的美观度及加工和穿着的便捷性，还是以接触使用者脚部，特别是接触使用者脚底的方法居多。

针对在鞋底附加额外的导电结构，法国人贾斯汀·E. 克里斯托弗勒（Justin E. Christofleau）（FR552892A）和美国人亨利·H. 奥姆斯特德（Henry H. Olmstead）（US1728167A）分别在 1921 年和 1928 年提出了将金属导电体嵌入鞋底中，一端接触人体脚底，一端接地，从而形成静电通路。这样的结构相对简单，且对鞋体外观和结构带来的影响都很小，但还是会存在一定的影响，如接触脚底的一端会存在接触不良的问题，鞋底的密封性会受到一定程度的影响，导电体嵌入往往需要与鞋底成型同步进行。1964 年，美国橡胶公司针对导电体与鞋底的连接设计提出了柔性的连接结构（US3293494A），这在一定程度上解决了在鞋底成型时便要安装导电结构的问题，但是其他问题依然存在。

为了保证导电通路的稳定性，美国人弗洛伊德·A. 范·阿塔（Floyd A. Van Atta）（US2586747A）和拉塞尔·W. 普里斯（Russell W. Price）（US2745041A）分别在 1949 年和 1952 年提出了在用户脚踝或者其他合适的位置连接导电带，并通过导电带延伸连接到鞋底结构上，实现接地导通，这既保证了导电通路稳定联通，又方便

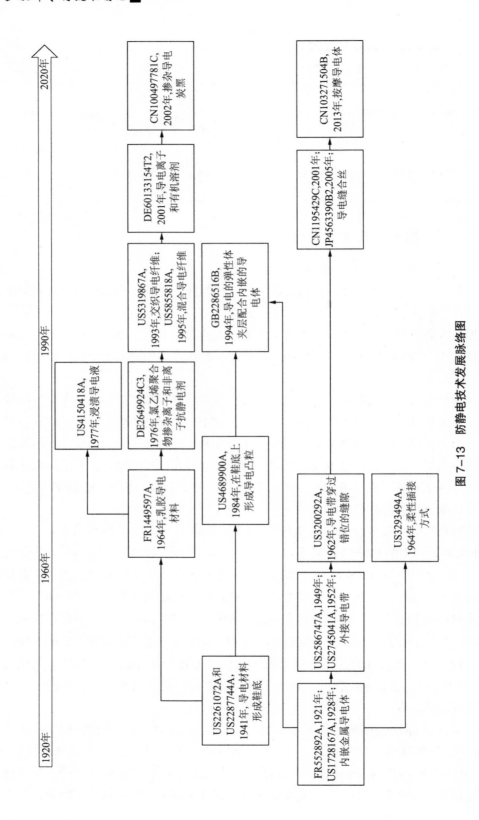

图 7-13　防静电技术发展脉络图

导电结构的拆卸，便于鞋体在不同环境下的使用。而为了保证鞋底的密封性能，1962年美国人杰克·梅尔策（Jack Meltzer）提出在鞋底的上下层中形成错位的缝隙，柔性的导电带依次穿过缝隙，实现脚底与地面的接地导通，错位的缝隙结构较好地弥补了嵌入导电结构带来的孔隙问题（US3200292A）。随着导电材料不断多元化，日本的阿基里斯株式会社（CN1195429C）和摩理都株式会社（JP4563390B2）分别在2001年和2005年提出了利用导电丝作为缝合线缝制于鞋底结构上，实现接地导通，细小的导电丝进一步降低了导电结构的加入对鞋底密封性能造成的影响。2013年，苏州市景荣科技有限公司提出结合鞋体内的按摩结构与鞋底形成接地导通，多点接触保证了稳定的电连接通路，结合已有的按摩结构，也能够降低防静电结构对鞋底密封性能的影响（CN103271504B）。

在采用导电材料形成鞋体结构方面，1941年美国的O'Donnell Shoe Company提出了利用导电材料形成鞋底和鞋套，实现必要的接地处理（US2261072A和US2287744A）。采用导电材料的鞋体结构多在鞋底成型时赋予其相应的导电性能，在通用的导电橡胶的制备过程中，也存在这样的技术方案，这里仅针对鞋体结构中鞋底的导电材料和优化结构的技术发展做梳理。

在采用导电材料形成鞋底结构这样的基础构思下，1984年日本橡胶株式会社提出在鞋底上进一步形成导电凸粒，在保证电接触的同时，实现了一定的电刺激按摩效果（US4689900A）。1994年，中国台湾的Chang Ching-Bing提出在鞋底中形成导电的弹性体夹层，同时结合内嵌的导电体结构实现脚部和地面的导通，在保证导电效果的同时，显著提升了鞋底的密封性能（GB2286516B）。

对于具体导电材料的选择，1964年史蒂芬·I. 帕琴（Stephen I. Patchen）提出了针对乳胶材料进行导电设计的技术方法（FR1449597A）。1976年，英国的邓禄普有限公司（DUNLOP Ltd.）提出在氯乙烯聚合物中掺杂离子和非离子抗静电剂，以获得导电属性（DE2649924C3）。1977年，美国的Charleswater Products, Inc. 提出用导电颗粒材料均匀地浸渍纤维材料，以获得导电属性（US4150418A）。在1993年和1995年，美国的斯彭科医疗公司（US5319867A）和罗杰斯公司（US5855818A）分别提出了在鞋底结构中交织或混合导电纤维，以获得导电属性。2001年，日本的花王株式会社提出结合导电离子和有机溶剂来获得导电属性（DE60133154T2）。2002年，日本的钟纺株式会社提出通过掺杂导电炭黑获得良好的导电性能（CN100497781C）。

7.3.3.2 防静电技术重点专利分析（表7-4）

1971年，Precept医疗产品股份有限公司（Precept Medical Products, Inc.）在美国申请的专利US3648109A提出了一种用于鞋子的卫生及保护性的覆盖物，其由可折叠材料制成，边缘连接在一起形成覆盖物。用于腿部的覆盖物设置有开口，围绕开口的周边附接弹性带以封闭围绕腿部的开口。弹性带连接到覆盖物的底部中的接缝处，使覆盖物与足部相符，并将覆盖物弹性地保持在足部上。导电带连接到覆盖物的底部并从覆盖物延伸足够的长度以允许其插入穿着者的袜子中。

1976 年，邓禄普有限公司在德国申请的专利 DE2649924C3 提出了一种抗静电鞋。该抗静电鞋具有由氯乙烯聚合物制成的外底，外底中含有用于聚合物的非金属稳定剂及离子和非离子抗静电剂。

1977 年，Charleswater Products，Inc. 在美国申请的专利 US4150418A 提出了一种导电鞋。该导电鞋包括薄的、柔性的、非织造的纤维片材料，并且通常用导电颗粒材料均匀地浸渍该纤维片材料，在危险环境中能够防止鞋上积聚静电荷。

1983 年，绿安全股份有限公司在美国申请的专利 US4532724A 提出了一种防静电鞋。该防静电鞋由具有预定接地电阻的材料构成，用于调节来自穿着者身体的静电释放，包括腿套，其构造成具有上边缘的管状体，围绕膝盖下方的腿部，并且穿着者的裤子被塞在腿套和被环绕的腿之间，由具有垂直穿过的导电纤维的布制成。腿套具有固定在鞋上的下边缘部分，并由导电材料构成，以便在腿套和被环绕的腿之间形成电场，并通过电晕放电形成导电通道，用于控制静电放电。腿套在带静电的穿着者的腿部周围，并且包括用于将腿套保持在穿着者腿部周围的装置，该装置包括穿过管状体的上边缘的弹性条带。

1984 年，日本橡胶株式会社在美国申请的专利 US4689900A 提出了一种抗静电鞋。该抗静电鞋包括鞋底，鞋底具有鞋垫和两个柔软的抗静电凸起，两个柔软的抗静电凸起对应于穿用着脚底的内侧足底中点和内侧跟骨点，抗静电凸起形成在抗静电鞋底上，与抗静电鞋底整体形成，并向上凸出穿过鞋垫，身体和衣服上的静电通过两个柔软的抗静电凸起有效地接地排出。另外，在上述接地过程中，对应抗静电凸起的脚底的两个部分通过静电电流被电刺激，可以改善人体血液循环，从而促进穿着者的健康。

1986 年，威廉·L. 布朗利（William L. Brownlee）在美国申请的专利 US4727452A 提出了一种导热和导电装置，其安装在鞋上可以消除热和静电效应。在鞋的鞋底和鞋跟由人造材料制成的情况下，导电装置包括安装在鞋底外表面上的第一金属盘和安装在鞋底内表面上的第二金属盘，金属导电构件穿过鞋底，将两个金属盘相互连接，其中金属盘和金属导电构件具有电气特性。

1993 年，斯彭科医疗公司在美国申请的专利 US5319867A 提出了一种导电鞋垫，用于脚部缓冲并将电荷从穿着者的脚传递到导电鞋。鞋内底包括衬垫层和织物，衬垫层包含导电材料，织物含有交织在其中的无腐蚀性导电纤维，通过施加非导电黏合剂使织物中的导电纤维接触衬垫层，从而允许电荷从织物转移到衬垫层。

1994 年，Chang Ching-Bing 在英国申请的专利 GB2286516B 提出了一种适合用作抗静电鞋垫的弹性垫。该弹性垫由基体构成，基体由粒状泡沫体和聚氨酯黏合剂组成，聚氨酯黏合剂填充在每个粒状泡沫体之间，形成黏合层，每个粒状泡沫体黏合层上分布有通过导电颗粒形成的导电层，因此，弹性垫整体上具有导电性。

1995 年，罗杰斯公司在美国申请的专利 US5855818A 提出了一种导电弹性体泡沫。该弹性体泡沫包括聚氨酯泡沫，通过在其中加入导电纤维而使弹性体泡沫具有导电性。

1996 年，Desco Industries，Inc. 在美国申请的专利 US5786977A 提出了一种适用于电子工厂或其他会引起人体静电放电的环境的静电接地装置。该装置具有通过静电引流从人的衣服的预定区域向地面传导和排出静电的组件。该组件包括导电接头、薄的柔性合成树脂基板和基板上的导电膜，以及安装在导电膜上并且其端子部分电连接到相互电隔离的区域的离散高阻电阻器。电阻器导电接头的一端电连接到导电膜，由薄的、电绝缘的防水柔性片材形成封装。片材包围电阻器和至少大部分基板。

2001 年，花王株式会社在德国申请的专利 DE60133154T2 提出了一种抗静电组合物，适合用作安全鞋、工作鞋等的鞋底。该抗静电组合物包含离子抗静电化合物和极性有机溶剂，通过使包含多元醇组分、发泡剂和催化剂的多元醇溶液与异氰酸酯预聚物反应，得到抗静电组合物。同年，阿基里斯株式会社在中国申请的专利 CN1195429C 提出了一种穿着舒适、鞋底具有导电性的鞋。该鞋在接触足面侧配置具有导电化部位的内底，在接触地面侧配置具有导电性的鞋外底，在内底和鞋外底之间配置中间底，从鞋内面到鞋底面由三层以上的构件组成，在中间底的任意部位，在其上面和下面之间用导电丝穿通缝纫，在中间底的上面侧和下面侧的针脚部分用导电性黏合剂或者导电性片材形成接点部分，由于中间底的上面侧和下面侧的各接点分别与内底的导电化部位和鞋外底接触，从内底到鞋外底均具有导电性。

2002 年，钟纺株式会社在中国申请的专利 CN100497781C 提出了一种混用由导电性热塑性成分和纤维形成性成分构成的导电性复合纤维的纤维复合体，导电性复合纤维由包含炭黑的热塑性聚合物构成，比电阻在 $106\ \Omega\cdot cm$ 以下，导电性热塑性成分包覆 50% 以上的纤维表面，并且具有向纤维长度方向连续的结构，可用上述纤维复合体制作工作服、过滤器及鞋中垫层，可以得到良好的导电性能，并且能够提供优异的抗静电性和耐用性。

2005 年，摩理都株式会社在日本申请的专利 JP4563390B2 提出了一种具有消除静电功能的鞋制品。将导电性纤维所形成的线状体安装在鞋底的接触地面侧上，使其从鞋底的接触地面侧露出，此时，细小纤维的绒毛会保持从鞋制品的接触地面侧露出。具有导电性的细小纤维的绒毛容易产生电晕放电，因此，由鞋制品与地面摩擦所产生的静电，可借由电晕放电而被中和。

2013 年，苏州市景荣科技有限公司在中国申请的专利 CN103271504B 提出了一种带按摩功能的防静电鞋。该防静电鞋包括鞋帮和鞋面，鞋帮由大底和中底组成，中底上成型有若干个阶梯孔，大底上成型有若干个与阶梯孔同心的通孔，阶梯孔内安置了上端为帽状的导电橡胶柱，导电橡胶柱上插套了弹簧，弹簧的一端固定在大底上，另一端固定在导电橡胶柱上，中底的上表面粘贴了一层导电布，导电橡胶柱的上端从中底上表面露出。

表 7-4　防静电技术的重点专利列表

公开（公告）号	申请（专利权）人	申请年	发明名称	简单法律状态	有效期（截止年）
US3648109A	Precept 医疗产品股份有限公司	1971	一种用于鞋子的卫生及保护性的覆盖物	失效	1989
DE2649924C3	邓禄普有限公司	1976	一种抗静电鞋	失效	1986
US4150418A	Charleswater Products，Inc.	1977	一种导电鞋	失效	1997
US4532724A	绿安全股份有限公司	1983	一种防静电鞋	失效	1997
US4689900A	日本橡胶株式会社	1984	一种抗静电鞋	失效	2004
US4727452A	威廉·L. 布朗利	1986	一种导热和导电装置	失效	2006
US5319867A	斯彭科医疗公司	1993	一种导电鞋垫	失效	2002
GB2286516B	Chang Ching-Bing	1994	一种适合用作抗静电鞋垫的弹性垫	失效	2004
US5855818A	罗杰斯公司	1995	一种导电弹性体泡沫	失效	2007
US5786977A	Desco Industries，Inc.	1996	一种适用于电子工厂或其他会引起人体静电放电的环境的静电接地装置	失效	2010
DE60133154T2	花王株式会社	2001	一种抗静电组合物	失效	2016
CN1195429C	阿基里斯株式会社	2001	一种穿着舒适、鞋底具有导电性的鞋	有效	2021
CN100497781C	钟纺株式会社	2002	一种混用由导电性热塑性成分和纤维形成性成分构成的导电性复合纤维的纤维复合体	有效	2022
JP4563390B2	摩理都株式会社	2005	一种具有消除静电功能的鞋制品	有效	2025
CN103271504B	苏州市景荣科技有限公司	2013	一种带按摩功能的防静电鞋	有效	2033

7.4 工业防护鞋靴专利申请人对比分析

本节以工业防护鞋靴领域全球专利申请量排名前五的国外申请人和国内申请人为代表，主要针对各申请人的专利申请情况做进一步分析，以此给出一些关于专利发展方向和专利布局方面的建议。

表7-5列出了工业防护鞋靴领域全球专利申请量排名前五的国外申请人的专利申请情况。其中，件数表示每一件专利，项数则是对多件属于同族的专利进行简单合并后的专利项数，累计发明专利有效量指的是当前有效发明专利、期限届满失效发明专利和未缴年费失效发明专利的数量总和。

表7-5 工业防护鞋靴领域全球专利申请量排名前五的国外申请人的专利申请情况

申请人	专利申请总量（件）/（项）	实用新型专利申请量（件）/占比	发明专利申请量（件）/占比	当前发明专利有效量（件）/有效率	累计发明专利有效量（件）/有效率	所属国家申请量（件）/占比
耐克创新有限合伙公司	152/68	4/2.6%	148/97.4%	69/46.6%	82/55.4%	59/38.8%
阿基里斯株式会社	45/43	9/20.0%	36/80.0%	4/11.1%	21/58.3%	43/95.6%
绿安全股份有限公司	50/31	8/16.0%	42/84.0%	13/31.0%	23/54.8%	27/54.0%
力王株式会社	30/29	0/0.0%	30/100.0%	2/6.7%	24/80.0%	27/90.0%
月星化成株式会社	23/23	8/34.8%	15/65.2%	0/0.0%	7/46.7%	23/100.0%

从表7-5可以直观看出，在国外申请人中，耐克创新有限合伙公司的专利申请量居于首位，而紧跟其后的均为日本公司。其中，排名第一的耐克创新有限合伙公司和排名第三的绿安全股份有限公司的专利申请件数均明显大于项数，并且在所属国家的专利申请件数占其在工业防护鞋靴领域的专利申请总件数的比例也相对较低，特别是耐克创新有限合伙公司。作为鞋类知名品牌，耐克创新有限合伙公司在工业防护鞋靴领域的68项专利申请实质涵盖了152件专利申请，其中，在美国的专利申请件数为59件，仅占耐克创新有限合伙公司在工业防护鞋靴领域的专利申请总件数的38.8%。阿基里斯株式会社、力王株式会社和月星化成株式会社则基本保持专利申请件数和项数的持平，其中，阿基里斯株式会社和力王株式会社的专利申请件数略高于项数，且有少量在日本以外国家的专利申请，但是它们在日本的专利申请还是占了绝大多数，超过它们各自在工业防护鞋靴领域的专利申请总件数的90%，月星化成株式会社的专利申请件数和项数完全相等，且23件专利申请均是在日本的专利申请。此外，五个

国外申请人的发明专利占比均较高，排名第一的耐克创新有限合伙公司和排名第四的力王株式会社更是接近或达到了100%，即便是排名第五的发明专利占比较低的月星化成株式会社，也超过了60%。

从发明专利的累计有效量的占比来看，五个国外申请人的发明专利累计有效量的占比均超过或接近50%，其中，占比最高的力王株式会社虽然申请量仅排在第四位，但是发明专利的累计有效量占比却高达80%。单从发明专利的当前有效量的占比来看，排名第一的耐克创新有限合伙公司和排名第三的绿安全股份有限公司更胜一筹，均超过各自在工业防护鞋靴领域发明专利申请件数的30%。

表7-6列出了工业防护鞋靴领域全球专利申请量排名前五的国内申请人的专利申请情况。其中，件数表示每一件专利，项数则是对多件属于同族的专利进行简单合并后的专利项数，累计发明专利有效量指的是当前有效发明专利、期限届满失效发明专利和未缴年费失效发明专利的数量总和。

表7-6　工业防护鞋靴领域全球专利申请量排名前五的国内申请人的专利申请情况

申请人	专利申请总量（件）/（项）	实用新型专利申请量（件）/占比	发明专利申请量（件）/占比	当前发明专利有效量（件）/有效率	累计发明专利有效量（件）/有效率	国内申请量（件）/占比
苏州市景荣科技有限公司	81/81	24/29.6%	57/70.4%	14/24.6%	14/24.6%	81/100.0%
国家电网有限公司	65/65	35/53.8%	30/46.2%	7/23.3%	10/33.3%	65/100.0%
天津天星科生皮革制品有限公司	56/56	25/44.6%	31/55.4%	0/0.0%	0/0.0%	56/100.0%
际华三五三九制鞋有限公司	44/44	28/63.6%	16/36.4%	10/62.5%	10/62.5%	44/100.0%
际华三五一五皮革皮鞋有限公司	43/43	26/60.5%	17/39.5%	8/47.1%	9/52.9%	43/100.0%

从表7-6可以直观看出，五个国内申请人的专利申请数量均较为可观，专利申请的件数和项数均相等，且全部为中国专利申请。此外，国内申请人的实用新型专利申请量占比相对较大，只有排名第一的苏州市景荣科技有限公司略低于30%，其余国内申请人的实用新型专利申请量均占了各自专利申请总量的40%以上，排名第四的际华三五三九制鞋有限公司和排名第五的际华三五一五皮革皮鞋有限公司均超过了60%。

从发明专利的当前有效量和累计有效量的占比来看，排名第三的天津天星科生皮革制品有限公司的56件专利申请中，没有出现过有效发明专利。排名第一的苏州市景荣科技有限公司和排名第二的国家电网有限公司的发明专利的当前有效量和累计有效量的占比均不足40%，而排名第四的际华三五三九制鞋有限公司和排名第五的际华三五一五皮革皮鞋有限公司的发明专利的当前有效量和累计有效量的占比较高，均接近或超过 50%。

图 7-14 和图 7-15 分别列出了上述各国内申请人历年的专利申请量和发明专利有效量的变化趋势。从图 7-14 可以看出，各国内申请人的专利申请工作起步较晚，最早的国家电网有限公司也是从 2007 年才开始申请专利的，苏州市景荣科技有限公司和天津天星科生皮革制品有限公司更是从 2013 年才开始申请专利。

在开始专利申请工作的 2013 年和 2014 年，苏州市景荣科技有限公司提交了大批量的专利申请，并于 2015 年开始持有有效发明专利，此后，该公司每年的专利申请量回落到 10 件以下。国家电网有限公司和际华三五一五皮革皮鞋有限公司则在相对较长的时间跨度内都保持着较为稳定的专利申请量和发明专利有效量，际华三五三九制鞋有限公司在 2012 年开始专利申请工作后，于 2013 年开始持有有效发明专利，此后也保持着相对稳定的发展趋势。

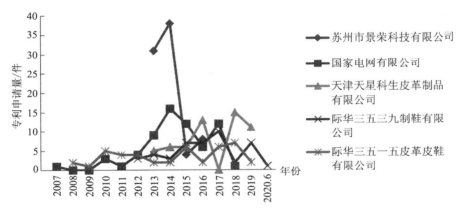

图 7-14　各国内申请人工业防护鞋靴领域专利申请量变化趋势图

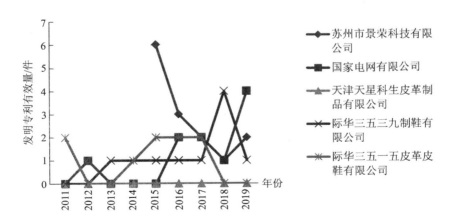

图 7-15　各国内申请人工业防护鞋靴领域发明专利有效量变化趋势图

7.5　小结

从工业防护鞋靴领域主要技术主题的部分关键技术的发展脉络来看，进入21世纪后，工业防护鞋靴领域的各项技术并未在整体结构方面取得明显突破，而是主要集中在更轻、更方便、更舒适等细节化的改良上，包括鞋体结构的改良和制备方法的改进，国内在制备方法和配方优化等方面都颇有建树。

从专利申请量的变化趋势来看，国内企业虽然起步晚，但是既有像国家电网有限公司、际华三五三九制鞋有限公司和际华三五一五皮革皮鞋有限公司那样稳扎稳打的老牌企业，多年保持稳定的专利申请量和有效发明转化率，又有像苏州市景荣科技有限公司这样初露头角的新兴企业，一出现就在申请量方面占据了明显优势，国内的技术创新整体上具有一个积极和乐观的发展前景。

从后续的技术发展趋势来看，在满足国际标准和国家标准的基础上，更轻便舒适的体验、更科学智能的管理、更简单的制备流程、更低廉的生产成本等，都是符合当前人们使用或生产需求的技术发展趋势，提高技术研发的深度和广度，做好周边技术的布局，才能做到专而精。更进一步说，新材料、新技术等的不断推陈出新，极有可能会给工业防护鞋靴领域相对低迷的技术发展状态带来明显突破，因此，该领域内的研究也应当适度关注其他领域的发展状况，保持技术上的敏感度。

从专利发展的角度来看，技术研究需要有深度，技术保护则需要有广度，国内申请人要抓住新技术发展的趋势，把握先机，积极拓展技术延伸的深度和地域保护的广度，不断完善专利布局，做到保护范围和利益最大化。而掌握核心技术，也将会极大改善国内专利申请量大而质不优的现状。

7.6　日常防护鞋靴全球专利申请情况分析

表7-7列出了日常防护鞋靴领域的全球专利申请数量，截至2020年6月，日常防护鞋靴领域的全球专利申请数量为19 643项，每项专利申请已公开的同族申请总量合计30 672件。

表7-7　日常防护鞋靴领域的全球专利申请数量

项目	全球总申请量 （按最早优先权，单位：项）	全球总申请量 （按同族公开号，单位：件）
日常防护鞋靴	19 643	30 672

7.6.1　全球专利申请的趋势分析

图7-16显示了近30年日常防护鞋靴领域全球专利申请量的变化趋势。从图7-16

可以看出，1991—2018 年全球专利申请量总体呈现增长态势，只有零星年份出现小幅度的下降，如 1997—2000 年，这是由于 1997 年爆发亚洲金融危机，此后几年亚洲很多国家和地区的经济萧条，不可避免地影响到全球的专利申请数量；2000—2005年，全球专利申请量保持稳步增长，到 2005 年达到 483 项；在经历 2006 年和 2008年的小幅回落后，全球专利申请量持续增长；直到 2013 年，中国的经济走向适度微调，也相应地影响到了中国企业的专利申请数量，作为日常防护鞋靴领域最大的专利申请国，中国专利申请量的下降必然导致全球专利申请量的下降；2013—2018 年，全球专利申请量出现爆发式增长，到 2018 年已经超过 1 100 项。

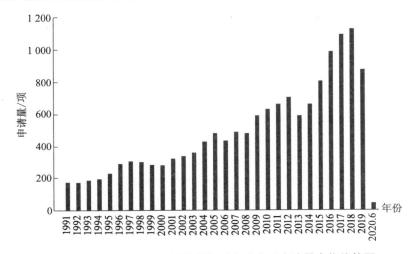

图 7-16 近 30 年日常防护鞋靴领域全球专利申请量变化趋势图

7.6.2 全球专利申请的区域分布分析

图 7-17 显示了日常防护鞋靴领域全球专利申请量的区域分布。从图 7-17 可以看出，中国的专利申请量最多，为 6 065 项；美国紧随其后，专利申请量为 3 051 项；然后是韩国和日本。中国的专利申请量多是因为中国本土的制鞋企业众多。近年来，中国政府大力倡导加强知识产权保护，鼓励以技术创新驱动企业发展，中国的日常防护鞋靴领域的专利申请量已经超过美国，在全球范围内遥遥领先于其他国家和地区，但是美国拥有耐克等生产日常防护鞋靴产品的大型企业，其专利申请量也不容小觑。韩国虽然没有著名的日常防护鞋靴产品生产企业，但是对该领域的专利布局较为重视，因此专利申请量也较多。日本拥有美津浓、亚瑟士等生产日常防护鞋靴产品的大型企业，专利申请量也在全球占有不小的比重。德国拥有阿迪达斯、彪马等生产日常防护鞋靴产品的大型企业，尽管这些企业的专利申请量并不突出，但是它们仍然具有相当数量的专利申请，相应地也使德国在日常防护鞋靴领域全球专利申请中占有一席之地。

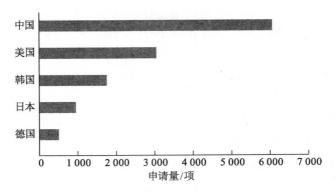

图 7-17　日常防护鞋靴领域全球专利申请量区域分布图

7.6.3　全球专利申请的申请人分析

图 7-18 列出了日常防护鞋靴领域全球专利申请量排名前十的申请人。从图 7-18 可以看出，排名前六的企业分属于美国、欧洲和日本，只有排名第七的马伶俐、排名第九的贵人鸟股份有限公司及排名第十的福建起步儿童用品有限公司属于中国，它们的专利申请量相差不大，都在 50 项左右。而在全球范围内遥遥领先的耐克创新有限合伙公司，其专利申请量达到 907 项，比其他 9 位申请人的专利申请量总和还要多，这也在一定程度上说明了该公司在日常防护鞋靴领域的基础深厚，技术体系完整，专利布局较为完善，有着其他企业所不具备的优势。即使是在生产和销售上能与耐克创新有限合伙公司一较高下的阿迪达斯股份公司①，其在日常防护鞋靴领域的专利申请量也较耐克创新有限合伙公司逊色许多。此外，法国的萨洛蒙股份有限公司、德国的彪马欧洲公司、日本的美津浓株式会社和亚瑟士有限公司及美国的锐步国际有限公

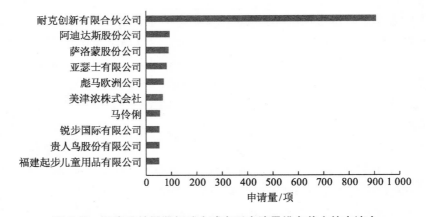

图 7-18　日常防护鞋靴领域全球专利申请量排名前十的申请人

---

　　① 阿迪达斯股份公司包括的专利申请人英文名称为：adidas AG、adidas Sportschuhe、adidas International Marketing B. V.、adidas Chaussures、adidas International B. V.、adidas Sportsschuhfab KG、adidas Fab Chaussur，中文名称为阿迪达斯股份公司，本书统一按照阿迪达斯股份公司合并。

司，它们的专利申请量旗鼓相当。国内的其他企业，如传统运动品牌李宁、安踏、361°等，并没有成为主要申请人，可见，这些企业没有过多关注日常防护鞋靴领域的专利布局。

7.6.4　全球专利申请的主要技术主题分析

图 7-19 显示了日常防护鞋靴领域全球专利申请的主要技术主题分布。从图 7-19 可以看出，有 9 485 项专利申请涉及缓冲防护技术，有 7 166 项专利申请涉及支撑防护技术，有 3 804 项专利申请涉及抓地稳定防护技术。其中，部分专利申请涉及不止一个技术主题，数据有重复统计。缓冲防护、支撑防护和抓地稳定防护三个主要技术主题全球专利申请量占比分别为 46.4%、35.0% 和 18.6%。可见，缓冲防护技术主题全球专利申请量在日常防护鞋靴领域全球专利申请量中的占比最大，主要包括气囊缓冲、弹簧缓冲等方面的技术；其次是支撑防护技术主题，主要包括足趾支撑、跖骨支撑、足弓支撑、足踝支撑等方面的技术；专利申请量最少的是抓地稳定防护技术主题，主要包括鞋钉抓地、棘爪抓地等方面的技术。在实际应用中，具有缓冲防护结构的鞋靴应用最为普遍，不管是运动鞋系列、皮革鞋系列、儿童鞋系列还是矫治鞋系列，都会涉及缓冲防护的相关结构，因此该主题的专利申请量也是最大的；支撑防护技术主要应用在关节矫治、脚型或运动姿态矫正等方面，在应用场景上有一定的局限性，相对于缓冲防护技术来说，更为专业，因此该主题的专利申请量也相对较少；抓地稳定防护技术特指应用在特定的防滑场地的抓地结构，排除了普通的防滑结构，应用局限性相对更大，因此该主题的专利申请量是最少的。

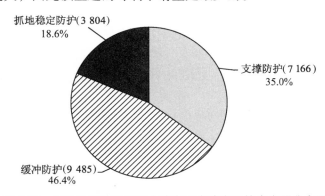

图 7-19　日常防护鞋靴领域全球专利申请主要技术主题分布图

图 7-20 显示了近 30 年日常防护鞋靴领域主要技术主题全球专利申请量的变化趋势。从图 7-20 可以看出，缓冲防护技术主题一直处于领先地位，其次是支撑防护技术主题，抓地稳定防护技术主题的专利申请量最少。2002 年以前，三个技术主题的专利申请量缓慢上升，但年申请量都在 200 项以下。自 2002 年开始，缓冲防护技术主题的专利申请量增长加速，到 2012 年专利申请量达到 388 项，2013 年有较为明显的回落，之后又是快速上升，2018 年专利申请量已经超过 700 项。其中，2013 年的

专利申请量回落与中国的经济结构调整有关，2013—2018年全球专利申请量的快速增长则与这几年世界经济形势比较稳定、各国对知识产权保护高度重视有关。与缓冲防护技术主题全球专利申请量呈总体上升趋势不同，支撑防护技术主题和抓地稳定防护技术主题全球专利申请量一直是有升有降。

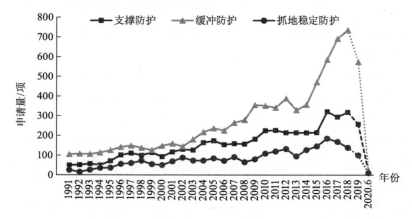

图 7-20　近 30 年日常防护鞋靴领域主要技术主题全球专利申请量变化趋势图

7.7　日常防护鞋靴中国专利申请情况分析

7.7.1　中国专利申请的趋势分析

图 7-21 显示了近 30 年日常防护鞋靴领域中国专利申请量的变化趋势。从图 7-21 可以看出，与日常防护鞋靴领域全球专利申请量总体趋向增长的态势略有不同，中国专利申请量在 2003 年之前基本维持不变，年专利申请量在 50 件左右，在全球专利申请量中也没有占据太大的比重；自 2003 年开始，随着改革开放的不断推进和人民生

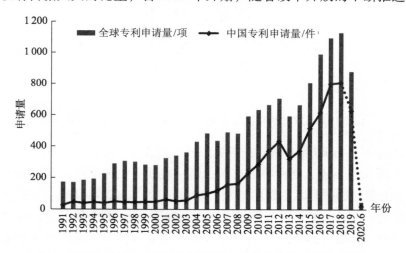

图 7-21　近 30 年日常防护鞋靴领域中国专利申请量变化趋势图

活水平的持续提高，人们对日常防护鞋靴的需求也越来越大，国内专利申请量快速增长，到 2012 年中国专利申请量已经占全球专利申请总量的近三分之二，2012 年中国专利申请量达到 433 件；除了 2013 年因国内经济结构调整造成专利申请量的短暂回落以外，随后中国在日常防护鞋靴领域的专利申请量一直呈上升趋势；2017 年和 2018 年，中国专利申请量总体平稳，年专利申请量分别为 800 件和 808 件。

7.7.2　中国专利申请的申请人分析

图 7-22 列出了日常防护鞋靴领域中国专利申请量排名前十的申请人。从图 7-22 可以看出，除了耐克创新有限合伙公司之外，其余 9 位申请人均为国内企业和个人。其中，贵人鸟股份有限公司、马伶俐、福建起步儿童用品有限公司的专利申请量均超过 50 件。在这 9 位申请人中，有 2 所高校和 6 家企业，可见，日常防护鞋靴领域在全面市场化的同时，技术发展也在努力借助高校的科研力量。

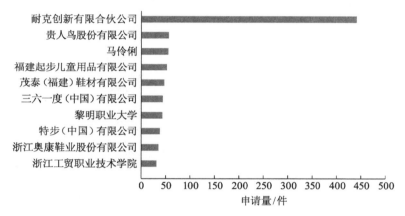

图 7-22　日常防护鞋靴领域中国专利申请量排名前十的申请人

7.7.3　中国专利申请的区域分布分析

图 7-23 显示了日常防护鞋靴领域中国专利申请的区域分布。在中国专利申请量排名前十的申请人中，有 5 位来自福建省，这与福建省在中国专利申请量省（市）排名中位列第一相符。福建省的运动类鞋制品企业众多，且基本集中在福建省泉州市的晋江市，中国专利十大申请人中的两个院校类申请人之一黎明职业大学就来自福建省泉州市。马伶俐、浙江奥康鞋业股份有限公司、浙江工贸职业技术学院均来自浙江省，相应地，浙江省在中国专利申请量省（市）排名中位列第二。至于广东省、山东省和江苏省这三个省份，虽然没有专利申请量较大的申请人，但是作为中国的经济大省，其知识产权保护力度大，政府对创新型企业具有更高的要求，因此，它们总体的专利申请量也相对于其他省（市）更高。此外，辽宁省、北京市、湖北省、四川省和河南省的专利申请量也在前十之列，这五省（市）的专利申请量差距不大。

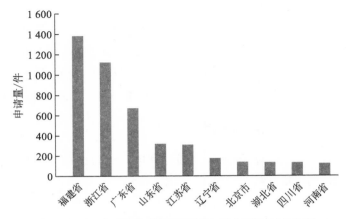

图 7-23　日常防护鞋靴领域中国专利申请区域分布图

7.7.4　中国专利申请的主要技术主题分析

图 7-24 显示了日常防护鞋靴领域中国专利申请的主要技术主题分布。从图 7-24 可以看出，有 4 803 件专利申请涉及缓冲防护技术，有 1 255 件专利申请涉及支撑防护技术，有 796 件专利申请涉及抓地稳定防护技术。其中，部分专利申请涉及一个以上技术主题。缓冲防护、支撑防护和抓地稳定防护三个主要技术主题中国专利申请量占比分别为 70.1%、18.3% 和 11.6%。可见，不管是全球专利申请还是中国专利申请，缓冲防护技术主

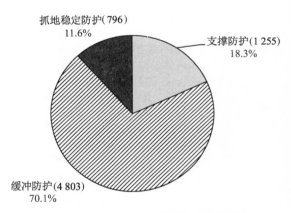

图 7-24　日常防护鞋靴领域中国专利申请主要技术主题分布图

题的专利申请量在日常防护鞋靴领域都占据绝对优势。

图 7-25 显示了近 30 年日常防护鞋靴领域主要技术主题中国专利申请量的变化趋势。从图 7-25 可以看出，与三个主要技术主题全球专利申请量变化曲线没有出现过交叉的现象不同，支撑防护技术主题和抓地稳定防护技术主题中国专利申请量变化曲线在 2015 年以前几乎是重合的，特别是在 2007 年以前两个技术主题的专利申请量几乎都为零，从 2008 年开始才逐渐有了一定的增长，但是总体发展仍旧是缓慢的，直到 2016 年，随着人们对支撑类鞋底构造在关节矫治、儿童行走姿态矫正等方面作用的了解不断深入，支撑防护技术主题的专利申请量才开始明显超越抓地稳定防护技术主题，而抓地稳定防护技术主题的专利申请量则一直处于低位，这与该主题防护技术手段相对单一有关。与全球缓冲防护技术主题的发展趋势相似，中国缓冲防护技术主题的专利申请量从 2003 年开始逐步增长，这种增长态势一直持续到 2012 年，2013 年

有明显回落，但从 2014 年开始再次进入快速增长期。市场决定资源配置，人们对缓冲防护的需求激增，相应地也使该技术主题的专利申请量呈现强劲上升趋势，专利申请量大幅增长，居于高位。

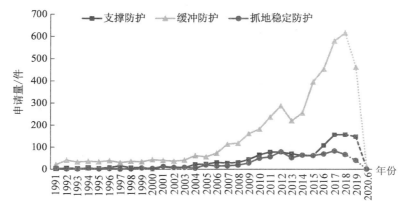

图 7-25 近 30 年日常防护鞋靴领域主要技术主题中国专利申请量变化趋势图

7.8 日常防护鞋靴重点专利技术分析

本节主要对日常防护鞋靴领域的若干关键技术的发展路线和核心专利进行详细介绍，主要包括缓冲防护技术、脚踝支撑防护技术、足弓支撑防护技术和抓地稳定防护技术。

7.8.1 缓冲防护技术主题分析

7.8.1.1 缓冲防护技术发展脉络

鞋类的缓冲防护技术是基于日常使用中的舒适需要和压力缓冲需要，在鞋底中提供附加的弹性，避免巨大冲击力下的力学伤害，在奔跑、跳跃等运动场合和长时间站立或跑动等情况中都有极为广泛的应用。在技术层面上，可以将缓冲防护技术划分为弹簧缓冲和气囊缓冲两种。

有关弹簧缓冲结构的具体技术，其发展脉络相对单一，主要是针对不同结构和类型的弹簧在鞋底中的应用。有关气囊缓冲结构的具体技术，其辐射范围较宽，在气囊的结构、分布、安装、充气、压力控制等方面均有涉及。从缓冲防护技术的发展状况也能看出相应的市场导向。穿着舒适性和性能提升，是人们长期且普遍的消费追求。从时间线来看，缓冲防护技术发展的时间线较长，技术发展整体上较为均衡，初期关于弹簧或气囊本身结构完善的内容较多，后期着眼于功能的组合、缓冲结构力学性能的控制等提升舒适性和力学管理性能的手段。本节主要针对缓冲防护技术的发展路线进行梳理，关于技术发展脉络图（图 7-26）中代表专利的选择，主要考虑被引用频次、所公开技术是否具备良好的基础、申请时间等因素。

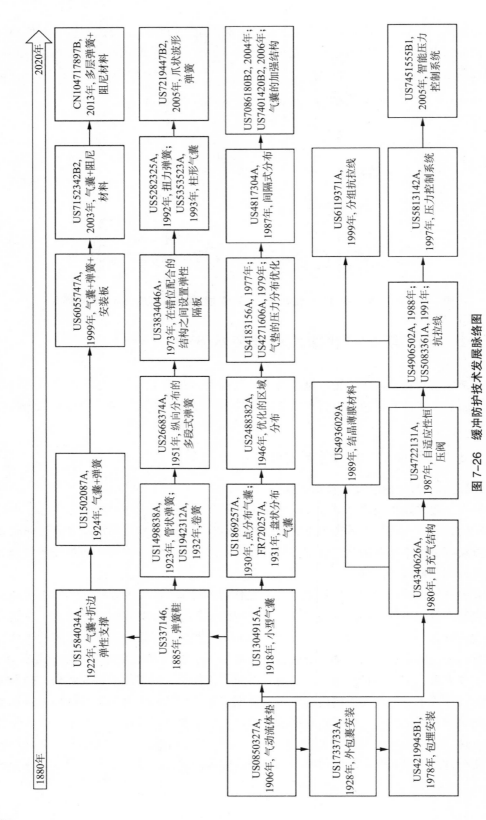

图7-26 缓冲防护技术发展脉络图

在各种主要的缓冲结构方面，1885 年美国人约瑟夫·格鲁克斯曼（Joseph Gluecksmann）提出了一种在鞋底设置有交叉板簧或者分布有弹簧的弹簧鞋，为鞋底提供额外的缓冲性能，但是其相对简单的结构，导致整体的稳定性不够（US337146）。1906 年，美国人伊西德·陶伯（Isidor Tauber）提出在鞋底中设置气动流体垫，可提供更为舒适的缓冲性能，但是缓冲效果相对较弱（US0850327A）。1922 年，美国人阿尔弗雷德·克洛茨（Alfred Klotz）针对气垫缓冲性能不足的问题，提出在气囊边缘的折边位置设置弹性支撑件，充分发挥了弹簧结构和气垫结构的优势，提高了缓冲性能且优化了稳定性能（US1584034A）。

对于弹簧结构的缓冲，美国人小詹姆斯·T. 哈里森（James T. Harrison Jr.）与史蒂芬·M. 托图基（Stephen M. Tutoky）分别于 1923 年和 1932 年提出将管状弹簧和卷簧的结构用于鞋底缓冲，提升了鞋底的稳定性（US1498838A 和 US1942312A）。1951 年，美国人威廉·西格尔（William Seigle）提出以纵向分布的多段式弹簧实现梯度缓冲，提升了鞋底的缓冲性能，增强了稳定性（US2668374A）。1973 年，美国人唐纳德·M. 福勒（Donald M. Fowler）提出在错位配合的凹凸结构之间借助弹性隔板的变形和恢复力实现稳定的缓冲（US3834046A）。1992 年，美国人吉恩·贝伊尔（Jean Beyl）提出利用扭力弹簧的辅助来实现缓冲（US5282325A）。1993 年，耐克创新有限合伙公司利用柱形气囊的辅助来实现缓冲（US5353523A）。2005 年，美国人弗朗西斯·E. 勒沃特（Francis E. Levert）和大卫·S. 克拉夫瑟（David S. Krafsur）提出了一种爪状分布的波浪形弹簧，用于鞋底缓冲（US7219447B2）。

在组合型的缓冲结构方面，1924 年美国人朱利叶斯·班斯（Julius Bunns）提出在气囊中安装支撑弹簧，可提升气囊的支撑性能（US1502087A）。1999 年，美国人托马斯·D. 隆巴迪诺（Thomas D. Lombardino）进一步辅以安装板结构，保证弹簧性能的稳定（US6055747A）。2003 年，中国台湾人罗兰·W. 萨默（Roland W. Sommer）提出在气囊中设置阻尼材料，保证缓冲回弹性能（US7152342B2）。随着阻尼材料的引入，2013 年耐克创新有限合伙公司提出以多层弹簧加阻尼材料组成鞋底缓冲结构（CN104717897B）。

对于气囊结构的缓冲，1918 年美国人伯顿·A. 斯平尼（Burton A. Spinney）提出以较小的气囊分布提升气囊的整体性和稳定性（US1304915A）。美国人西奥多·希茨利尔（Theodor Hitzler）与法国人马林·W. 宾利（Marling W. Bentley）分别于 1930 年和 1931 年提出了点分布的气囊和盘状分布的气囊（US1869257A 和 FR720257A）。1946 年，美国人怀特曼·W. 戴维斯（Whitman W. Davis）以优化的区域分布提高了缓冲的针对性（US2488382A）。美国人马里昂·F. 鲁迪（Marion F. Rudy）于 1977 年开始着眼于气垫的压力分布优化（US4183156A 和 US4271606A）。1987 年，耐克创新有限合伙公司在气囊之间保留间隙，进一步优化了气囊的稳定性（US4817304A），其又分别于 2004 年和 2006 年进一步针对气囊的加强结构进行研究，保证气囊稳定工作（US7086180B2 和 US7401420B2）。

对于气囊的安装，1928 年美国人埃德加·H. 赫斯（Edgar H. Hess）提出了将气囊包裹于鞋底外周（US1733733A）。1978 年，美国人马里昂·F. 鲁迪详细介绍了将气囊包埋安装到鞋底的细节（US4219945B1）。对于气囊压力控制的研究，起步相对较晚，1980 年马里昂·F. 鲁迪又提出了一种用于鞋底气囊的自充气结构（US4340626A）。1987 年，耐克创新有限合伙公司提出了一种自适应的恒压阀，实现了对气囊压力的管理和调整（US4722131A）。美国人马里昂·F. 鲁迪分别于 1988 年和 1991 年提出在气囊中增加抗拉线，以保证气囊的压力控制和安全调节（US4906502A 和 US5083361A），其间于 1989 年，又提出借助结晶薄膜材料实现气囊的充气（US4936029A）。1999 年，耐克创新有限合伙公司进一步将多根抗拉线分组合束（US6119371A）。随着便携的电子结构在鞋底的应用越来越普遍，1997 年美国人罗纳德·S. 德蒙（Ronald S. Demon），2005 年美国人尼古拉·拉基奇（Nikola Lakic）纷纷开始利用电子系统进行智能压力控制（US5813142A 和 US7451555B1）。随着气垫结构的日益优化，稳定性能越来越好，它也成为各运动鞋品牌的宠儿。

7.8.1.2　缓冲防护技术重点专利分析（表 7-8）

1987 年，耐克创新有限合伙公司在美国申请的专利 US4817304A 提出了一种具有改进的缓冲鞋底结构的鞋类。该类鞋包括鞋面和附接到鞋面的鞋底构件，鞋底构件包括由柔性材料制成的密封内部构件，内部构件充入气态介质以形成柔软且有弹性的插入件。可弯曲的弹性体外部构件围绕插入件的预选部分包封插入件。内部构件和外部构件一起作用以形成弹性单元，用于减弱冲击。调节机构的冲击响应，使插入件在邻近插入件的至少一侧的预定区域中具备冲击响应功能。调节机构包括在外部构件中沿着插入件与预定区域相邻的侧面的间隙，可以使密封的内部构件的柔性材料在脚部受到撞击期间在间隙中弯曲。

1987 年，亚瑟士有限公司在美国申请的专利 US4768295A 提出了一种用于运动鞋的鞋底，其在落地时具有改善的减震能力，并且在踢腿时提供排斥力。缓冲构件安装在底板中形成的凹槽里。每个缓冲构件具有一对以间隔方式黏合在一起的片材，以形成多个腔室。腔室充满凝胶以使它们膨胀，气室形成在凝胶填充室之间。

1990 年，锐步国际有限公司在美国申请的专利 US5113599A 提出了一种运动鞋，其设有可充气的鞋舌或气囊，以更牢固地贴合穿着者的脚。气囊可以包括多个腔室，其间设置了阀门，可以选择性地使腔室充气。在可充气的鞋舌或气囊上设置了轻质泵。

1994 年，耐克创新有限合伙公司在美国申请的专利 US5406719A 提出了一种用于鞋的缓冲元件。该缓冲元件包括四个充满流体的支撑室，这些支撑室是可压缩但不可折叠的，并且设置在整个鞋中底的不同位置。该缓冲元件还包括四个可变容积的流体储存室，它们是可折叠的，以减小其体积。储存室可控地与支撑室连通，以便选择性地与支撑室完全连通或者与支撑室隔离。通过选择性地将一个或多个储存室与一个或多个支撑室隔离，并使储存室塌缩，流体可以在不同的位置从一个支撑室移动到另一个支撑室，从而增加中底的刚度。

1995 年，阿迪达斯股份公司在美国申请的专利 US5822886A 提出了一种用于运动鞋的整体模制的鞋底夹层，其具有管状悬挂构件。管状悬挂构件类似弹簧并具有弹簧常数，弹簧常数可通过选择管长度、管壁厚度或管材料的硬度而设计得出。优选的鞋底夹层由诸如 Hytrel 的弹性体制成，该弹性体以预成型的形状铸造，可承受相当大的压缩力，铸造形成的管状构件可压缩变形，作为接近理想状态的弹簧。

1997 年，耐克创新有限合伙公司在美国申请了专利 US6055746A 和 US5979078A，其中，专利 US6055746A 提出了一种运动鞋，该运动鞋的鞋底具有通过弯曲线从鞋跟区域分割的后跟撞击区域，该弯曲线允许在跑步者的脚跟初始着地期间形成后跟撞击区域。弯曲线的位置限定了一个后跟撞击区域，反映了大多数跑步者的脚跟着地方式。除了允许后跟撞击区域围绕曲线进行关节运动之外，鞋底还包括缓冲元件，缓冲元件包括弹性充气气囊，以在脚跟的不同部位提供不同的缓冲特性，减弱与脚跟相关的力量冲击。在运行周期的后续阶段，不会降低鞋的稳定性。弯曲线可以通过各种装置形成，包括深槽、一排相对柔性的鞋底夹层材料或者分段流体袋的相对柔性部分。专利 US5979078A 提出了一种带衬垫的鞋底，其包括用于接触地面的外底层，设置在外底层上方并由弹性材料形成的中底层，用第一流体介质充气并具有第一气囊的第一囊元件周边区域及第二囊元件，第二囊元件围绕第一囊元件周边区域形成并包围第一囊元件。第一和第二囊元件定位在鞋底夹层中。在根据该专利形成缓冲装置的方法中，第一囊元件由弹性材料形成，包括限定在囊周边区域的内腔。第一囊元件在压力作用下膨胀，然后由第一膨胀囊周围的弹性材料形成第二囊元件。

1999 年，耐克创新有限合伙公司在美国申请的专利 US6119371A 提出了一种用作缓冲元件的气囊和包含该气囊的鞋。封闭的芯由间隔开的第一和第二织物层形成，第一和第二织物层通过多根连接纱线连接在一起。壳体由透明塑料材料形成，由此通过侧壁可以看到连接纱线。多根连接纱线优选布置成带有间隙的带，该间隙在相邻带之间没有连接纱线，并且通过侧壁可以看到带的端部和间隙。

2000 年，匡威公司在美国申请的专利 US6568102B1 提出了一种鞋，其包括用于支撑穿着者脚部的鞋底及与鞋底相邻的鞋帮。鞋底包括上部力分配板部分、在上部力分配板部分下方间隔开的下部力分配板部分，以及与上部和下部力分配板部分接触并设置在其间的至少一个弹性减震器元件。

2001 年，耐克创新有限合伙公司在美国申请的专利 US6487796B1 提出了一种鞋，该鞋的鞋底包括由弹性可压缩材料形成的一个或多个支撑元件。支撑元件被设计成使由穿着者运动产生的冲击力以一定的方式偏转，该方式产生使穿着者的脚在鞋底上方居中的力。支撑元件具有定向偏转特性是由于支撑元件的上表面向下倾斜并具有便于在一个方向上弯曲的弯曲凹痕。

2001 年，诺丁顿控股有限公司在美国申请的专利 US6655048B2 提出了一种用于鞋子的透气防水鞋底，其至少在鞋底延伸部分的一部分上包括构成胎面的防水下部部件，上部部件具有支撑结构，支撑结构具有腔室，腔室至少在上表面和边缘表面上连接到开口，还包括一种膜，其不透水但可透过蒸汽，至少在外部围绕上部部件的朝外区域。下部部件和上部部件与膜连接，以便至少在可能渗水的区域中形成密封。

2002年，耐克创新有限合伙公司在美国申请的专利US6898870B1提出了一种鞋类物品，其具有设置在鞋底中的一个或多个支撑元件。至少一个支撑元件包括增加鞋底顺应性的孔。通过为每个支撑元件选择特定的孔，可以调整鞋的每个区域的顺应性以符合鞋的特定应用要求。另外，该类鞋可以包括一个或多个塞子，这些塞子与孔相结合且可拆卸，以使穿着者能够控制鞋底的柔韧性。

2003年，耐克创新有限合伙公司在美国申请的专利US7100308B2提出了一种用于鞋类物品的鞋底结构，其包括上板和固定到上板的后跟板组件。后跟板组件从上板向下延伸，与上板形成锐角。后跟板组件内侧面的厚度大于后跟板组件外侧面的厚度。该类鞋还可以包括固定到鞋底结构的鞋面。

2003年，阿迪达斯股份公司在美国申请的专利US6983553B2提出了一种可由穿着者调节的运动鞋的缓冲系统。该缓冲系统包括一个或多个具有各向异性的缓冲插入件，并且可锁定在鞋底的适当位置，还可以包括结构支撑元件，为穿着者的脚提供额外的稳定性。穿着者可以通过在鞋内旋转插入件来调节缓冲程度，也可以移除插入件并用新的或不同的插入件来代替。

2004年，耐克创新有限合伙公司在美国申请了专利US7100310B2、US7086180B2和US7141131B2。其中，专利US7100310B2提出了一种鞋底部件及其制造方法。该鞋底部件包括由包围加压流体的阻挡材料形成的囊袋，以及固定在囊袋上并至少部分地围绕囊袋延伸的加强结构。该囊袋包括第一表面、与第一表面相对的第二表面，以及在第一表面和第二表面之间延伸的侧壁。侧壁包括从第一表面延伸到第二表面的多个凹陷。加强结构的一部分位于凹陷内并与凹陷结合，从第一表面延伸到凹陷的第二表面。专利US7086180B2提出了一种鞋底部件。该鞋底部件包括由阻挡材料形成的囊，阻挡材料包围加压流体，囊具有第一表面、第二表面，以及在第一表面和第二表面之间延伸的侧壁。加强结构包括：第一部分，位于第一表面和侧壁的界面处；第二部分，与第一部分间隔开并位于第二表面和侧壁的界面处；多个连接部分邻近侧壁延伸并位于第一部分和第二部分之间，连接部分凹入侧壁，侧壁具有被连接部分覆盖的第一区域和暴露于第二区域的鞋底部件的外部，其中第一区域小于第二区域。专利US7141131B2提出了一种鞋类物品和制造鞋底部件的方法。该类鞋包括鞋底部件，鞋底部件包括囊袋和加强结构。囊袋由阻挡材料形成，并且囊袋包围加压流体，加压流体在阻挡材料上施加向外的力。加强结构至少部分地凹入阻挡材料中并黏结到阻挡材料上。至少一部分加强结构可以通过向外的力置于阻挡材料上而处于张紧状态。由于在阻挡材料上有向外的力，加强结构还可以抑制囊袋的膨胀，并且加强结构可以由具有比阻挡材料更大的弹性模量的材料形成。制造鞋底部件的方法包括以下步骤：用聚合物材料模制填充流体的囊袋，使加强构件凹进囊袋中，将加强构件黏合到囊袋上。

在放入形成囊袋的聚合物材料之前，可以先将加强构件放置在模具内。

2006 年，锐步国际有限公司在美国申请的专利 US7784196B1 提出了一种鞋类物品，其具有鞋面和鞋底。鞋底具有至少一个可充气气囊，其中至少一个可充气气囊具有充气状态和放气状态。鞋底的地面接合表面具有处于收缩状态的第一轮廓和处于膨胀状态的第二轮廓，第一轮廓和第二轮廓不同。通过改变地面接合表面的轮廓可以改变鞋底的缓冲性能，使该类鞋适用于需要不同缓冲量的活动。

2010 年，耐克创新有限合伙公司在美国申请的专利 US20110192053A1 提出了一种鞋类物品，其具有鞋面和固定到鞋面的鞋底结构。鞋底结构包括腔室和至少一个可照明元件。腔室由包围流体的至少部分透明的聚合物材料形成，并且腔室的外表面的一部分暴露以形成鞋的外表面的一部分。可照明元件位于鞋底结构内并且邻近腔室的外表面。来自可照明元件的光可以通过腔室从鞋底结构中穿出，从而赋予鞋底可照明的流体填充腔室构造。

2013 年，耐克创新有限合伙公司在美国申请的专利 US9687042B2 提出了一种鞋类物品，其包括鞋面和鞋底夹层。鞋底结构包括：鞋外底；连接到鞋外底并设置在鞋外底和鞋面之间的鞋底夹层；鞋跟中底冲击力衰减结构，设置在鞋底夹层的鞋跟区域内，包括从鞋类物品的外侧面延伸到鞋类物品的内侧面的模制鞋跟区域构件。模制鞋跟区域构件包括中空中央区域、中空中央区域上方的顶表面、中空中央区域下方的下表面和在跟部的顶表面中限定的多个凹槽。其中，多个凹槽位于鞋跟区域构件的一个象限中，并且部分地或完全地延伸穿过鞋跟区域构件。鞋跟区域构件的顶表面可增强鞋跟区域构件的后外侧区域的柔性。

2015 年，耐克创新有限合伙公司在美国申请的专利 US20150245686A1 提出了一种鞋类物品，该鞋类物品通常包括两个主要元件：鞋面和鞋底结构。鞋面可由多种材料制成，这些材料缝合或黏结在一起以在鞋内形成空隙，以便舒适且牢固地接收脚。鞋底结构固定到鞋面的下部，并且通常位于脚和地面之间。在许多鞋类物品中，包括运动鞋，其鞋底结构通常包括内底、中底和外底。鞋类物品包括具有内表面和外表面的鞋底夹层部件。鞋底夹层部件包括在外表面中以拉胀配置排列的多个孔。多个孔包括第一孔和第二孔。第一孔是从外表面延伸到内表面的通孔，第二孔是盲孔。鞋底夹层部件还包括下部和侧壁部分。

表 7-8　缓冲防护技术的重点专利列表

公开（公告）号	申请（专利权）人	申请年	发明名称	简单法律状态	有效期（截止年）
US4817304A	耐克创新有限合伙公司	1987	具有可调节黏弹性单元的鞋类	失效	2007
US4768295A	亚瑟士有限公司	1987	用于运动鞋的鞋底	失效	2006
US5113599A	锐步国际有限公司	1990	具有可充气鞋舌或气囊的运动鞋	失效	2009

续表

公开（公告）号	申请（专利权）人	申请年	发明名称	简单法律状态	有效期（截止年）
US5406719A	耐克创新有限合伙公司	1994	具有可调缓冲系统的鞋	失效	2012
US5822886A	阿迪达斯股份公司	1995	鞋底夹层	失效	2014
US6055746A	耐克创新有限合伙公司	1997	具有后跟撞击区域的运动鞋	失效	2013
US5979078A	耐克创新有限合伙公司	1997	用于鞋底的缓冲装置及其制造方法	失效	2014
US6119371A	耐克创新有限合伙公司	1999	用于鞋类的弹性气囊	失效	2018
US6568102B1	匡威公司	2000	具有弹性减震器元件的鞋底	失效	2020
US6487796B1	耐克创新有限合伙公司	2001	具有侧向稳定鞋底的鞋	有效	2021
US6655048B2	诺丁顿控股有限公司	2001	透气防水鞋底	有效	2021
US6898870B1	耐克创新有限合伙公司	2002	具有带可压缩孔的支撑元件的鞋底	有效	2023
US7100308B2	耐克创新有限合伙公司	2003	带后跟板组件的鞋类	有效	2024
US6983553B2	阿迪达斯股份公司	2003	带可调节缓冲系统的鞋	有效	2022
US7100310B2	耐克创新有限合伙公司	2004	具有带加强结构的流体填充囊袋的鞋类物品	有效	2024
US7086180B2	耐克创新有限合伙公司	2004	具有带加强结构的流体填充囊袋的鞋类物品	有效	2024
US7141131B2	耐克创新有限合伙公司	2004	制造具有带加强结构的流体填充囊袋的鞋类物品的方法	有效	2024
US7784196B1	锐步国际有限公司	2006	具有可变地面接合表面的鞋类物品	有效	2029
US20110192053A1	耐克创新有限合伙公司	2010	包含可照明流体填充腔室的鞋类物品	有效	2031
US9687042B2	耐克创新有限合伙公司	2013	具有鞋底夹层结构的鞋类物品	有效	2033
US20150245686A1	耐克创新有限合伙公司	2015	带以拉胀配置排列的孔的鞋底夹层结构	有效	2033

7.8.2　脚踝支撑防护技术主题分析

7.8.2.1　脚踝支撑防护技术发展脉络

鞋类的脚踝支撑防护技术在于针对用户的踝关节位置提供行走和运动的支撑，采用额外的支撑结构附接到鞋面，有效防止不必要的损伤，多用于运动场合和关节容易损伤的情况。在技术层面上，可以将脚踝支撑防护技术划分为硬质支撑和软质支撑两个部分；在效果层面上，可以将脚踝支撑防护技术划分为垫体支撑和包裹支撑两个部分。

针对脚踝支撑的具体技术，硬质支撑多属于垫体支撑，在脚踝周围形成硬质托，有效保护脚踝不受伤害；而软质支撑则涵盖垫体支撑和包裹支撑两个部分，既可以用垫体填充脚踝和鞋帮之间的空隙，提供柔性支撑效果，也可以以包裹的形式将脚踝部位紧密包裹，施以力的支撑。针对脚踝支撑的实际效果，垫体支撑多用于关节损伤的情况，在实现支撑的同时确保一定的防护效果；包裹支撑多用于运动场合，提供足够的紧固力。从时间线来看，在世界局势稳定的大环境下，运动逐渐成为一种潮流，各种体育赛事日渐丰富，在 20 世纪中后期，关于脚踝支撑的新技术不断涌现；进入 21世纪后，关于脚踝支撑的技术发展进入了一个相对稳定的优化和完善时期，新技术不多，主要是各项技术自身的提升、优化和相互之间的融合。本节主要对脚踝支撑防护技术的发展路线进行梳理，具体内容如图 7-27 所示。

对于硬质支撑，1921 年美国人亚伯拉罕·波斯纳（Abraham Posner）提出在脚踝部位设置金属支撑套，加强对踝关节的保护（US1465233A）。1924 年，美国人弗兰克·E. 佩特里（Frank E. Petri）针对脚踝在行走中的转动点设置了铰接结构，提升了行走的便捷性（US1546551A）。1961 年，美国的阿斯彭鞋靴有限公司（Aspen Boot Ltd.）进一步在铰接位置设置可移动机构，提供更合理的活动范围（US3067531A）。1970 年，威廉·J. 帕克（William J. Parker）和理查德·T. 马奎斯（Richard T. Marquis）提出在铰接位置形成活动更自由的弹性铰接点，代替只能转动的轴接方式（US3613273A）。1987 年，美国的匡威公司在鞋帮的脚踝位置嵌入 Y 形弹簧，加强鞋体与支撑结构的整体性（US4766681A）。1997 年，美国的耐克创新有限合伙公司采用带有指状支撑肋的结构对脚踝进行支撑（US5896683A）。

对于硬质支撑的连接，1988 年美国的 Superfeet In-Shoe Systems，Inc. 提出在支撑结构和鞋体之间建立可拆卸连接，克服不连接不稳定的问题，相对于固定连接来说，增强了使用的灵活性（US4869001A）。对于硬质支撑的舒适性调节，1950 年加拿大的 Canada Cycle and Motor Company Limited 在编织结构内部嵌入金属丝网，增强了支撑结构的舒适性（US2617207A）。1953 年，英国人西奥多·O. 韦格纳（Theodore O. Wegner）结合棉丝纬线和橡胶丝经线，进一步提升支撑结构的强度（GB782562A）。1981 年，美国的匡威公司借助编织结构和可调节的包裹带实现了支撑性能的调节（US4366634A）。1997 年，瑞典的轻量支撑股份公司和诺狄克合成物

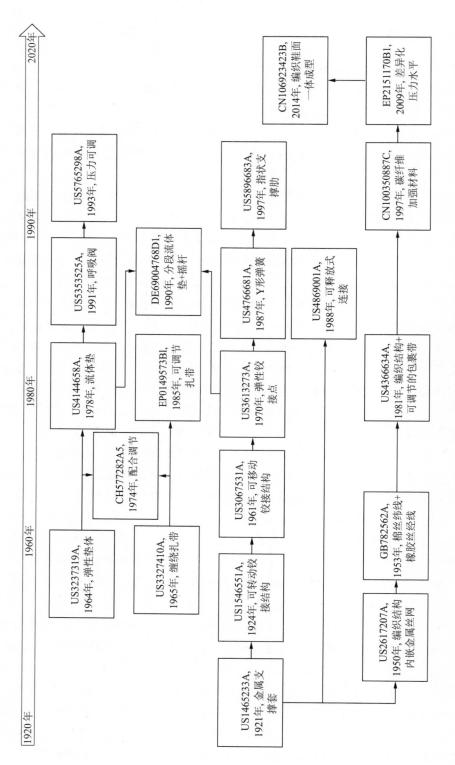

图 7-27 脚踝支撑防护技术发展脉络图

股份公司结合碳纤维加强材料，提升了支撑结构的强度（CN100350887C）。2009 年，德国的阿迪达斯股份公司提出针对踝关节不同部位的支撑和受力需要提供差异化的压力水平（EP2151170B1）。2014 年，美国的耐克创新有限合伙公司提出了通过编织与鞋面一体成型的结构，其优越的包裹性能将编织鞋面运动鞋带到了运动鞋产品的第一线（CN106923423B）。

对于软质支撑，主要包括弹性或柔性的垫体支撑和带状的包裹支撑。1964 年，美国人韦德·H. 奥尔登（Wade H. Alden）提出了围绕脚踝的弹性垫体，以更舒适的方式实现对脚踝的支撑和保护（US3237319A）。1965 年，美国人老赫伯特·W. 帕克（Herbert W. Park Sr.）和赫伯特·W. 帕克（Herbert W. Park）提出了缠绕脚踝的轧带结构，能够在运动中为脚踝提供更强的支撑力，并提供足够的稳定性能（US3327410A）。1974 年，瑞士人马丁·汉斯（Martin Hans）将弹性垫体和缠绕轧带两者配合实现了弹性垫体的可调支撑性能（CH577282A5）。1978 年，受缓冲气垫结构在鞋底中广泛应用的影响，美国的汉森工业公司提出了利用流体垫支撑踝关节的结构（US4144658A）。1990 年，美国的理查德·G. 斯拜德曼（Richard G. Spademan）和萨克拉门托·卡利夫（Sacramento Calif）进一步结合硬质支撑结构中的铰接结构，在踝关节的转动点采用了摇杆连接分体的流体垫，提供更好的活动自由度（DE69004768D1）。1985 年，德国的阿迪达斯股份公司提供了更多的可调节轧带的形式（EP0149573B1）。伴随着缓冲气垫结构的进一步发展，美国的 Vistek Inc. 和耐克创新有限合伙公司分别于 1991 年和 1993 年逐步开始结合阀等结构实现对流体垫的压力控制和调节，进一步迎合用户对支撑性能的定制化需要和动态需求（US5353525A 和 US5765298A）。

7.8.2.2　脚踝支撑防护技术重点专利分析（表 7-9）

1985 年，阿迪达斯股份公司在欧洲申请的专利 EP0149573B1 提出了一种高帮的运动鞋或休闲鞋。其中，鞋帮的顶部由填充材料制成，该填充材料在鞋的外表面上且在外踝的高度处设有增强材料。从加强区延伸出至少一个两段式的紧固带。紧固带的一部分从加强区沿鞋腿的外表面上升到鞋后部的加强区的上端附近，并沿鞋内表面的上端基本水平地延伸。紧固带的另一部分沿加强区对角线上升，并跨过鞋的前部鞋带区域朝向鞋腿的内表面延伸。通过设置在鞋腿的前表面和内表面上紧固带的两个部分，以便以期望的紧固程度将紧固带可调节地固定在适当的位置。

1991 年，萨洛蒙股份有限公司在美国申请的专利 US5177884A 提出了一种运动鞋，该运动鞋的鞋面有鞋跟帽，并且包括附接到鞋跟帽旨在围绕小腿的刚性鞋圈。该鞋的鞋帮较低，鞋帮上部的刚性鞋圈附接在鞋帮的上端并且基本上在脚踝的水平位置。同年，Vistek Inc. 在美国申请的专利 US5353525A 提出了一种运动鞋，包括位于穿着者脚跟下方的鞋底中的基本平坦的泵腔，具有允许在脚跟受到压力时吸入空气的单向阀，以及位于该脚跟处的第二单向阀。当空气从腔室排出时，泵的出口用于从泵接收空气，一个或多个压力气囊安装在鞋的侧壁中，并朝向邻近脚踝的后部。当穿着者正在行走或跑步时，泵自动启动以使气囊充气并为脚和脚踝提供额外的支撑。气囊可以设置有减压阀以防止过压，并具有缓慢地将空气从气囊中泄漏出来的设置。当穿着者处于休息状态时，脚和脚踝上的压力可以达到最小，这个功能可以通过排放阀或者通过囊壁中的一系列细孔来实现。

1992 年，匡威公司在美国申请的专利 US5175947A 提出了一种包括可拆卸结构的鞋，其具有侧向和内侧片簧，每个片簧为 Y 形并且通过旋转键式紧固件可拆卸地连接到脚踝下方的鞋的侧面，片簧在张力下围绕脚踝彼此紧固，以便抑制脚踝的移位。同年，匡威公司还申请了专利 US5243772A，提出了一种鞋，其包括鞋底、附接到鞋底的袜子，以及附接到鞋底的形状保持壳。该形状保持壳至少部分包围袜子，但不附接到鞋底区域上方的袜子上，使鞋底可以在使用中弯曲，形状保持壳、脚踝约束紧固件和脚跟带为脚踝提供支撑。

1993 年，耐克创新有限合伙公司在美国申请的专利 US5765298A 提出了一种运动鞋。该运动鞋包括附接到鞋底的鞋面、围绕内侧和外侧踝部延伸的脚踝部分，以及附接在脚踝部分内的可充气气囊。可充气气囊具有中间部分和侧向部分，以及用于将加压气体输送到囊袋内部的入口机构，焊缝线将内侧和外侧部分分成上部和下部，防止在内侧和外侧部分形成限制性的加压气体垂直柱。

1995 年，马克·H. 布塞尔（Mark H. Bussell）和托马斯·C. 洛特莫泽（Thomas C. Lottermoser）在美国申请的专利 US5775008A 提出了一种脚踝支架，其包括位于踝部的"倒 Y"形关节。脚踝支架形成踝部的形状，然后切除支架的部分，特别地，通过切掉三角形开口来制造"倒 Y"形接头。

1997 年，鲍尔耐克曲棍球公司在美国申请的专利 US6079128A 提出了一种滑冰靴，其采用单件式塑料脚踝，包括鞋跟反向插入件，定位在构成滑冰靴的各层之间。滑冰靴由外至内依次为传统的外部、单件式塑料插入件、合适的缓冲垫和衬里。塑料插入件具有一个类 U 形的鞋跟对应部分，该鞋跟对应部分沿着侧面围绕鞋跟区域。塑料插入件向上延伸到靴子后部的大部分高度，并且包括侧向和内侧箍带部分，其沿着滑冰者的上踝的侧面部分向前延伸。与传统的单独插入件相比，单件式塑料插入件提供了改进的性能和刚性，同时避免了滑冰靴的脚踝部分会在使用过程中滑落到脚跟部分。

1997 年，耐克创新有限合伙公司在美国申请的专利 US5896683A 提出了一种用于限制踝部翻转和外翻的改进的鞋类物品。该鞋类物品包括至少一个支撑件，该支撑件限制外翻和倒置，同时允许足底区域和背屈平面内的全范围运动。支撑件包括多个指状元件，这些指状元件沿着鞋面从鞋底垂直向上延伸。每个指状元件之间的宽度大于其自身宽度，使元件可在背屈和跖屈平面内自由弯曲。该鞋类物品具有位于后足、中足和前足区域的支撑件，用于防止翻转和外翻。

1997 年，锐步国际有限公司在美国申请的专利 US6018892A 提出了一种用于鞋类物品的内部套环装置。该内部套环装置包括踝部包裹物、枢转脊柱和后跟杯。枢转脊柱是内部套环装置中相对较窄的部分，它是柔性的，以便随着穿着者的运动而枢转。内部套环装置设置在鞋类物品的外靴中，使内部套环装置围绕穿着者踝部附近的枢转轴线枢转。内部套环装置几乎完全独立于外部护套枢转，这样内部套环装置控制穿着者的脚踝向前和向后弯曲，并为穿着者的脚和脚踝提供支撑。此外，穿着者脚踝的向前和向后弯曲不会导致外靴形成折痕或磨损区域，从而防止靴子材料的过早磨损。

1997 年，K2 Corporation 在美国申请的专利 US6012726A 提出了一种直排轮滑鞋，其包括通过底座固定到框架的上鞋部分，框架承载多个轮子。上鞋部分包括内部弹性支撑层，其包括第一和第二凹槽，用于接收在踝关节的任一侧上的囊。每个囊由包含反向热凝胶的柔韧外壳构成。支撑层由刚性踝箍支撑，踝箍安装在上鞋部分内部。当脚在轮滑鞋的上鞋部分内时，反向热凝胶填充的囊紧密配合踝关节的踝部。反向热凝胶最初是低黏度液体，当接收足部的体热升温时，其增稠至更高的黏度，以提供更强的支撑性和稳定性。上鞋部分还包括多腔囊，其允许对反向热凝胶填充的囊进行定制的体积调节。

1997 年，詹姆斯·F. 约翰逊（James F. Johnson）在美国申请的专利 US5865778A 提出了一种用于传统鞋类的弹性可枢转脚踝支撑结构。较低的马镫调整固定在鞋内底下方的安装板上，以与脚踝对齐。可延展的上马镫在下马镫的配合接头帽处枢转。带衬垫的支撑套环安装在上马镫上，可调节的带子将套环保持在腿部。该弹性可枢转脚踝支撑结构可以将一个或多个支架支撑在鞋上以限制脚的运动。

1998 年，耐克创新有限合伙公司在美国申请的专利 US6206403A 提出了一种用于柔软式滑雪靴的滑雪板绑定系统。该滑雪板绑定系统包括安装在滑雪板上的底板、一个脚趾带单元、一个脚跟环和一个安装在底板上的高背板。安装在脚跟环上的是一个辅助绑带装置，其缠绕在靴子的后部。包裹在靴子顶部的是踝带单元，其安装在第二带装置上。辅助绑带装置和踝带单元具有多个调节孔，用于选择性地调节绑定以获得更大的支撑性或更大的灵活性。辅助绑带装置与踝带单元一起工作，可为滑雪板更好地保持鞋跟，从而提高滑雪板性能。辅助绑带装置还减小了踝带穿过靴子顶部施加的压力，从而产生更好的舒适性。

1998 年，锐步国际有限公司在美国申请的专利 US5992057A 提出了一种鞋类物品，其包括捆扎和闭合系统，为穿着者的脚踝和脚提供额外的支撑。该系统包括一对固定地连接到鞋类物品的相对侧的鞋跟带和固定地连接到鞋类物品上的脚背件。鞋跟带和脚背件没有固定地附接到鞋类物品的鞋面，而是固定地附接到鞋类物品的钳帮板，从而允许鞋跟带和脚背件独立于鞋面而被紧固到鞋类物品上。该鞋类物品还包括透气的材料或护罩，其附接到鞋面的基部以保护鞋面免受泥土和污垢的影响。

1998 年，威廉·D. 拉蒙（William D. Lamont）在美国申请的专利 US6083185A 提出了一种糖尿病治疗靴，其可配合垫子使用，该垫子放置在靴子内部并抵靠在靴子的后上部，当垫子接合柔软中间面板时，可提高对穿着者脚踝的浮动支撑。可变形的含有流体的小袋可拆卸地设置在面板的中空内部空间中，以提供脚踝支撑。小袋可以通过面板后部的进入开口移除，后部开口通常由拉链封闭。

1999 年，Roller Derby Skate Corp. 在美国申请的专利 US6112434A 提出了一种滑冰靴结构，其包括整体的塑料鞋跟及脚踝计数器插入件。插入件可以在外部或内部固定到安装在滑冰车的软靴上。插入件包括由 U 形后跟部分连接的两个间隔开的侧部，U 形后跟部分沿着滑冰者的脚的侧面延伸。侧部和后跟部分的上方是由弧形后部连接的两个向前凸出的侧翼，其通过位于滑冰者的踝骨上方的两个向外弯曲的铰链部分连接到间隔开的侧部。弧形切口延伸穿过后跟部分和弧形后部之间的脚跟或脚踝反向部分，并沿着脚跟或脚踝计数器的任一侧延伸一段距离。端部狭缝横向延伸在弧形切口的每个端部的上方和下方。侧翼下方的切口部分朝向端部狭缝向内延伸，并且端部狭缝限定弓形铰链部分的边缘。

1999 年，K2 Corporation 在美国申请的专利 US6226898B1 提出了一种双层衬垫速降滑雪靴，其包括内壳，内壳固定在基本上刚性的外壳内。外壳具有基部和踝部箍，基部包括具有内侧和外侧的侧壁部分，在它们之间限定纵向间隙，纵向间隙暴露了内壳，内壳还接收可移除的衬里。外壳可以通过紧固件固定以使内壳和衬里围绕脚紧密贴合。脚踝开口部和基部由分段支柱加强，以帮助穿着者将力从小腿传递到滑雪板。

1999 年，派克医疗合伙人有限公司在美国申请的专利 US6126626A 提出了一种运动脚踝支架，其是根据穿着者脚踝的形状定制的。脚踝支架包括可硬化的支撑面板，该支撑面板适合模制，同时对于穿着者的小腿及脚踝的内外侧来说是柔性的。在模制硬化时，模制的支撑面板提供刚性定制配合，以在磨损期间限制脚的翻转和外翻。支撑面板限定了整体形成的可硬化的后跟鞋舌，其亦适合模制，同时相对于鞋跟是柔性的，并且在鞋跟下方延伸以在硬化时进一步支撑脚踝。

2001 年，亨利克·S. 安德森（Henrik S. Andersen）在美国申请的专利 US6676618B2 提出了一种踝足矫形器，其由薄的成型轻质材料整体制成。矫形器包括用于在使用者的脚底下方延伸的扁平脚支撑构件、用于邻接使用者小腿的小腿抵接构件及从脚支撑构件延伸的窄连接构件，优选是将脚支撑构件和小腿抵接构件互连，以用于将小腿抵接构件紧固到使用者腿部的可释放紧固件。矫形器可以通过以下方法制造：首先将具有增强纤维的热塑性材料以期望的方式布置在相对的塑料薄膜或箔之间；然后密封薄膜之间限定的空间，并除去密封空间中的气体，以便压实布置在其中的材料并形成坯料；最后将坯料加热至塑化温度并形成所需形状。

2003 年，耐克创新有限合伙公司在美国申请的专利 US7013586B1 提出了一种鞋类物品，其包括鞋面、鞋底结构和固定到鞋面的皮带。皮带由柔性材料制成，并包括从鞋帮的鞋跟部分延伸的连接带。一对带子从连接带延伸并围绕脚踝的相对侧延伸。紧固件固定到带子的相对侧，用于将皮带固定到脚踝。皮带将鞋子固定到穿着者的脚踝上，从而防止鞋子从脚部移除。

2003 年，卡西·D. 凯瑞根（Casey D. Kerrigan）在美国申请的专利 US6948262B2 提出了一种用于预防膝关节和髋关节骨关节炎的悬臂式鞋结构。该鞋结构包括悬臂式脚部支撑件，其具有锚定的外侧面和完全或部分悬臂式的内侧面。悬臂式脚部支撑件通过鞋和足的内侧传递力到鞋和足的外侧，从而降低膝内翻概率、减少髋内收肌扭矩，以防止或延迟膝关节和髋关节骨关节炎的发作，降低踝关节扭伤的风险。

2004 年，亚瑟士有限公司在美国申请的专利 US7380354B2 提出了一种带有带子的鞋，其包括鞋面、鞋底、沿着脚的侧面向上卷起的第一和第二卷起部，以及第一和第二带。第一带在脚的内侧的第一连接部分处固定到第一卷起部，第二带在脚的侧面上的第二连接部分处固定到第二卷起部。一对皮带大致在位于舟骨上方的位置处交叉。第一皮带可以沿着脚的内侧延伸到脚踝附近的路径以布置成张紧状态，第二皮带可以通过交叉位置沿着脚的内侧面的脚踝的外侧延伸到脚踝附近的路径以布置成张紧状态。

2009 年，阿迪达斯股份公司在欧洲申请的专利 EP2151170B1 提出了一种用于人体关节的支撑装置，主要用于脚踝的支撑。该支撑装置包括：主体，具有内侧部分、围绕脚踝设置的侧部及内表面；设置在主体中间部分空腔中的内侧支撑构件和设置在主体外侧部分空腔中的横向支撑构件中的至少一个；设置在主体的近侧部分上的带，该带具有紧固装置，紧固装置会在紧邻脚踝的小腿的前部产生第一水平的压力和在小腿的后部产生第二水平的压力；布置在主体的内表面上的一个或多个本体感受构件。

表 7-9　脚踝支撑防护技术的重点专利列表

公开（公告）号	申请（专利权）人	申请年	发明名称	简单法律状态	有效期（截止年）
EP0149573B1	阿迪达斯股份公司	1985	高帮的运动鞋或休闲鞋	失效	2005
US5177884A	萨洛蒙股份有限公司	1991	低帮鞋	失效	2010
US5353525A	Vistek Inc.	1991	可变支撑运动鞋	失效	2011
US5175947A	匡威公司	1992	有可拆卸脚踝支撑的鞋	失效	2011
US5243772A	匡威公司	1992	鞋外壳	失效	201
US5765298A	耐克创新有限合伙公司	1993	有加压踝关节支撑的运动鞋	失效	2015
US5775008A	马克·H. 布塞尔，托马斯·C. 洛特莫泽	1995	脚踝支架	失效	2015
US6079128A	鲍尔耐克曲棍球公司	1997	带有单件式塑料插入件的滑冰靴	失效	2013
US5896683A	耐克创新有限合伙公司	1997	限制踝部翻转和外翻的改进的鞋类物品	失效	2017
US6018892A	锐步国际有限公司	1997	用于鞋类物品的内部套环装置	失效	20170

续表

公开（公告）号	申请（专利权）人	申请年	发明名称	简单法律状态	有效期（截止年）
US6012726A	K2 Corporation	1997	具有温度依赖性支撑结构的直排轮滑鞋	失效	2017
US5865778A	詹姆斯·F. 约翰逊	1997	具有弹性可枢转脚踝支撑结构的鞋类	失效	2017
US6206403A	耐克创新有限合伙公司	1998	滑雪板绑定系统	失效	2018
US5992057A	锐步国际有限公司	1998	用于鞋类物品的捆扎和闭合系统	失效	2018
US6083185A	威廉·D. 拉蒙	1998	糖尿病治疗靴	失效	2014
US6112434A	Roller Derby Skate Corp.	1999	滑冰靴结构	失效	2017
US6226898B1	K2 Corporation	1999	双层衬垫速降滑雪靴	失效	2019
US6126626A	派克医疗合伙人有限公司	1999	定制运动脚踝支架	失效	2017
US6676618B2	亨利克·S. 安德森	2001	踝足矫形器及其制造方法	有效	2021
US7013586B1	耐克创新有限合伙公司	2003	带皮带的鞋类物品	有效	2023
US6948262B2	卡西·D. 凯瑞根	2003	悬臂式鞋结构	有效	2021
US7380354B2	亚瑟士有限公司	2004	带有带子的鞋	有效	2026
EP2151170B1	阿迪达斯股份公司	2009	关节支撑装置	有效	2029

7.8.3 足弓支撑防护技术主题分析

7.8.3.1 足弓支撑防护技术发展脉络

鞋类的足弓支撑防护技术在于在行走和运动时对使用者脚底的足弓位置提供支撑，采用额外的支撑结构附接到鞋底，有效防止不必要的劳损，多用于日常行走和扁平足等情况。在技术层面上，可以将足弓支撑防护技术划分为硬质支撑、弹性支撑和柔性支撑三个方面。

从足弓支撑的具体技术来看，硬质支撑和弹性支撑多是在脚底对应足弓的位置形成有力的支撑，缓解足弓的疲劳，而柔性支撑则主要采用包裹的形式，将足弓位置紧密包裹，施以力的支撑，以减少运动损伤。从时间线来看，由于足弓支撑技术的发展不完全依赖于运动需求，其起步相对较早，后期发展与脚踝支撑技术发展路线类似，在20世纪中叶，关于足弓支撑的技术蓬勃发展；进入21世纪后，关于足弓支撑的技术发展则进入了一个相对稳定的优化和完善时期，之前提出的各种基础技术方案不断向外辐射，既体现了人们越来越关注鞋类物品在穿着过程中的舒适度和性能提升，也标志着知识产权不断发展的趋势下各大企业越来越重视专利布局。本节主要针对足弓支撑防护技术的发展路线进行梳理，具体内容如图 7-28 所示。

对于硬质支撑结构，1902 年美国人珀西・J. M. 贡索普（Percy J. M. Gunthorp）提出了采用硬质托支撑足弓（US730366A）。为了加强支撑效果，英国的爽健（英国）有限公司、美国人米歇尔・马克（Michel Marc）及德国的彪马欧洲公司分别于 1979 年、1982 年和 1983 年提出通过在硬质托上设置便于弯曲的横向加强筋来加强硬质托的弯曲性能和支撑效果（SE438588B、US4435910A 和 US4546559A）。2003 年，Superfeet Worldwide Inc. 进一步强化了加强筋的结合使用（US6976322B1）。为了同时兼顾行走的动线，1986 年芬兰的 Karhu-Titan OY 采用顶点位于行走的翻转位置的倒三角形来契合行走的变化，以平整表面加强对足弓的支撑（EP0214431B1）。2009 年，英国人莫尼卡・舒马赫（Monika Schumacher）、罗伯特・泰格（Robert Tighe）和丹尼尔・维尔莫耶（Daniel Werremeyer）对支撑体形状做出进一步改良，以倒置的半圆形来契合行走的变化，更加符合行走动线（EP2303052B1）。

对于弹性支撑结构，1915 年美国人梅勒蒂奥斯・金（Meletios Golden）通过将弹性体填充在足弓位置，实现柔软舒适的支撑（US1236924A）。1961 年，美国人查尔斯・E. 奥唐奈（Charles E. O'Donnell）采用上下差异化的双密度支撑结构，优化了对足弓的支撑（US3084695A）。1976 年，美国的 Falk Construction, Inc. 采用低温热塑材料，通过用户直接踩入完成足弓支撑的定型，实现定制化的制备（US4128951A）。整体来说，单纯的弹性支撑技术发展较为单一，支撑强度也常常不够，因此没有较为丰富的发展脉络。

对于弹性支撑与硬质支撑相结合的"刚柔并济"型舒适支撑结构，1943 年美国人迈耶・玛格琳（Meyer Marggolin）结合硬质托和弹性垫的优势，实现了支撑性能和舒适度的高效结合（US2408792A）。1979 年，美国人米歇尔・R. 莫舍（Mitchell R. Mosher）进一步优化了支撑结构的硬度分配（US4232457A）。1990 年，渥弗林国际有限公司进一步结合弹簧板，加强支撑性能（US5052130A）。2002 年，美国人约瑟夫・P. 波利弗罗尼（Joseph P. Polifroni）采用缓冲层、柔性层和刚性层多层复合的结构，实现支撑结构的全面优化（US6854199B2）。2009 年，Tensegrity Technologies, Inc. 结合足弓位置的压力分布，通过等压线设计完成足弓支撑结构的压力设计（CA2712240C）。

对于柔性支撑结构，1925 年美国人威尔伯特・卢卡斯（Wilbert Lucas）以简单的扎带结构实现对足弓的支撑（US1572213A）。美国人埃德温・L. 奥雷利（Edwin L. O'Reilly）和英国人 H. 迈吉德森（H. Magidson）分别于 1960 年和 1971 年提出采用流体垫配合足弓位置实现更具适应性的支撑（US3121430A 和 GB1330193A）。美国的斯科特体育用品股份有限公司（SCOTT Sports SA）和 Ballet Makers Inc. 分别于 1977 年和 1995 年提出利用柔性的衬垫配合缠绕扎带强化对足弓的支撑（GB1583588A 和 US6076284A）。美国的 Ballet Makers Inc. 和耐克创新有限合伙公司分别于 2005 年和

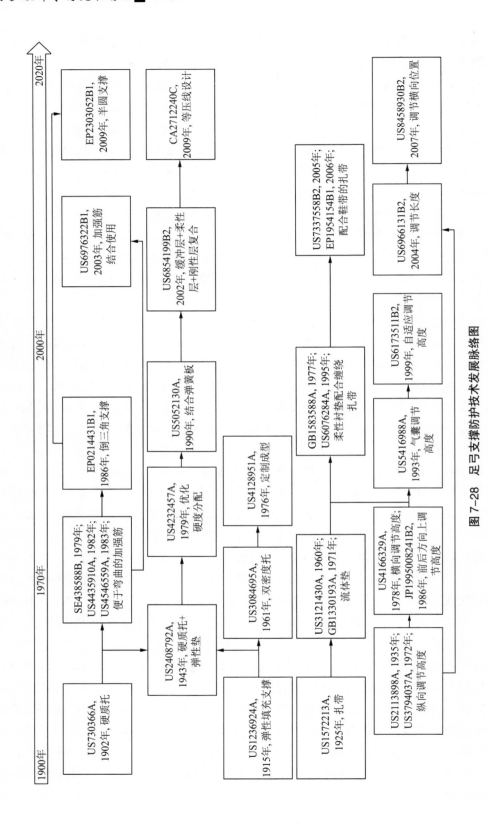

图 7-28 足弓支撑防护技术发展脉络图

2006 年提出将包裹足弓的扎带结合到鞋带中以实现固定，减少过多的缠绕结构（US7337558B2 和 EP1954154B1）。

对于足弓支撑结构的调节和控制，美国人弗朗西斯·B. 尼胡斯（Francis B. Nehus）和威廉·M. 马特森（William M. Matteson）分别于 1935 年和 1972 年提出在纵向上设置螺钉或者其他推动结构，实现足弓支撑结构的高度调节（US2113898A 和 US3794037A）。1978 年，美国人查尔斯·A. 赫比格（Charles A. Herbig）提出在横向上设置推动结构，实现足弓支撑结构的高度调节（US4166329A）。1986 年，意大利的 Calzaturificio Tecnica S. p. A. 提出在前后方向上设置推动结构，实现足弓支撑结构的高度调节（JP1995008241B2）。1993 年，美国的耐克创新有限合伙公司结合气垫结构，实现足弓支撑结构的高度调节，进一步完善了其对气垫鞋的专利布局（US5416988A）。1999 年，美国人罗纳德·佩罗（Ronald Perrault）提出了一种自适应的高度调节结构（US6173511B2）。除了足弓支撑结构的高度调节以外，2004 年美国人小杰克·K. 格里尔（Jack K. Greer Jr.）和约翰·C. 麦克拉肯（John C. Mccracken）实现了足弓支撑结构的长度调节（US6966131B2），2007 年新景株式会社实现了足弓支撑结构的横向位置调节（US8458930B2）。

7.8.3.2 足弓支撑防护技术重点专利分析（表 7-10）

1997 年，阿迪达斯股份公司在欧洲申请的专利 EP0925000B2 提出了一种组合的底盘和泡沫插入组件。底盘包括拱形支撑凸缘，其位于足弓的下方并为其提供结构支撑。凸缘的尺寸和形状可根据所需的支撑量进行调整。两个凹口在凸缘的底部切入底盘，以允许底盘绕其纵向轴线扭转。这些凹口的长度或宽度决定了底盘绕其纵向轴线的扭转挠性。与足弓支撑凸缘相邻的是向下凸出的凸起，其用于将底盘对准并保持在鞋内的适当位置。

2002 年，锐步国际有限公司在美国申请的专利 US6925734B1 提出了一种鞋，其具有从鞋的内部延伸到鞋的外部的足弓支撑件，可以从鞋的外部调节足弓支撑件。拱形支撑件包括带子，每根带子具有形成在其中的滑动槽，每根带子的一端有表带孔眼。该鞋的鞋面具有将上面板和下面板分开的狭缝开口，足弓支撑件位于鞋内，并延伸穿过狭缝开口。铆钉连接上面板和下面板，铆钉还与拱形支撑件上的滑动槽对齐并延伸，因此，带子可以沿着铆钉滑动以收紧或松开鞋内的足弓支撑件。

2003 年，Superfeet Worldwide, Inc. 在美国申请的专利 US6976322B1 提出了一种一件式模制矫正插入件，其具有用于引导和控制足部运动的形状。插入件具有整体主体，该主体由刚性的、柔性的或者基本上不可压缩的材料制成，可以与鞋子一起弯曲但不会被压缩或变形，从而在整个步态周期保持正确的形状。插入件包括凸起的拱形部分，该凸起的拱形部分由多个位于其下部的垂直肋支撑。肋间隔开并且彼此没有连接，当插入件沿其纵向轴线弯曲时，肋的下边缘能够扩展，并且使插入件在行走时大致均匀地弯曲而不发生变形。覆盖肋的材料层的厚度与主体的厚度接近，并且肋也具有大致相似的厚度，便于通过注射成型制造。悬垂脊部围绕插入件的下表面延伸，用于压入鞋内底，从而稳定插入件以防止其在鞋中滑动或移位。

2005年，耐克创新有限合伙公司在美国申请的专利US8225534B2提出了一种鞋类物品，其包括鞋面和固定到鞋面的鞋底结构。鞋底结构可包括柔性足弓支撑件，为穿着者的足弓提供支撑，同时允许足弓支撑件弯曲并与穿着者的足部相分离。柔性足弓支撑件可包括多个可铰接的节段，这些节段从静止位置开始可相对于离开穿着者的脚的方向旋转，同时抵抗沿相反方向的铰接。鞋面包括可铰接的带子，其将鞋类物品固定到穿着者的脚部，同时为脚部弯曲或其他运动提供柔韧性。

2005年，先灵－葆雅医疗保健产品股份有限公司（Schering-Plough Healthcare Products，Inc.）在欧洲申请的专利EP1623642B1提出了一种可拆卸的鞋垫，用于插入鞋内，包括鞋前部、鞋跟部，以及将鞋前部和鞋跟部连接在一起的足弓部。鞋前部、鞋跟部和足弓部中的至少一个包括使用弹性材料的下层，该下层提供缓冲功能。上层使用肖氏硬度小于45、撕裂强度大于6.3 lb/in的材料，固定在下层的顶部上。

2005年，步幅器械矫形股份有限公司在中国香港申请的专利HK1069959A1提出了一种具有第一部分和第二部分的矫正插入物，第二部分由比第一部分具有更高抗变形性的材料制成。插入物可热成型以符合使用者的足部。第一部分为前脚提供支撑；第二部分基本上为U形或J形，其围绕脚跟区域延伸并进入使用者足部的足弓区域。两个部分均优选由可热成型的乙基乙酸乙烯酯制成。

2005年，马西莫·洛西奥（Massimo Losio）在美国申请的专利US8333023B2提出了一种复合鞋内底，其具有前部和后部。前部设计成在跖骨区域且至少部分地在足弓处与脚相互作用；后部设计成与脚跟相互作用。后部具有至少一层凝胶材料层，其尺寸与后部尺寸基本相同，以均匀地支撑后跟并吸收作用在其上的应力。

2005年，M.泽尔纳在中国申请的专利CN101548806B提出了一种具有整体的旋后肌装置的运动鞋和类似物品，更具体地，涉及一种与运动鞋、袜或矫形器一体的用于防止脚和踝损伤的旋后肌绑带。旋后肌绑带包括足弓支持带，足弓支持带位于鞋底部，刚好在足弓区域之下，环绕鞋内侧及鞋顶部，向鞋外侧延伸。旋后肌绑带还包括后部踝支持带，后部踝支持带从足弓支持带横向延伸，并且从鞋内侧环绕后部踝或脚跟，向鞋外侧缠绕。后部踝支持带和足弓支持带优选都是充分可调整的。在鞋被穿着时，旋后肌绑带向脚和踝提供额外的支持，从而有助于防止由脚和踝的过度旋后或旋前引起的损伤。

2005年，PSB Shoe Group LLC在美国申请的专利US7694437B2提出了一种带有悬挂矫正系统的鞋，其包括至少一个三维底盘，该底盘配置了鞋跟杯，可提供主要支撑并确定鞋的形状。底盘接收鞋床，鞋床包括与第二材料整体形成的第一材料，两种材料均用于提供矫正作用。鞋底包括多个吊舱，吊舱选择性地布置并连接到底盘以主动地悬吊底盘和鞋床。该鞋还可包括动态足弓支撑系统，支持手动或自动调节鞋的足弓区域。该专利提供生物力学优势，使鞋子变得更轻、更舒适，也更时尚。

2006年，耐克创新有限合伙公司在欧洲申请的专利EP1954154B1提出了一种用于鞋类物品的定向柔性杆，其为使用者的脚的底部提供支撑，同时为一个或多个特定方向上的脚运动提供灵活性。定向柔性杆的柄部也可以支撑足弓。定向柔性杆可包括多个可铰接部分，其可在一个方向上相对于彼此容易地旋转，从而允许定向柔性杆离开脚部弯曲，同时限制铰接部分。在相反方向上，可铰接部分通过铰链结构彼此连接，铰链结构可包括由热塑性材料形成的活动铰链。铰链结构还可以由附接到定向柔性杆的底部的柔性片形成。

2007 年，渥弗林国际有限公司在中国香港申请的专利 HK1099493A1 提出了一种旨在解决女性特有的生物力学特征的鞋类物品组件，其包括位于第二跖骨远端头部下方的区域，以及延伸穿过第五跖骨远端头部和近端的侧向对齐部分。侧向对齐部分提供相对牢固的抗压缩性。鞋底部件还可以包括位于第五跖骨的远端头部下方的前脚固定部分。前脚固定部分提供相对柔软的抗压缩性。鞋底部件还可以包括内侧对齐部分，内侧对齐部分沿着部件的内侧从后跟穿过足弓部延伸。

2008 年，Spenco Medical Corporation 在欧洲申请的专利 EP2192848B1 提出了一种三重密度替换鞋垫，其具有至少两个不同密度的共同延伸层，这些延伸层彼此相邻并纵向延伸以使其长度与鞋垫的长度一致。鞋垫包括第一顶布层、第二凝胶层和邻近凝胶层的稳定支架的第三密度层。稳定支架从拱形区域延伸到跟部区域并固定到凝胶层，限定了暴露凝胶层的第一跖骨区域间隙和暴露凝胶层的第二跟部区域间隙。后跟垫定位在与凝胶层相邻的第二跟部区域间隙中，并固定于该区域中暴露的凝胶层。跖骨支撑件整体形成在第一跖骨区域间隙中。

2009 年，耐克创新有限合伙公司在欧洲申请的专利 EP2278894B1 提出了一种带有集成的弓带和保护鞋带眼孔的鞋类物品。一体式足弓部件可为足弓提供支撑，可通过收紧弓带来调节鞋的宽度。同年，耐克创新有限合伙公司在欧洲还申请了专利 EP2299860B1，提出了一种带有足弓包裹物的鞋类物品。足弓包裹物可为中足提供支撑。足弓包裹物可以包括多个孔眼，这些孔眼构造成接收鞋面鞋带系统中的鞋带。

2009 年，先灵－葆雅医疗保健产品股份有限公司在加拿大申请的专利 CA2747958C 提出了一种用于缓解关节炎疼痛的鞋内底，其包括用于足弓支撑的刚性外壳层、顶布、上缓冲垫层及用于缓冲的下部柔软层。刚性外壳层包括壳孔，下部柔软层包括下层孔，上缓冲垫层的一部分延伸通过下层孔以实现缓冲。

2009 年，伊科斯克有限公司在美国申请的专利 US10165821B2 提出了一种特别适合用于跑鞋的鞋底。该鞋底具有允许聚氨酯注入的鞋底夹层、纵向延伸的鞋钉和鞋外底。柄部从鞋底的鞋前部延伸穿过足弓区域到鞋跟区域，并且在鞋跟区域具有开口，用于在注射鞋底夹层的聚氨酯期间接收聚氨酯。此外，柄部具有用于接收舒适元件的空腔，该舒适元件具有比中底的聚氨酯更高的弹性，为鞋底提供改善的能量吸收和能量返回性能。柄部在鞋跟区域发生偏移以比在拱形区域中更靠近外底。该鞋底质量小，穿着舒适。

2010 年，耐克创新有限合伙公司在美国申请的专利 US8850721B2 提出了一种具有一对拱形构件的鞋类物品。该拱形构件提供鞋底的鞋前部分和鞋跟部分之间的唯一结构连接。同年，耐克创新有限合伙公司还在美国申请了专利 US8813390B2，提出了一种全长复合板，由具有一定伸长率的复合材料制成，可作为鞋类物品外底组件的一部分。该全长复合板可包括后跟杯，用于改善脚跟稳定性和提供牵引力；沿拱形区域的两个成角度部分，提供拱形支撑；沿拱形区域的两个平坦边缘。鞋前部区域可以比足弓区域和鞋跟区域相对更平坦，并且优选沿着足前的一部分设置凹口以增加柔韧性。

2011 年，默沙东消费保健公司申请的专利 MX342528B 提出了一种鞋内底，其通过提供从脚后跟延伸到脚前掌的基层和从基层的顶部凸出的凸起部分来增加高跟鞋的舒适性，鞋内底基本上位于足弓下方，其中凸起部分可以支撑足底筋膜。

2017 年，渥弗林国际有限公司在美国申请的专利 US10271614B2 提出了一种用于鞋类物品的鞋底组件，其具有鞋底夹层，该鞋底夹层在鞋前部和鞋跟部中限定侧壁通道。鞋前部和鞋跟部中的通道终止于拱形。鞋底组件包括设置在鞋底夹层下方的板。该板可包括弓形部分和从弓形部分延伸的多个腿，多个腿包括外侧前脚腿、内侧前脚腿、外侧脚后跟腿和内侧脚后跟腿，外侧前脚腿和内侧前脚腿之间隔开并设置在前脚掌部分的相对侧。外侧脚后跟腿和内侧脚后跟腿之间隔开并设置在脚后跟部分的相对侧。

2017 年，黛沙美瑞卡 D/B/A 珀尔伊祖米美国股份有限公司在美国申请的专利 US10123584B2 提出了一种用于鞋类的可拆卸且可调节的插入件，其具有放置在鞋内底或鞋底夹层中的狭槽，以允许进入鞋内底或鞋底夹层的足弓或跗骨区域。放置在狭槽中的插入件用于确定拱形在鞋垫的顶部表面的其余部分上方凸出多少。提供具有不同厚度的一个或多个插入件，使拱形的高度可以由使用者或者在第三方（如医生或训练者）的指导下调整。

2018 年，阿迪达斯股份公司在美国申请的专利 US10667576B2 提出了一种用于鞋底的支撑元件及其制造方法。该支撑元件包括由第一材料形成的第一部分构件和由第二材料形成的第二部分构件。第一部分构件在连接区域中机械地连接到第二部分构件，其中连接区域构造成允许第一部分构件相对于第二部分构件旋转或滑动。可以在单个制造步骤中将第一部分构件、第二部分构件和连接区域共模制并结合在一起。

表 7-10　足弓支撑防护技术的重点专利列表

公开（公告）号	申请（专利权）人	申请年	发明名称	简单法律状态	有效期（截止年）
EP0925000B2	阿迪达斯股份公司	1997	具有内部底盘的鞋	失效	2017
US6925734B1	锐步国际有限公司	2002	带有拱形支撑件的鞋子	有效	2022
US6976322B1	Superfeet Worldwide，Inc.	2003	模制矫正插入件	有效	2023

公开（公告）号	申请（专利权）人	申请年	发明名称	简单法律状态	有效期（截止年）
US8225534B2	耐克创新有限合伙公司	2005	具有柔性拱形支撑件的鞋类物品	有效	2025
EP1623642B1	先灵-葆雅医疗保健产品股份有限公司	2005	可拆卸的鞋垫	有效	2025
HK1069959A1	步幅器械矫形股份有限公司	2005	矫正插入物及其制造方法	有效	2023
US8333023B2	马西莫·洛西奥	2005	复合鞋内底及其制造方法	有效	2027
CN101548806B	M. 泽尔纳	2005	具有整体的旋后肌装置的运动鞋和类似物品	有效	2025
US7694437B2	PSB Shoe Group LLC	2005	带有悬吊矫正系统的鞋及其制造方法	有效	2027
EP1954154B1	耐克创新有限合伙公司	2006	用于鞋类物品的定向柔性杆	有效	2026
HK1099493A1	渥弗林国际有限公司	2007	可解决女性特有的生物力学特征的鞋类物品组件	有效	2023
EP2192848B1	Spenco Medical Corporation	2008	三重密度替换鞋垫	有效	2028
EP2278894B1	耐克创新有限合伙公司	2009	带有集成弓带的鞋类物品	有效	2029
EP2299860B1	耐克创新有限合伙公司	2009	带有足弓包裹物的鞋类物品	有效	2029
CA2747958C	先灵-葆雅医疗保健产品股份有限公司	2009	用于缓解关节炎疼痛的鞋内底	有效	2029
US10165821B2	伊科斯克有限公司	2009	鞋子的鞋底	有效	2030
US8850721B2	耐克创新有限合伙公司	2010	具有一对拱形构件的鞋类物品	有效	2032
US8813390B2	耐克创新有限合伙公司	2010	用于鞋类物品的全长复合板	有效	2026
MX342528B	默沙东消费保健公司	2011	高跟鞋的鞋内底	有效	2029
US10271614B2	渥弗林国际有限公司	2017	用于鞋类物品的鞋底组件	有效	2035
US10123584B2	黛沙美瑞卡 D/B/A 珀尔伊祖米美国股份有限公司	2017	可调节鞋底支撑系统	有效	2027
US10667576B2	阿迪达斯股份公司	2018	用于鞋底的支撑元件及其制造方法	有效	2035

7.8.4　抓地稳定防护技术主题分析

7.8.4.1　抓地稳定防护技术发展脉络

鞋类的抓地稳定防护技术是在普通的防滑鞋底的基础上进一步发展延伸出来的，是比钉状、爪状等结构更为强化的抓地结构，保证了鞋底的抓地稳定性能，多用于运动场合。在技术层面上，可以将抓地稳定防护技术划分为抓地结构的安装方式、形状改良、分布优化和抓地面的性能提升四个方面。

针对抓地稳定结构的具体技术，从时间线来看，由于抓地稳定结构属于对防滑鞋底的进一步提升，其起步相对较晚，但是发展迅速，20世纪末各方向的技术都有了明显的进步和发展，而进入21世纪后，抓地稳定防护技术的发展则主要集中在抓地结构与鞋底的连接及抓地结构的分布改良方面，追求更为稳定的使用和更为科学的力学性能管理。本节主要针对抓地稳定防护技术的发展路线进行梳理，具体内容如图7-29所示。

对于抓地结构的安装方式，1969年美国人路易斯·J. 莫法（Louis J. Moffa）采用螺纹嵌装方式将用作抓地结构的鞋钉安装到鞋底中（US3552043A）。1991年，特利运动有限公司在螺纹嵌装结构的基础上进一步增加了辅助定位结构（US5321901A）。1992年，美国人杰弗里·A. 辛克（Jeffrey A. Sink）通过安装滑槽实现可拆卸的安装，以便适用于更多的使用环境（US5197210A）。美国人大卫·F. 梅森（David F. Meschan）及耐克创新有限合伙公司分别于1993年和1995年提出了一种旋转式的可拆卸结构（US5615497A和US5628129A）。当然，除了拆卸安装，可调式安装也能够使抓地结构适用于更多的使用环境，并且避免了单独存放的麻烦。1993年，美国人尼尔·M. 戈德曼（Neil M. Goldman）采用气囊式的伸缩结构实现对抓地结构的调节（US5299369A）。同年，美国人托马斯·H. 里克（Thomas H. Ricker）采用推杆式伸缩结构实现对抓地结构的伸缩调节（US5337494A）。同年，美国人唐纳德·R. 默瑟（Donald R. Mercer）利用偏压弹簧实现对抓地结构的伸缩调节（US5289647A）。2008年，美国人肯尼斯·R. 迪克森（Kenneth R. Dixon）和黛布拉·迪克森（Debra Dixon）结合凸轮实现抓地结构的伸缩调节（US8122617B1）。另外，除了可变式的安装，固定安装的加强也是一个重点，美国人大卫·L. 科尔森（David L. Korsen）及麦克尼尔工程公司分别于1995年和1996年将内嵌或转接的安装板作为抓地结构的载体，加强了抓地结构与鞋底之间的结合（US5638615A和US5768809A）。德国的阿迪达斯股份公司及意大利的AL. Pl. srl分别于2002年和2003年采用弹性嵌合和铰连安装的方式实现抓地结构与鞋底的结合（US6748677B2和US7269916B2）。2009年，美国的特利运动有限公司利用内嵌式转接板实现对抓地结构的安装（US7946062B2）。

对于抓地结构的形状改良，1980年美国的BRS Inc. 采用不同形状的凸起组合形成抓地结构，提高了稳定性（US4327503A）。1983年，美国的新平衡运动鞋公司提出在跖骨位置形成错位分布，避免过度受力（US4574498A）。1993年，美国的

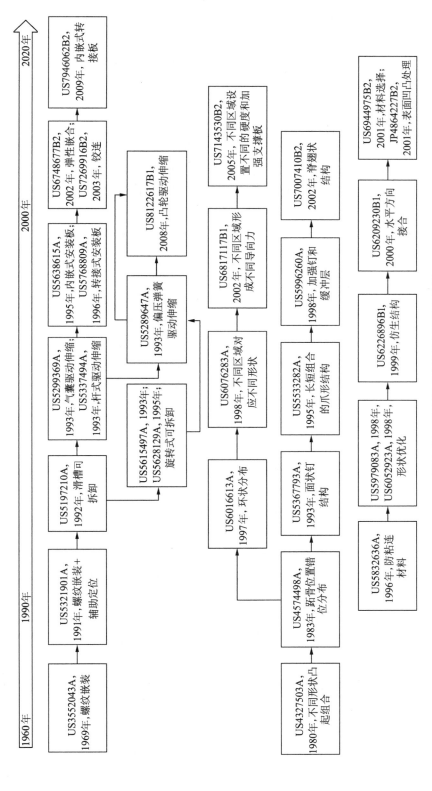

图 7-29 抓地稳定防护技术发展脉络图

Warm Springs Golf Club, Inc. 提出采用面状钉结构增大抓地面积（US5367793A）。1995 年，日本的亚瑟士有限公司提出以长短组合的爪形结构加强抓地性能（US5533282A）。1998 年，MacNeil Engineering Company, Inc. 提出辅以加强钉和缓冲层来综合提升稳定性与舒适性（US5996260A）。2002 年，美国的耐克创新有限合伙公司提出了一种脊翅状的抓地结构（US7007410B2）。

对于抓地结构的分布优化，1997 年美国的耐克创新有限合伙公司提出采用环状分布的抓地结构提升抓地结构的稳定性（US6016613A）。1998 年，美国的 SRL, Inc. 提出根据脚底不同区域的抓地性能需要采用不同形状的抓地结构（US6076283A）。2002 年，美国的耐克创新有限合伙公司提出根据脚底不同区域的抓地性能需要形成不同的导向力（US6817117B1）。2005 年，耐克创新有限合伙公司又提出根据脚底不同区域的抓地性能需要设置不同的硬度和支撑加强板（US7143530B2）。

对于抓地面的性能提升，1996 年美国的耐克创新有限合伙公司提出在抓地面上设置防粘连材料，保持鞋底清洁（US5832636A）。1998 年，美国的阿库施耐特公司和 Softspikes, Inc. 各自针对抓地结构的形状进行优化，在避免黏泥的情况下保证足够的抓地稳定性能（US5979083A 和 US6052923A）。1999 年，美国的耐克创新有限合伙公司在抓地面上引入仿生结构（US6226896B1）。2000 年，美国人约翰·J. 科里（John J. Curley）增加了水平方向的接合凸起，保证抓地效果（US6209230B1）。2001 年，美国的 E. S. Originals, Inc. 和日本的兵库县鞋业株式会社分别通过材料选择和表面凹凸处理，避免不必要的粘连（US6944975B2 和 JP4864227B2）。

7.8.4.2 抓地稳定防护技术重点专利分析（表 7-11）

1993 年，Softspikes, Inc. 在美国申请的专利 US5367793A 提出了一种可替换的冬季高尔夫球鞋钉，用于替代标准金属鞋钉。该冬季高尔夫球鞋钉优选具有由耐用塑料型材料以单一整体方式模制的主鞋钉主体。螺纹螺柱形成在大致凹凸缘的上表面上并从其轴向凸出，多个牵引肋形成在凹凸缘的底部牵引表面上。虽然肋可以以各种构型存在，但它们优选是以从凹面中心发出的径向方式布置的三角形脊。

1995 年，大卫·L. 科尔森在美国申请的专利 US5638615A 提出了一种鞋钉装置，其允许快速互换或更换夹紧元件。该鞋钉装置包括鞋底附接板，其具有向下悬垂的稳定器轴，多个弹簧指状物固定到鞋底附接板，还包括尖钉构件，该尖钉构件具有设置用于接收稳定器轴的凹形底座，其与弹簧指状物配合，以便牢固地保持尖钉构件并且不会横向移动到附接板和轴。尖钉构件、底座及弹簧指状物的接合表面的圆形结构允许尖钉构件相对于底座旋转运动，以防止旋转应力，否则旋转应力可能会使鞋底附接板从鞋底撕裂。刚性接触表面仅允许从底座中单向移除尖钉构件，以确保弹簧锁机构的完整性。

1995 年，亚瑟士有限公司在美国申请的专利 US5533282A 提出了一种跑鞋，用于田径和赛道活动。该跑鞋具有鞋底，位于鞋底前部的硬板包括多个柱状凸起和多个短的凸出部分，多个短的凸出部分终止于柱状凸起之外。硬板包括从其相邻的周围表面凸出并且位于表面中心区域中的弹性区域，弹性区域在运动期间可施加最大的压缩载荷。

1995 年，耐克创新有限合伙公司在美国申请的专利 US5628129A 提出了一种用于运动鞋的鞋底，其包括鞋底板和延伸穿过鞋底板的多个开口。插入件从开口位置嵌入鞋底板内，并且每个插入件的内侧壁限定用于接收防滑板元件的接收开口。每个接收开口具有围绕其周边设置的多个接合凹口。该专利还提供了多个可拆卸的防滑钉元件。防滑钉元件包括基座构件和牵引构件，基座构件具有从其周边向外延伸的多个接合凸起。为了便于连接，每个楔形元件定位在一个接收开口中，使接合凸起与接合凹口对齐。然后，防滑钉元件通过旋转可拆卸地固定在鞋底板的插入件内。

1996 年，Korkers Products, Inc. 在美国申请的专利 US5836090A 提出了一种用于附接在鞋靴上以在光滑表面上提供牵引力的防滑凉鞋。该防滑凉鞋具有底板、围绕底板周边的直立侧壁，以及附接到直立侧壁的带子，用于将防滑凉鞋固定在鞋靴上。防滑凉鞋可以配备有可更换的鞋钉，该鞋钉从凉鞋的底部表面凸出，以抵抗凉鞋下表面的滑动。可更换的鞋钉具有螺纹轴，螺纹轴由螺纹螺母接收，螺纹螺母模制在底板的底部表面中。

1997 年，斯坦·霍克森（Stan Hockerson）在美国申请的专利 US6145221A 提出了一种带有防滑钉框架的防滑运动鞋。该防滑钉框架具有防滑钉支撑件，防滑钉支撑件向下延伸穿过形成在鞋底中的开口。防滑钉支撑件带有防滑钉，防滑钉具有在鞋底的底表面下方延伸的部分，用于为穿着者提供牵引力。楔形防滑钉支撑件以一种方式连接到楔形防滑钉框架，当鞋子被加重时，楔形防滑钉支撑件将来自防滑钉的向上的力传递到楔形防滑钉框架中。

1999 年，耐克创新有限合伙公司在美国申请的专利 US6226896B1 提出了一种主要适合户外使用的鞋类，其包括具有山羊蹄状牵引元件的鞋底。该鞋底的内部区域设置有多对相对柔软的凸出荚，而围绕内部区域的周边区域包括设置在荚的相对侧上的多个相对硬的凸耳。吊舱在凸耳下方并向下延伸，使凸耳可以与地面接触并被压缩。压缩可缓冲初始冲击并增加与地面的接触面积，以提高坚固光滑表面上的牵引力。压缩也带来了凸耳初次接触后的地面接合，以提高不规则且柔软的地面上的稳定性和牵引效果。

2000 年，弗里斯·W. 麦克穆林（Faris W. Mcmullin）在美国申请的专利 US6305104B1 提出了一种防滑钉，其在高尔夫球鞋（或用于其他草皮运动的鞋）中提供牵引力而不会对草皮产生不利影响，同时在尽可能多的不同条件下提供所需水平的牵引力，且能够抵抗在坚硬表面上产生的磨损。防滑钉具有轮毂，该轮毂具有用于附接到鞋底容器的附接螺柱，以及至少一个牵引元件，其从凸缘大致横向延伸以接合草皮提供牵引力而不破坏草皮。牵引元件可偏转地连接到轮毂上，优选通过弹性臂连接到轮毂上，弹性臂在其端部具有草皮接合部分。牵引元件优选从轮毂的平面悬臂伸出，并且在任何情况下遇到硬表面时挠曲，以保护草皮接合部分免受磨损。

2002 年，耐克创新有限合伙公司在美国申请的专利 US6817117B1 提出了一种用于运动鞋的外底，特别适合用于高尔夫球鞋，其具有多个抵抗平行于地平面的旋转运动的牵引元件。外底的前脚区域中的牵引元件具有面向外侧边缘的抗蚀剂表面，外底的后脚区域中的牵引元件具有抵抗表面。牵引元件的抗蚀剂表面基本上垂直于外底的基部表面，牵引元件的其他表面可以连接到基部表面。牵引元件可具有锯齿状表面。多个牵引元件可沿前脚区域中的纵向和径向阵列布置。

2002 年，美津浓株式会社在美国申请的专利 US6748675B2 提出了一种用于运动鞋的鞋底组件，其包括上层、中间层和下层，三层形成一体。上层和下层由软弹性材料形成，如泡沫橡胶等。中间层具有由合成树脂或合成橡胶制成的片材，其硬度大于上层和下层。片材具有多个截头呈圆锥形的凸起或楔子，即是防滑钉，其向下凸出并与片材一体形成。下层具有多个通孔，这些通孔可接收插入其中的楔子。由软弹性材料制成的下层确保了抓地性能和减震性能。防滑钉的远端的边缘部分通过接触地面而提升抓地性能。

2002 年，耐克创新有限合伙公司在美国申请的专利 US7007410B2 提出了一种楔形鞋，其包括鞋面，用于将穿着者的脚保持在具有外底板的鞋底上。外底板包括预定的第一跖骨区域，第一跖骨区域通常覆盖人脚的相应骨架结构。多个地面接合构件从外底板向下延伸，以在地面上提供牵引力。外底板包括位于第一跖骨区域的外侧和内侧的向下延伸的跖骨支架，以减小支柱压力并提供牵引力控制。外底板可包括远侧趾骨区域和预定的近侧趾骨区域。第一地面接合构件位于远侧趾骨区域中，第二地面接合构件位于近侧趾骨区域中，以便向前移动。

2002 年，耐克创新有限合伙公司还在美国申请了专利 US6826852B2 和 US7181868B2。专利 US6826852B2 提出了一种具有鞋面和鞋底结构的鞋类物品。鞋底结构包括缓和板及牵引板。缓和板连接到鞋面，牵引板连接到缓和板，从而在板之间形成空隙。牵引板用作鞋底的地面接合部分，并包括多个提供牵引力的凸起。这些凸起可以在运行周期内衰减冲击力并吸收能量。专利 US7181868B2 提出了一种鞋类物品，其包括用于保持穿着者的脚的鞋面和具有外底板的鞋底。几个地面接合构件从外底板向下延伸以提供牵引力。外底板包括由超弹性形状记忆材料或镍钛合金构成的柔性控制构件。柔性控制构件可以连接到外底板的内表面或底表面。外底板可包括后足区域、中足区域和第一跖骨区域，以上区域通常对应于人脚的骨架结构。柔性控制构件从后足区域的内侧延伸穿过中足区域并进入外底板的第一跖骨区域，地面接合构件可定位成从柔性控制构件的位置向下延伸。

2002 年，阿迪达斯股份公司在美国申请的专利 US6748677B2 提出了一种具有至少一个插座和至少一个螺柱的鞋底，插头可通过将螺柱的紧固凸起插入插座中而可释放地安装在插座内。紧固凸起包括第一锁定构件，以及具有第二锁定构件的柔性壁。当紧固凸起插入插座中时，柔性壁被偏转，直到第一和第二锁定构件接合。

2004 年，耐克创新有限合伙公司申请的专利 US6941684B2 提出了一种与搭扣配合的可替换的地面接合构件，其在施加非旋转力（特别是手动力）的情况下是可接合的。该地面接合构件特别适合用于改变鞋类物品的地面接合特性。

2004 年，约瑟夫·L. 昂加里（Joseph L. Ungari）在美国申请的专利 US7194826B2 提出了一种用于鞋类物品的鞋底结构，其包括鞋底和至少一个可枢转地连接到鞋底的鞋钉组件，使鞋钉组件的中间部分和外侧部分可相对于鞋底向上、向下移动。鞋面可以固定到鞋底结构上以形成鞋类物品。

2004 年，耐克创新有限合伙公司申请的专利 US7430819B2 提出了一种鞋类物品。该鞋类物品包括鞋面和附接到鞋面的鞋底，鞋底包括从鞋底延伸的地面接合构件，地面接合构件具有尖端部分，该尖端部分可定位在相对于多个预定高度中的其中一个预定高度处。在鞋底部分中，尖端部分构造成可朝向鞋底弹性压缩以在预定高度之间移动，还包括在连接器中的槽，用于相对于连接器锁定尖端部分。

2005 年，耐克创新有限合伙公司在美国申请了专利 US7143530B2 和 US7441350B2。专利 US7143530B2 提出了一种足球鞋，其包括鞋帮和连接到鞋帮的防滑板组件。防滑板组件还包括位于内侧的内侧支撑杆和位于外侧的侧向支撑杆。位于内侧支撑杆的中足部分附近的防滑板组件部分比位于侧向支撑杆的中足部分附近的防滑板组件部分更硬。内侧支撑杆大致从对应于穿着者的跟骨后部的区域延伸到大约第一跖骨的头部。侧向支撑杆大致从对应于穿着者的跟骨后部的区域延伸到大约第五跖骨的头部。防滑板组件黏合到缓冲鞋底夹层，其可通过加热和压缩乙烯乙酸乙烯酯泡沫形成。衬里覆盖衬垫领并在鞋的脚接收区域内延伸，其在围绕穿着者的后跟部的足部接收区域的一部分上基本没有间断。专利 US7441350B2 提出了一种鞋类物品，其包括具有不同表现的侧向和中间区域的鞋底。鞋底包括地面接合构件，可提供牵引力，并且其中的一个区域优选为横向区域，还包括从鞋底延伸并且在脚跟到脚趾方向上跨越一对相邻的地面接合构件的稳定构件。地面接合构件可具有主体和尖端部分。每个尖端部分可以与其相应主体的全部或一部分一体形成。内侧和外侧区域包括具有不同特征和尺寸的支撑构件，用于加强地面接合构件并提供增强的柔韧性。

2005 年，阿迪达斯股份公司在美国申请的专利 US7481009B2 提出了一种用于鞋底的可释放的鞋钉。可释放的螺柱包括螺柱主体和连接到螺柱主体的第一紧固机构。第一紧固机构可磁性操作并且与鞋底的第二紧固机构相互作用。鞋底包括至少一个鞋钉和至少一个容器，该容器包括用于鞋钉的第二紧固机构。第一紧固机构和第二紧固机构中的至少一个可磁性操作以将螺柱可释放地紧固到容器中。

表 7-11　抓地稳定防护技术的重点专利列表

公开（公告）号	申请（专利权）人	申请年	发明名称	简单法律状态	有效期（截止年）
US5367793A	Softspikes, Inc.	1993	可替换的冬季高尔夫球鞋钉	失效	2012

公开（公告）号	申请（专利权）人	申请年	发明名称	简单法律状态	有效期（截止年）
US5638615A	大卫·L.科尔森	1995	鞋钉装置	失效	2014
US5533282A	亚瑟士有限公司	1995	跑鞋	失效	2015
US5628129A	耐克创新有限合伙公司	1995	具有可拆卸牵引构件的鞋底	失效	2015
US5836090A	Korkers Products，Inc.	1996	用于附接在鞋靴上的防滑凉鞋	失效	2016
US6145221A	斯坦·霍克森	1997	带有防滑钉框架的防滑运动鞋	失效	2017
US6226896B1	耐克创新有限合伙公司	1999	带有山羊蹄状牵引元件的鞋类	失效	2017
US6305104B1	费里斯·W.麦克穆林	2000	防滑钉	失效	2018
US6817117B1	耐克创新有限合伙公司	2002	带有定向牵引元件的高尔夫球鞋外底	有效	2022
US6748675B2	美津浓株式会社	2002	运动鞋的鞋底组件	有效	2022
US7007410B2	耐克创新有限合伙公司	2002	具有区域防滑钉构造的鞋类物品	有效	2022
US6826852B2	耐克创新有限合伙公司	2002	用于鞋类物品的轻质鞋底结构	有效	2022
US7181868B2	耐克创新有限合伙公司	2002	具有带柔性控制构件的鞋底的鞋类物品	有效	2022
US6748677B2	阿迪达斯股份公司	2002	可拆卸的防滑钉系统	有效	2022
US6941684B2	耐克创新有限合伙公司	2004	具有可更换的地面接合构件的鞋类物品和附接地面接合构件的方法	有效	2021
US7194826B2	约瑟夫·L.昂加里	2004	带可枢转鞋钉组件的鞋底结构	有效	2024
US7430819B2	耐克创新有限合伙公司	2004	具有高度可调节的鞋钉构件的鞋类物品	有效	2025
US7143530B2	耐克创新有限合伙公司	2005	具有独立支撑的侧面和内侧的足球鞋	有效	2023
US7441350B2	耐克创新有限合伙公司	2005	具有不同性质的内侧和外侧的防滑鞋	有效	2022
US7481009B2	阿迪达斯股份公司	2005	用于鞋底的可释放的鞋钉	有效	2023

7.9　日常防护鞋靴领域重要申请人的专利之争

7.9.1　耐克与阿迪达斯的专利研究

NIKE，英文原意指希腊胜利女神，中文译为耐克。耐克公司总部位于美国俄勒冈州波特兰市。耐克公司生产的体育用品包罗万象，有服装、鞋类、运动器材等，而其中又以鞋子最具影响力，因为耐克公司是从制鞋起步的。1964 年，耐克公司的创始人奈特与他的教练鲍尔曼各出资 500 美元，成立了蓝带体育用品公司，这就是耐克公司的前身。耐克公司一直将激励全世界的每一位运动员并为其献上最好的产品视为光荣的任务，其首创的气垫技术给体育界带来了一场革命。运用这项技术制造出的运动鞋可以很好地保护运动员的膝盖，在其做剧烈运动时减小落地过程中对膝盖的影响。阿迪达斯（adidas）公司创办于 1949 年，以其创办人阿道夫·阿迪·达斯勒（Adolf Adi Dassler）命名，1920 年在黑措根奥拉赫开始生产鞋类产品。耐克公司和阿迪达斯公司均为世界顶级的运动品牌，在全球体育用品制造业中一直处于领先地位，技术革新和高质量的产品成为它们参与市场竞争的基石。这两家公司的创新产品可以满足不同消费者的需求，引导着全球体育用品产业的发展。[①]

企业的专利申请量可以体现其在技术竞争中的优势。为了争夺所在领域技术的制高点，企业进行持续的技术研发和专利申请，从而在市场上占据更大的份额，因此专利申请量的变化能够在一定程度上反映市场的技术需求状况。本节仅从日常防护鞋靴领域缓冲防护、支撑防护、抓地稳定防护三个方面对耐克公司和阿迪达斯公司的专利申请进行统计分析。

图 7-30 显示了耐克公司和阿迪达斯公司日常防护鞋靴领域全球专利申请量的变化趋势。从图 7-30 可以看出，在 2000 年以前，两家公司的专利申请量都不大，年专利申请量都在 10 项以内。图 7-30 左上角的小图突出显示了 1970—2000 年耐克公司和阿迪达斯公司日常防护鞋靴领域全球专利申请量随年累计变化情况。耐克公司在 20 世纪 70 年代基本上没有涉及日常防护鞋靴领域的专利申请，它是从 20 世纪 80 年代初开始在日常防护鞋靴领域进行专利研发的，而阿迪达斯公司早在 20 世纪 70 年代初就开始进行日常防护鞋靴领域的专利研发了。两家公司的全球专利申请量在 1990 年以前都处于相对平稳的状态，耐克公司年均专利申请量在 1 项左右，阿迪达斯公司则稍微高一些。可以将 1990 年以前看作是两家公司专利研发的萌芽期，这一时期，两家公司的专利申请量都不高，处于技术积累阶段。1990 年以后，两家公司的全球专利申请量都有所增加，而耐克公司的增幅明显更大一些，并且其全球专利申请总量在 20 世纪 80 年代中期已经超过了阿迪达斯公司。1990—2000 年是两家公司专利研发的

---

①　宋轶群，孙力. 耐克与阿迪达斯专利技术研究［J］. 中国发明与专利，2015（7）：45-51.

过渡期，这一时期，两家公司的全球专利申请量都有了提升，但是它们之间的差距还没有完全显现出来。2000年以后，两家公司在日常防护鞋靴领域的全球专利申请量有了巨大的差距，耐克公司的全球专利申请量在2000年以后有了爆发式增长，而阿迪达斯公司的全球专利申请量增幅不大，两家公司之间的差距越来越大。一方面说明耐克公司对知识产权保护的重视，另一方面也说明耐克公司的研发力度越来越大，技术创新能力不断增强。

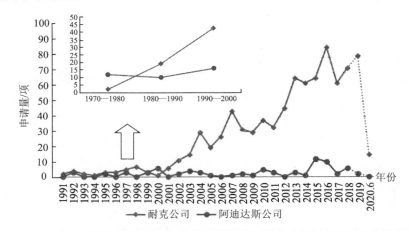

图7-30　耐克公司和阿迪达斯公司日常防护鞋靴领域全球专利申请量变化趋势图

　　图7-31和图7-32分别显示了耐克公司和阿迪达斯公司日常防护鞋靴领域全球专利申请的区域分布。从专利申请的地域分布可以看出企业专利的空间特征，继而反映出企业产品的市场经营特征。从图7-31可以看出，耐克公司专利申请量排名前五的国家（地区）和组织分别是美国、欧洲专利局、世界知识产权组织、中国和捷克，占其专利申请总量的84.4%，此外，中国台湾、日本、韩国、加拿大和越南也占有一定比例，这些国家和地区都是耐克公司最重要的技术市场。从图7-32可以看出，阿迪达斯公司专利申请量排名前五的国家（地区）和组织分别是美国、欧洲专利局、德国、日本和中国，占其专利申请总量的87.6%，此外，世界知识产权组织、奥地利、澳大利亚、英国和法国也占有一定比例。通过对比可以发现，对于这两家公司而言，美国都是排名第一的专利申请区域，并且所占比例分别为耐克公司的36.1%、阿迪达斯公司的43.8%，可见，美国市场是两家公司最重视、竞争最激励的市场。阿迪达斯公司起源于德国，因此，德国也是其非常重视的专利申请区域，专利申请量占比达到11.2%。而在中国，耐克公司的专利申请量占比达到12.7%，远高于阿迪达斯公司的4.1%，由此可见，耐克公司更加重视中国市场，而阿迪达斯公司则把重心放在美国和欧洲市场。当然，耐克公司注重亚洲市场，与其一贯的经营策略有关，早在20世纪70年代，耐克公司的总裁奈特就为公司设计了虚拟化生产战略，该公司到2018年都没有一家工厂，而是利用自己的商标、设计开发能力，以特别许可的方式在劳动力成本低的地区进行大规模生产，同

时公司将所有资源集中到研究运动员需求、设计产品和市场营销方面。耐克公司这种集中优势、节省管理成本的"外包"模式后来被行业乃至整个商界效仿。耐克公司先是在中国设立生产工厂，随着中国经济实力不断提升，劳动力成本持续上升，后又陆续在越南等地设立新的生产工厂，而生产地自然也是耐克公司产品的主要销售地，因此，耐克公司在这些国家加大了专利布局，这就是耐克公司相较于阿迪达斯公司在中国有更多专利申请的原因。

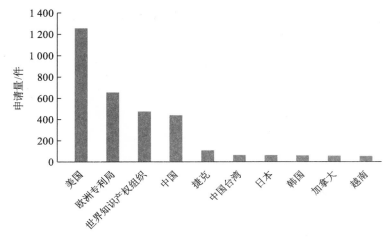

图 7-31   耐克公司日常防护鞋靴领域全球专利申请区域分布图

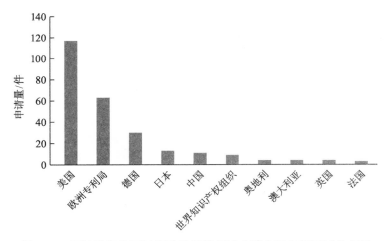

图 7-32   阿迪达斯公司日常防护鞋靴领域全球专利申请区域分布图

图 7-33 显示了耐克公司和阿迪达斯公司日常防护鞋靴领域全球专利申请和法律状态情况。由图 7-33 可知，耐克公司的有效授权专利数量占比较高，达到 52.7%，而失效的授权专利数量占比较低，只有 9.8%；阿迪达斯公司的有效授权专利数量占比较低，为 44.5%，而失效的授权专利数量占比较高，达到 39.5%。此外，耐克公司在审查中的专利申请数量占比达到 17.7%，而阿迪达斯公司在审查中的专利申请数量占比仅为 12.2%，相比于耐克公司明显偏低。

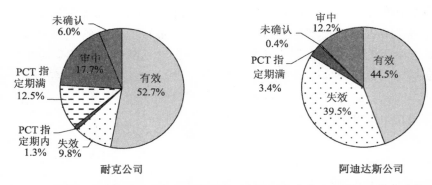

图 7-33　耐克公司和阿迪达斯公司日常防护鞋靴领域全球专利申请和法律状态情况

　　图 7-34 为耐克公司和阿迪达斯公司日常防护鞋靴领域全球专利申请研发策略雷达图，从八个不同的维度对比耐克和阿迪达斯两家公司的研发策略。首先，两家公司都非常注重专业化，这从它们对日常防护鞋靴领域各技术主题的专利研发都能做到尽善尽美可以看出，尽管年专利申请数量有多有少，但都能一直坚持主题技术的更新和专利申请的延续。除了专业化以外，两家公司在其余七个维度上具有较为明显的差别，耐克公司更在意专利数量上的增长及产品技术的多样化。耐克公司拥有 650 多名设计师，比其他任何一个鞋类制造商都多，而阿迪达斯公司只有 200 多名设计师，庞大的设计师队伍必然会促使耐克公司的产品技术朝着多样化发展，相应地，在专利申请数量上也能取得明显优势。但是，在质量提升方面，阿迪达斯公司要优于耐克公司，耐克公司的专利申请虽然数量众多，但是单个专利不具有明显的技术进步，讲究的是循序渐进，而阿迪达斯公司的专利申请数量虽然不多，但是单个专利的技术进步较大，能实现技术的跨越式发展。[①] 从图 7-34 可以看出，两家公司都不太注重学术驱

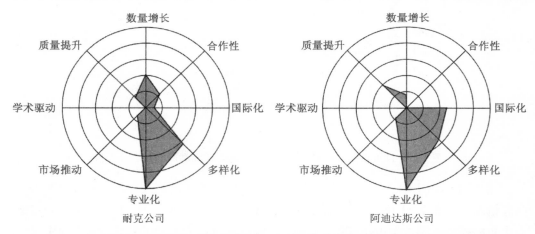

图 7-34　耐克公司和阿迪达斯公司日常防护鞋靴领域全球专利申请研发策略雷达图

---

　　① 刘婧，程凯芳．李宁 vs 安踏：体育用品专利技术竞争情报研究 [J]．中国发明与专利，2019，16（4）：56-62.

动，它们的专利申请所涉及的技术基本上都是独自研发的，较少与其他公司进行合作开发，而与高校和科研院所等的合作就更少了。阿迪达斯公司相较于耐克公司在国际化方面显然做得更好，其在全球诸多国家进行了专利布局，尽管专利申请数量不是太多，而耐克公司则更多地耕耘在其销售情况较好的国家和地区，对其他国家和地区则没有给予太多关注，也没有进行专利申请。

图 7-35 反映了耐克公司和阿迪达斯公司日常防护鞋靴领域缓冲防护技术主题全球专利申请量的变化趋势。由图 7-35 可知，在 2000 年以前，两家公司缓冲防护技术主题的全球专利申请量相当，没有明显差距。具体来说，1994 年以前，阿迪达斯公司在该技术领域是占优势的，其 Bounce、Adiprene、Boost 等系列产品均应用了减震高科技，并且都有相应的专利支撑，其中 Boost 系列缓冲鞋更是应用了阿迪达斯公司关键的鞋底缓震技术的高端产品系列。而 Boost 其实是一种用于鞋底的材料，它的最大特点就是通过中底的反馈将上一步运动所释放的能量极限反馈回双脚，以减少运动过程中能量的浪费。与其他缓震技术相比，Boost 中底能储存并释放更多的跑步动能，而且 Boost 鞋底更加柔软舒适且回弹迅速。具体来说，是将以 TPU 为主要成分的固体颗粒拆分成数以千计的热塑性小颗粒，而小颗粒再经过压缩后的空间能够提供比原始形态更好的减震效果，同时固体材料本身的韧性又使小颗粒在受到外力作用时出现形变后拥有极强的弹性。总之，Boost 是由上千个 E-TPU（将普通 TPU 材料进行发泡处理，TPU 颗粒在高温高压下会像爆米花一样发泡膨胀到原来体积的 10 倍）构成，再将这些发泡颗粒聚集成型便成为运动鞋的 Boost 中底。耐克公司也有自己的技术强项，其气垫技术起源于 1987 年。作为耐克公司的重点专利，1987 年耐克公司在美国申请的专利 US4817304A，便是属于 Air sole 技术的早期布局，其公开的是一种具有改进的缓冲鞋底结构的鞋类，鞋底构件包括由柔性材料制成的密封内部构件，该内部构件用气态介质充气以形成柔顺且有弹性的插入件。可弯曲的弹性体外部构件围绕插入件的预选部分包封插入件。内部构件和外部构件一起作用以形成弹性单元，用于减弱冲击。

其实，与耐克公司的 Air 气垫技术旗鼓相当的 Boost 技术专利并不属于阿迪达斯公司，2007 年阿迪达斯公司与全球化学产业巨头德国巴斯夫化学公司合作研发了 Boost，专利权归属于巴斯夫化学公司，但在 2011 年阿迪达斯公司与巴斯夫化学公司达成了一项可以改变阿迪达斯公司命运的协议：阿迪达斯公司拥有 Boost 技术的专有权。凭借 Boost 技术，阿迪达斯公司开始逆袭，从阿迪达斯公司的白色泡沫被称为"Boost"距今已经有八年了。如果说在 2012 年以前，大多数人都认为耐克是世界上最热门的运动鞋品牌，那么今天，世界上最热门的运动鞋品牌就多了阿迪达斯这个选项，显然，这与阿迪达斯公司拥有 Boost 技术专利的专有权是分不开的。

当然，生产经营和销售上的成功不代表相关技术专利就一定占优，就日常防护鞋靴领域缓冲防护技术的专利申请量而言，从 2000 年开始，阿迪达斯公司已经被耐克公司远远抛在后面。近 10 年，阿迪达斯公司年专利申请量均保持在个位数，而耐克公司年专利申请量总体保持快速上升趋势，2018 年达到 44 项。由此可见，日常防护鞋靴缓冲防护技术领域是两家公司从成立初期就涉足的技术领域，一直以来竞争较为激烈，耐克公司对这一技术领域的重视程度较高，该技术领域的专利申请在其整体专利申请中一直占据领先地位，直到近年才被高尔夫用品赶超，也可以看出运动鞋始终是耐克公司的最核心业务，而缓冲防护则是运动鞋最重要的一个技术主题。阿迪达斯公司一直以来也非常重视这一技术领域，但是从 20 世纪 80 年代后期涉足高尔夫用品之后，对该技术领域的关注就明显下降，与耐克公司专利申请量的差距也越来越大，可见，阿迪达斯公司逐渐将研发重心转移。

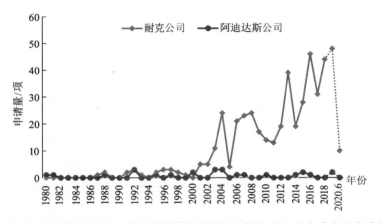

图 7-35　耐克公司和阿迪达斯公司日常防护鞋靴领域缓冲防护技术主题全球专利申请量变化趋势图

图 7-36 和图 7-37 分别是耐克公司和阿迪达斯公司日常防护鞋靴领域抓地稳定防护技术及支撑防护技术主题全球专利申请量的变化趋势。由图 7-36 和图 7-37 可知，在 2000 年以前，在这两个技术领域，两家公司的全球专利申请量互有高低，但是在 2000 年以后，耐克公司在这两个技术领域的全球专利申请量都实现了快速增长，将阿迪达斯公司远远甩在后面。当然，除了专利申请量以外，核心专利数量也在专利布局和竞争中占据重要地位，通过对核心专利的研究分析能够快速掌握行业研究的重点方向，能够为企业规划发展方向提供帮助。在抓地稳定技术领域，耐克公司有效授权专利中被引频次最高的 US7143530A 专利共有 16 件同族专利，该专利在 2006 年首次公开，之后耐克公司对其进行不断地更新和保护，最近一次更新是在 2018 年 5 月 24 日。从耐克公司核心专利数据来看，其专利质量较高，研发连续性较好，涉及国家和地区范围广。

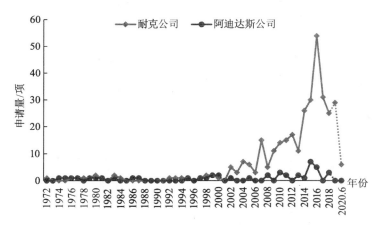

图 7-36 耐克公司和阿迪达斯公司日常防护鞋靴领域抓地
稳定防护技术主题全球专利申请量变化趋势图

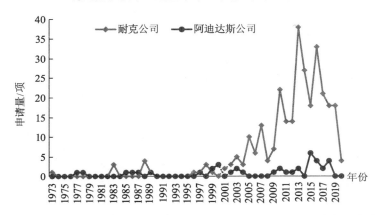

图 7-37 耐克公司和阿迪达斯公司日常防护鞋靴领域支撑防护技术主题全球专利申请量变化趋势图

7.9.2 日常防护鞋靴产业巨头之间的专利纠纷

图 7-38 和图 7-39 显示了耐克公司和阿迪达斯公司的核心竞争力，矩形大小对应的是专利申请数量，有助于了解两家公司的核心竞争力及资源分配最多的技术领域；不同颜色代表不同的 IPC 类型，有助于了解两家公司是专注于一种应用范围较广的技术还是通过多种不同的技术使其产品多样化；涉及日常防护鞋靴领域的包括 A43B13 鞋底、A43B5 运动鞋、A43B7 带有保健或卫生设备的鞋、A43B23 鞋帮、A43C15 防滑装置或附件。缓冲防护鞋底作为鞋底的一个重要技术主题，其在整个日常防护鞋靴领域专利申请中占有很大比重。从专利申请数量来看，耐克公司显然在 A43B13 鞋底技术领域领先于阿迪达斯公司，但是论起对运动鞋的专注，特别是足球鞋，包括防滑、鞋钉等技术的发展，阿迪达斯公司领先于耐克公司。近些年，两家公司都在带有保健或卫生设备的鞋方面投入了不少精力，致力于发展智能保健等先进技术。从图 7-38 和图 7-39 还可以看出，在鞋帮、靴腿等涉及日常支撑防护技术方面，耐克公司有

优势，而阿迪达斯公司则在鞋底防滑装置技术上略微领先。

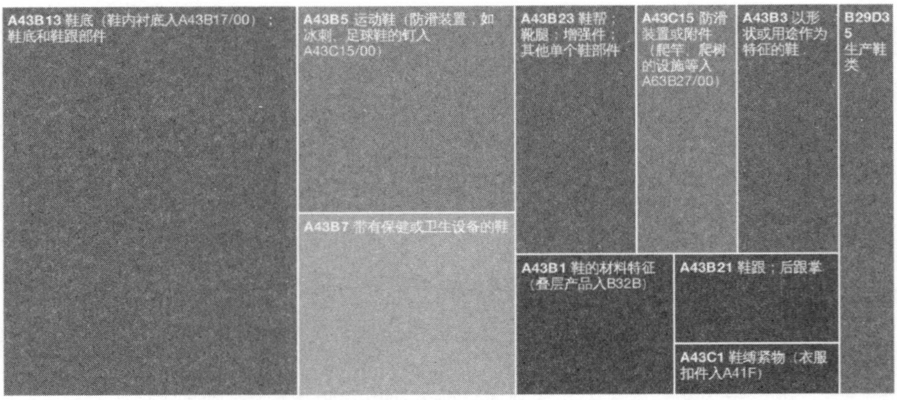

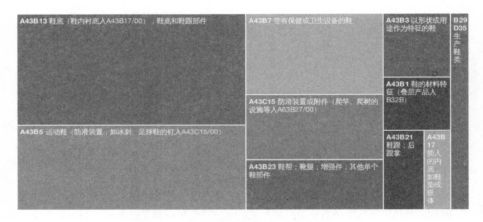

图 7-38　耐克公司核心竞争力矩形图

图 7-39　阿迪达斯公司核心竞争力矩形图

　　技术研发与专利申请上的领先自然要转化为生产经营和销售上的优势。日常防护鞋靴产业的几个巨头从来不吝啬于向其他公司展示自己的实力。斯凯奇品牌 1992 年诞生在美国加州的一个小海滨城市，从一个风格单一的小品牌发展成了全球最受欢迎的鞋类品牌之一，目前在美国市场上是仅次于耐克的第二大鞋类品牌，被 *Footwear Plus* 杂志评为"2009 鞋类产品年度最佳公司"。但是，斯凯奇公司曾面临耐克公司与阿迪达斯公司两家运动产业巨头的多项指控。耐克公司认为斯凯奇公司的部分产品使用了 Flyknit 外观，阿迪达斯公司则认为斯凯奇公司的部分产品使用了 Stan Smith 鞋款设计。"侵权风波"最终也一定会落在"专利"上。由此可见，专利已经成为商场"战争"中决定成败的因素，也是企业保护自身的必要手段，若是斯凯奇公司没有这层"专利保护伞"，它的结局可想而知。耐克公司还曾向美国马萨诸塞州地区法院提起一项诉讼案，针对彪马北美公司的专利侵权。耐克公司在诉状书上声称，彪马北美公司"放弃自主创新"，未经允许使用了耐克公司的技术。耐克公司请求法院向彪马北美公司颁布永久禁令，要求其停止使用该技术，并补偿耐克公司因其侵权行为所遭受的损失。该侵权诉讼案涉及的专利包括耐克的 Flyknit、Air sole 和 Cleat assembly 等技术，其中 Flyknit 鞋面编织技术最受关注。Flyknit 鞋面编织技术是采用高强度的纤维和高精度的工艺，将鞋面编织成透气、耐用、密度不一的袜状结构。Cleat assembly 是一种鞋底加固结构，采用剪刀差的肋条形式支撑鞋底。这几项技术都与日常防护领域相关，其中，Flyknit 涉及脚踝支撑防护领域，Cleat assembly 涉及抓地稳定防护领域，Air sole 涉及缓冲防护领域。

当然，耐克和阿迪达斯两大巨头之间的专利纠纷更是一波未平一波又起，它们经常对簿公堂。例如，2012 年伦敦奥运会之前，耐克和阿迪达斯两家公司分别推出了它们的第一款针织跑鞋：耐克的 Flyknit 和阿迪达斯的 Primeknit。耐克在当年 2 月发布，阿迪达斯在 7 月发布并声称产品为"首款这种类型的跑鞋"。随后，阿迪达斯公司就收到了耐克公司德国分部发来的专利侵权诉讼函，要求其停止在德国制造和出售 Primeknit。2012 年 8 月，耐克公司赢得诉讼，阿迪达斯公司停止生产和制造这种针织运动鞋。作为反击，阿迪达斯公司在几个月之后转而质疑耐克公司欧洲专利的正当性，结果耐克公司的专利权被判无效，此后，阿迪达斯公司可以自由生产带有针织元素的鞋。但事情还没有结束，从那时开始，耐克和阿迪达斯两家公司开始分别在美国销售它们各自的针织鞋，阿迪达斯公司在 2012 年后期为了防止耐克公司不让其销售该类型的鞋，质疑耐克公司在美国的专利权，耐克公司败诉后又再次提起上诉，声称自己"发明"了"新型"针织技术并"满足了长久以来更高效制造运动鞋的需要"。所以说，高科技创新不仅是在芯片、通信等技术上，鞋子等日用品也存在高精尖技术集中的领域。从日常防护鞋靴领域的专利技术中也可以看出，这些看似简单的结构涉及力学、材料科学、编织工艺等基础研究和工程技术，这也是专利可以作为现代营销武器的原因。

7.10　小结

在日常防护鞋靴领域全球十大申请人中，只有 3 家企业和 1 名个人申请人属于中国，前 6 位主要申请人均来自国外，但是就专利申请量而言，中国专利申请量已经接近全球专利申请量的一半。中国的专利申请虽然数量众多但质量普遍不高，特别是高价值专利甚少，而专利的质量指标可以更加客观、科学地体现企业技术创新实力。出现这种量多而质低现象的主要原因有以下两个方面：一方面，除美国地区外，耐克公司重视在世专局、欧专局和中国地区的专利保护，阿迪达斯公司重视在欧专局、德国、日本和中国地区的专利保护，而李宁、安踏、贵人鸟、361°等公司的专利基本在中国地区申请。① 耐克公司和阿迪达斯公司的专利质量高，发明人数众多，合作网络紧密，而国内公司的专利质量不高，发明人数较少，未能利用团队合作优势。耐克公司和阿迪达斯公司正处于专利技术发展相对成熟期，对专利技术研发的人力与经费投入较大，反观国内公司，则正处于专利技术萌芽发展期，呈现出专利技术能力逐步积累阶段的基本特征。另一方面，中国的知识产权制度是伴随着改革开放建立和发展起来的，40 多年来经历了法律制度初创、战略纲要实施、强国建设起步等重要阶段，实现了从无到有、从小到大的历史性跨越。中国已经连续 8 年成为全球专利申请第一大国。国内企业此前为追求专利数量的提升，往往将一件专利刻意拆成数件申请，并付出大量的申请和维护成本。如此庞大的专利占有量，却并不能必然保证企业利润增长。总的来说，国内企业在国家战略部署的引导下，专利申请积极性非常高，但是基于技术积累薄弱的现实，还不能打破国外企业在日常防护鞋靴领域的技术垄断，这也是中国日常防护鞋靴领域专利申请以实用新型专利为主，发明专利少、PCT 申请更少的原因。

从日常防护鞋靴领域主要技术主题发展脉络来看，进入 21 世纪后日常防护鞋靴领域的技术研发主要集中在各项基础技术和结构的进一步完善、提升及组合方面，方案越来越细节化和具体化，适应人们更便捷、更舒适的普遍追求。另外，随着消费者的个性化需求日益增多，还产生了一些智能化调节管理、定制化设计等更具有针对性和适应性的发展方向。国内虽然在专利申请方面起步较晚，丧失了一定的先机，但是目前诸多企业都在积极进行专利布局，迎头赶上，质与量并重，福建地区的鞋类商家更是联合打造了"中国质造"的品牌效应。相信只要积极完善专利布局，将各项技术钻到深处，争取让专利布局走到技术落实的前面，中国一定能在日常防护鞋靴领域占据专利技术优势。

企业的发展离不开技术创新，而技术创新的关键在于人才。耐克公司和阿迪达斯公司在运动鞋专利研发领域拥有众多发明者，并且核心成员之间联系密切，充分显现出在运动鞋专利研发方面的团队合作优势，而我国体育用品企业研发人员少，团队合作不多，研发人员和经费投入较低。为了扭转这种局面，在经济全球化和竞争激烈化的环境中进一步生存与发展，国内企业要持续跟踪国外先进企业在日常防护鞋靴领域专利研发方面的情报并进行搜集和分析，这样才能发现国外企业研发产品的技术发展动态与特点，从而加强自身的技术研发，逐步形成相关产品新的增长点。同时，要充分利用政策优势，保持科研热情，踏踏实实修炼内功，保障对日常防护鞋靴领域的研发投入和人才队伍建设，把握研发产品的关键技术，提高发明专利及 PCT 申请的数量和质量，积极进行国际专利布局，提高核心竞争力，从而促进我国日常防护鞋靴领域相关技术的转型升级。

---

① 陈君，司虎克，王磊. 中外体育用品企业运动鞋专利特征及差异 [J]. 上海体育学院学报，2014，38（5）：40-44.

参 考 文 献

一、书籍类

[1] 王永柱．职工个体防护知识（图文版）［M］．北京：中国工人出版社，2011．

[2] 姚刚．建筑施工安全［M］．重庆：重庆大学出版社，2017．

[3] 杨建峰．细说趣说万事万物由来［M］．西安：西安电子科技大学出版社，2015．

[4] 贺禹．核电站基本安全授权培训教材［M］．北京：原子能出版社，2004．

[5] 张洪润．传感器技术大全（中册）［M］．北京：北京航空航天大学出版社，2007．

[6] 何德文．物理性污染控制工程［M］．北京：中国建材工业出版社，2015．

[7] 朱方龙．服装的热防护功能［M］．北京：中国纺织出版社，2015．

[8] 东云．中外文化常识一本通：不可不知的 1500 个文化常识［M］．北京：中国华侨出版社，2012．

[9] 陈念慧．鞋靴设计学［M］．3 版．北京：中国轻工业出版社，2015．

[10] 邢娟娟，陈江，姜秀慧，等．劳动防护用品与应急防护装备实用手册［M］．北京：航空工业出版社，2007．

二、期刊论文类

[1] 蒋旭日．国内外安全帽标准探讨与研究［J］．中国个体防护装备，2018（1）：29-32．

[2] 吴磊．手术服的发展现状与趋势［J］．非织造布，2004，12（1）：39-40．

[3] 姜慧霞．医用防护服材料的性能评价研究［D］．天津：天津工业大学，2008．

[4] 徐瑞东，田明伟．一次性医用防护服研究进展［J］．山东科学，2020，33（3）：18-27．

[5] 沈嘉俊，许晓芸，刘颖，等．医用防护服的研究进展［J］．棉纺织技术，2020，48（7）：79-84．

[6] 顾琳燕，高强，唐虹．防核服装及其研究进展［J］．纺织报告，2016（6）：

29-33，49.

　　［7］陈秋平，郭旭 . 我国消防服行业现状及未来发展趋势［J］. 中国个体防护装备，2014（33）：22-24.

　　［8］汪万起 . 正确选择防护手套［J］. 劳动保护，2012（2）：96-98.

　　［9］中国纺织品商业协会安全健康防护用品委员会 . 我国防护手套市场发展趋势调查［J］. 现代职业安全，2014（8）：17-19.

　　［10］中纺协会安全健康防护用品委员会 . 安全防护鞋的发展趋势［J］. 劳动保护，2011（7）：102-103.

　　［11］唐良富，唐卡毅，张旻旻，等 . 摩托车防护头盔发展现状和展望分析［J］. 中国个体防护装备，2011（1）：21-27.

　　［12］周章捷 . 探析头盔企业经营发展中存在的问题及对策［J］. 商场现代化，2020（10）：85-87.

　　［13］马新安，陈功，张莹，等 . 核射线防护服的研究进展［J］. 服装学报，2019，4（2）：95-101.

　　［14］李汉堂 . 防护服的发展及发展趋势［J］. 现代橡胶技术，2019，45（5）：1-11.

　　［15］段谨源，张华，张兴祥，等 . 高分子材料在中子辐射防护中的应用［J］. 天津纺织工学院学报，1998（Z1）：53-57.

　　［16］柴浩，汤晓斌，陈飞达，等 . 新型柔性中子屏蔽复合材料研制及性能研究［J］. 原子能科学技术，2014，48（S1）：839-844.

　　［17］宋轶群，孙力 . 耐克与阿迪达斯专利技术研究［J］. 中国发明与专利，2015（7）：45-51.

　　［18］刘婧，程凯芳 . 李宁 vs 安踏：体育用品专利技术竞争情报研究［J］. 中国发明与专利，2019，16（4）：56-62.

　　［19］陈君，司虎克，王磊 . 中外体育用品企业运动鞋专利特征及差异［J］. 上海体育学院学报，2014，38（5）：40-44.

三、网络资料类

　　［1］2020 年中国头盔行业市场政策及市场供需现状分析："一盔一带"落地在即，头盔迎来需求热潮［EB/OL］.（2020-06-04）［2020-08-04］. http：//www.chyxx.com/industry/202006/870598.html.

　　［2］安全防护鞋行业发展现状［EB/OL］.（2012-02-29）［2020-09-21］.https：//mbd.baidu.com/ma/s/lSxVWcvq.